Bremen
Oldenburg
Osnabrück
Rheine
Münster
Bielefeld
Herford
Minden
Hameln
Hildeshm.
Braunschweig
Hamm
Dortm.
Boch.
Essen
Duisb.
Mülh.
Gelsenk.
Recklingh.
Barmen
Elberfl.
Hagen
Iserlohn
Soling.
Köln
K.-Mülhm.
Bonn
Koblenz
Kassel
Göttingen
Nordhsn.
Mühlhsn.
Eisenach
Gotha
Erfurt
Weimar
Halberstdt.
Gießen
Frankfurt
Offenbch.
Hanau
Wiesbdn.
Mainz
Darmst.
Worms
Mannheim
Ludwigsh.
Heidelbg.
Kaiserslrn.
Saarbrücken
Pirmasens
Karlsruhe
Heilbronn
Würzburg
Bamberg
Bayreuth
Fürth
Nürnberg
Erlangen
Fulda
Bebra
Wetzlar
Marburg
Wesel
Bocholt
Coesfeld
Lingen
Meppen
Almelo
Hengelo
Osterode
Goslar
Wernigerode
Quedlinbg.
Coburg
Schweinfurt
Aschaffenbg.
Ansbach
Crailsheim
Bruchsal
Landau
Speyer

Hans-Joachim Ritzau / Franz Garrecht

Kursbücher - Spiegel der Zeit

·

Leben mit der Bahn

·

Zur Mythologie der Eisenbahngeschichte

(Die Eisenbahnszene gestern-heute - Band 3)

hrsg. von Dietmute Ritzau-Franz

Ritzau KG - Verlag Zeit und Eisenbahn

Vorsatzblätter: Ausschnitte aus STORM=Übersichtskarte 1929

Landsberger Str. 24 - D-86932 Pürgen

ISBN 3-921304-91-1
Druck: Schoder GmbH&CoKG, Gersthofen

Inhalt

DRITTER TEIL - ZUR MYTHOLOGIE DER EISENBAHNGESCHICHTE

von Franz Garrecht

Vorwort und Dank

Das 25jährige Bestehen unseres Verlages gab mir schließlich den inneren Ruck, die vor Jahren angekündigte und von Lesern, insbesondere der neuen Bundesländer, angemahnte Fortsetzung von Das Kursbuch- und Fahrplanwesen der deutschen Eisenbahnen nun doch anzugehen. Da ich aber persönlich auch ein Jubiläumsalter erreicht habe, sollte es nur etwas Leichteres, eher Heiteres werden. Ich beabsichtigte in Übereinstimmung mit der Verlagsleitung, der ich seit einigen Jahren nicht mehr angehöre, einfach meine Aufsatzreihe "Alte Kursbücher" zu überarbeiten und zu ergänzen. Diese Aufsätze, die in Fortsetzungen im Lok=Magazin 1970/71 erschienen, waren spontan verfaßt, wie es mir gerade in den Kopf kam, und enthielten Kursbuchgeschichtliches sowie Erinnerungen mit verkehrsgeschichtlichen Vergleichen bis zum Zeitpunkt der Niederschrift, heute ebenso überholt wie die Notwendigkeit, breiteren Kreisen auch noch darzulegen, welchen Sinn die Lektüre von Kursbüchern vergangener Zeiten haben kann.
Nachdem ich begonnen hatte, meine Alte Kursbücher=Aufsätze zeitlich zu gliedern und neu zu formen, glitt ich unversehens in ernsthafte Arbeit, die mich sogar zu weiterer Quellenforschung zwang und dabei ungewollt etwas nicht nur thematisch Neues, sondern im Blickwinkel zur Gegenwart auch wenig Erfreuliches zutage förderte. Was von besagter Aufsatzreihe übrig blieb, fand im zweiten Teil des Buches Aufnahme, insofern ebenfalls aktualisiert, als in meine Erinnerungen an 'gestern' die Eindrücke der Wiederbegegnung nach drei Jahrzehnten DDR-Alltag einflossen, ferner eine Auseinandersetzung mit eisenbahngeschichtlicher Literatur zu jenem Teil Deutschlands, in dem ich fast jeden Strecken=Kilometerstein kannte und mit dem ich mich immer noch eng verbunden fühle.
Zur Abrundung der beiden von mir verfaßten Teile des Buches wählten wir die in Gehalt und Aussage dazu passende Arbeit von Franz Garrecht, dessen besonderes Anliegen es ist, Mythen der Eisenbahngeschichte auf ihre Substanz zu untersuchen und Verfälschungen in geistvoll amüsanter Weise zurechtzurücken.

Vorsorglich sei darauf hingewiesen, daß die als Zitierungen gekennzeichneten Passagen wörtlich, ggfs. auch mit den darin enthaltenen Fehlern wiedergegeben sind und daß die Benennung "Reichsbahn" von uns ausschließlich für das Unternehmen des Deutschen Reiches benutzt wird, primär zur Ausschaltung von Mißverständnissen. Im übrigen bitten wir, das Abkürzungsverzeichnis zu beachten.
Zur Veranschaulichung der wirtschaftlichen und verkehrlichen Passagen 1913-1939 wollten wir aus einer seinerzeit renommierten Fachzeitschrift einige originelle Schaubilder

bringen. Nach einem ebenso seltsamen wie unergiebigen Schriftwechsel mit der Erbenverwaltung wechselten wir die Schaubilder durch graphische Darstellungen aus den STATISTISCHEN ANGABEN ÜBER DIE DEUTSCHE REICHSBAHN aus.

Abschließend noch ein herzlicher D a n k denen, die uns unterstützt und unsere Arbeit gefördert haben:
Frau John, Bibliothek des Verkehrsmuseums Dresden; den Herren Schroth, Kursbuchstelle der Zentrale DB, Mainz; Illenseer, Archiv des Verkehrsmuseums Nürnberg; Freese und Wagner, Frankfurt; Damen und Herren des Stadtarchivs Nördlingen; des Hessischen und Thüringer Landesvermessungsamtes; der Rechtsabteilung und Pressestelle der Zentrale der DB, insbesondere Herrn Plän, Frankfurt, für die Erlaubnis, als Textbeleg einiges aus den neuerdings nachdruckgeschützten DB=Kursbüchern bringen zu dürfen sowie aus DIE BUNDESBAHN und ARCHIV DES EISENBAHNWESENS, und schließlich allen, die uns aus Verbundenheit mit alten Kursbüchern und ihrer Geschichte Hinweise gaben.

Pürgen im Dezember 1993 Hans-Joachim Ritzau

Abkürzungsverzeichnis

BD = Bundesbahndirektion
Bf = Bahnhof
Bk = Block(stelle)
BR = Baureihe von Lokomotiven
BRD = Bundesrepublik Deutschland
D = Schnellzug
DB = Deutsche Bundesbahn
DDR = Deutsche Demokratische Republik
DM = Deutsche Mark
DR(G) = Deutsche Reichsbahn (Gesellschaft)
DRB = Deutsche Reichsbahn der DDR
E = Eilzug
ED = Eisenbahndirektion
EG = Empfangsgebäude
F, FD = Fernschnellzug
Fv = Fernverbindung(en)
G = Güterzug
G=Wagen = gedeckter Güterwagen
Gmp = G mit Personenbeförderung
Hbf = Hauptbahnhof
Hg = Höchstgeschwindigkeit
Hp = Haltepunkt
HV(B) = Hauptverwaltung (der DB)
Min = Minute(n)
Mio = Million(en)
P = Personenzug
RBD/Rbd = Reichsbahndirektion
Ri = Richtung
SBZ = Sowjetische Besatzungszone
SF = Schnellzug für Fronturlauber
Std(n) = Stunde(n)
Str = Strecke
VDEV = Verein deutscher Eisenbahnverwaltungen

ERSTER TEIL

KURSBÜCHER - SPIEGEL IHRER ZEIT

von
Hans-Joachim Ritzau

I. Das postalische Reichs-Kursbuch - Symbol der Länderbahnepoche

1. Glanzpunkte...

Ungeachtet der historischen Priorität, des kursbuchgeschichtlichen Ranges oder des einstigen Bekanntheitsgrades beginne ich diesen Streifzug mit dem REICHS-KURSBUCH der deutschen Postbehörde, weil es sich in jener Epoche, die wir Länderbahnzeit nennen, zum Glanzpunkt der Kursbuchproduktion entwickelte - und nicht nur der deutschen.
Wie auch in anderen Staaten, gab es vor allem in Deutschland über den Ersten Weltkrieg hinaus eine beträchtliche Zahl an Kursbucheditionen, sowohl von privater Seite als auch von Bahn- oder Postverwaltungen.[1] Das in vieler Hinsicht großartigste, auf jeden Fall groß angelegteste Werk seiner Art war das Reichs-Kursbuch, so ab 1881 nach Gründung des Reichspostamtes benannt, in Folgendem kurz RKB und als Art- oder Sammelbegriff auch seine Vorgänger.[2] Diese jährlich mehrfach erscheinenden Kursbücher sind ohne Übertreibung als international und weltweit zu bezeichnen. Bis nach Ägypten, Amerika oder Wladiwostok konnte man damit Reisen planen und ausführen, sofern es der Geldbeutel ermöglichte, eine zeitlose Schranke.
Schon der Inseratenteil erzählt es auf seine Weise. Viele deutsche Mittel- und Großstadtnamen, die den Kern der Anzeigen anderer Kursbuchausgaben bilden, fehlen oder tauchen geradezu schamhaft auf, versteckt zwischen einem Gewimmel mondäner internationaler Größen, von denen sich Budapest, Stockholm, St. Petersburg neben Bern, Rom, Den Haag oder Nizza, Cannes, St.Moritz im Hotelverzeichnis präsentieren, und es empfehlen sich das *Imperial* von London, das *Palace Hotel* von Mailand, die Hotels *National* in Moskau, *Metropol* in Paris, *Polonia Palace* in Warschau oder *Royal* in Prag.

114. (Vom 15. Mai 1880.) Cassel-Halle.

km		Stationen. (25 kg Gepäck frei.)	1—4.	2.3.4.	1—4.	1—4.		Schn.Z. 1.2.3.	1—4.
59,24	Ank.	**Sangerhausen**..... Abg.	5 49	7·51	11·32	4· 8	...	7 39	8 53
		Ab *Berlin* 105...... An	11·15	Zg. 54.	...	9 25	...	11 45	...
59,24	Abg.	**Sangerhausen** .... Ank.	5 26	7·33	11·28	3·48	...	7 35	8 48
65,91		**W**allhausen...........	5 16	7·23	11·18	3·38	...	»	8 38
.		**B**ennungen...........	»	7·14	»	»	...	»	8 29
75,62		**R**ossla...............	5 2	7· 6	11· 4	3·24	...	7 18	8 21
79,40		**B**erga-Kelbra.........	»	6·58	»	»	...	»	8 13
84,50		**A**umühle.............	»	6·49	»	»	...	»	8 3
89,46		**H**eringen.............	4 41	6·41	10·44	3· 3	...	»	7 54
97,08	Ank.	**Nordhausen**........ Abg.	4 30	6·30	10·33	2·52	...	6 56	7 42
		Ab *Nordhausen* .... An	10 58	...	10·25	...	...	4·57	...
		An *Northeim* 106.... Ab	8 37	...	8·25	...	...	3· 3	...
		An *Göttingen* 116. .. Ab	7 57	——	7·40	...	...	2 36	...
		An *Kreiensen* .. 116. .. Ab	6 43	..	7·43	...	...	1 42	...
		An *Soest* 128 144 Ab	12 2	...	5·11	...	...	...	...
		An *Deutz* 145....... Ab	9 0	...	7 55	...	...	...	...
		An *Hannover* 116.... Ab	4·27	...	5 42	...	...	12 10	...
		An *Bremen* 140.... Ab	10·31	...	10 40	...	...	8· 6	...
		An *Hamburg* 136..... Ab	11 40	...	10 15	...	...	7·15	...
		Ab *Erfurt* Ndbf. 106 An	8·55	...	1· 9	7 23	...	...	...
97,08	Abg.	**Nordhausen** .... Ank.	10 50		10·15	2·42	...	6 53	...
105,58		**W**olkramshausen......	10 38		10· 2	2·30	...	»	...
115,41		**B**leicherode Bhf. nicht i. Weichb. letztes Haus 2800 m	10 24		9·48	2·16	...	»	...
123,93		**S**ollstedt.............	10 11		9·34	2· 2	——	»	...
132,85		**G**ernrode.............	9 58		9·21	1·49	1—4	»	...
139,35	Ank.	**Leinefelde**......... Abg.	9 48		9·10	1·38	Zg. 46.	6 10	...
		An *Eschwege* .... Ab	...	...	6· 4	11·57	...	4·35	...
		An *Frankfurt a.M.* 105 Ab	...	...	2·40	5 20	...	12 15	...
		Ab *Gotha* 101....... An	8·50	Zg. 44. 1—4. Cl.	12·41	...	5·53	9 2	...
139,35	Abg.	**Leinefelde**......... Ank	9 45		9· 3	1·12	4· 0	6 8	...
155,12		**H**eiligenstadt.........	9 21		8·39	12·48	3·36	»	...
166,97		**A**renshausen..........	9 2		8·20	12·30	3·18	»	...
170,46	Ank.	**E**ichenberg (n.u.v. Bebra 116) Abg.	8 55		8·13	12·23	3·11	5 31	...
		An *Göttingen* 116.. Ab	8 5		6· 0	9·16	2 41	4·40	...
		An ***Frankf. a. M.*** Ab	10· 0		...	...	8 40	12 15	...
170,46	Abg.	**Eichenberg**........ Ank.	8 47		8·10	12·20	3· 1	5 22	...
175,72		**W**itzenhausen.........	8 35		7·58	12· 8	2·49	»	...
185,02		**H**edemünden..........	8 19		7·43	11·53	2·34	»	...
193,51		**M**ünden ..... (s. auch 116.)	8 7		7·31	11·41	2·21	4 51	...
206,70		**K**ragenhof.. (s. auch 116.)	7 43		7· 8	11·18	1·58	»	...
217,60	Ank.	**Cassel**..... Abg.	7 25		6·50	11· 0	1·40	4 16	...
.	Abg.	Cassel............ Ank.	...	...	5 20	8·10	12 40	4 1	...
.	Ank.	Giessen 111...... Abg.	...	...	1 29	4 0	9 53	1 21	...
.	Ank.	Ems 172...... Abg.	...	...	5·55	...	6·37	10 41	...
.	Ank.	Coblenz......... Abg.	...	...	5·27	...	6· 0	10 12	...
.	Ank.	**Frankfurt a. M.** 111 Abg.	...	...	11 0	...	8 17	9·47	...
.	Abg.	Cassel .... Ank.	5 11	...	...	7·35	...	3 3	...
.	Ank.	Elberfeld 145...... Abg.	12 15	...	...	9 0	...	10 0	...
.	Ank.	**Deutz (Cöln)** 147 Abg.	11 0	...	...	7 55	...	9 0	...
.	Ank.	**Aachen**, Tbd. 145. Abg.	10 8	...	...	6 15	...	7 0	...

113. 114. Anschluss-Posten.

km	Hinfahrt.		Stationen.	Rückfahrt.	
	7·50	5· 0	Ab **Sangerhausen**.... An	10·30	6 50
4	»	»	Oberröblingen a. d. Helme ..	»	»
13	9·20	6 30	An Artern........ Ab	9· 0	5·20
	...	3 0	Ab **Artern** .... An	1 0	...
15	...	4 45	An **Frankenhausen**. Ab	11 15	...

5 **Leinefelde-Worbis.**
Hinf. Abg. 9·30, 2·35, 6 25 } in 40 Min.
Rückf. Abg. 4 55, 12·10, 5· 5 }

Berlin-Nordhausen. 105. 105a

Leinefelde-Niederhone-Treysa.

km		Stationen. (25 kg Gep. frei.)	1—4.			1—4.	◈ 2.3.4.	Cour.Z. 1.2.3.
		(Berlin-Wetzlarer Eisenbahn.) 111. 126. 127. 145.	Zg. 22.			Zg. 10.	Zg. 306.	Zg. 6.
244,57	Ank.	**Nordhausen**..... Abg.	4 30	6·30	10·33	2·52	...	6 56
244,57	Abg.	**Nordhausen**..... Ank	10 50	——	10·15	2·42	...	6 53
286,99	Ank.	**Leinefelde**....... Abg.	9 48	...	9·10	1·38	...	6 10
286,99	Ab	Leinefelde. (ausser Zug 9. u. 10. alle 2.3.4.) An	...	...	8·40	1·28	...	6 6
297,13		Dingelstedt	...	...	8·15	1·11	...	5·49
304,87		Küllstedt ..	..	...	7·54	12·58	...	5·37
321,76		Geismar ..	...	...	6·54	12·23	...	5· 1
328,39		Schwebda..	...	...	6·26	12· 7	...	4·45
333,01		Eschwege. 9·12	6 25	9 53	6· 4	11·57	1·42	4·35
336,29	An	Niederhone ◈ Ab 9· 5	6 18	9 46	5 45	11·50	1·35	4·27
286,99	Abg.	**Leinefelde** .. 114. ... Ank.	9 45	...	9· 3	1·12	...	6 8
317,95	Ank.	**Eichenberg**. 114. ... Abg.	8 55	...	8·13	12·23	...	5 31
365,09	An	***Cassel*** 111. ... Ab	7 25	...	6·50	11· 0	...	4 16
365,09	Ab	***Cassel*** 111. ... An	...	11 28	5 20	8·10	...	4 1
498,98	An	*Giessen* 168..... Ab	...	8 42	1 29	4 0	...	1 21
511,38	An	*Wetzlar* 172. ... Ab	...	8 19	11 1	...	...	12 44
600,15	An	*Ems*............. Ab	...	5·55	...	...	...	10 41
617,40	An	***Coblenz*** St.B. 177 Ab	...	5·27	...	...	...	10 12
729,02	An	*Trier* .... Ab	.	2·33	...	...	...	7 52
780,43	An	*Luxemburg* 181. Ab	...	1·11	...	...	...	6·15
832,42	An	***Metz*** 177..... Ab	...	11·50	...	...	...	5 25
.	An	*Paris* 381. ... Ab	...	9 15	...	...	...	7 50
317,95	Abg.	**Eichenberg**.... 116. ...Ank.	6 57	6·27	...		...	5 26
343,71	Ank.	**Niederhone** .... 116. ...Abg.	6 10	5 40	...		...	4 54
343,71	Abg.	**Niederhone** ◈. 116. ...Ank.	5·56	9 31	...	11·44	...	4 52
378,67	Ank.	**Bebra**........... ..Abg.	4·50	8 25	...	10·42	...	4 10
378,67	Abg.	**Bebra**........... ..Ank.	3·30	8 0	...	10·30	...	3 52
434,68	Ank.	**Fulda** 104..... 104. ....Abg.	1·57	6 27	...	9· 7	...	2 51
.		An *Giessen* 109a... 104. . Ab	7·30	...	...	...	...	11·52
463,14	Ank.	**Elm**.......... 104. ...Abg.	1· 6	5·39	...	8·16	...	2 15
.		An *Würzburg* 235.. 104. . Ab	8·10	11 0	...	...	...	11 0
522,31	Ank.	**Hanau**........ 104. ....Abg.	11· 0	3·35	...	6·17	...	12 51
543,61	Ank.	**Frankfurt** Wbhf. 104. ....Abg.	10· 0	2·40	...	5 20	...	12 15
		An ***Heidelberg*** 205 Ab	6·22	12 12	...	8 40	...	9· 5
		An ***Karlsruhe***..... Ab	...	10 55	...	7 30	...	7· 5
		An ***Strassburg***. Ab	...	8 27	...	5 7	...	11 42
		An ***Basel***, *Bad. Bhf.* Ab	...	4 50	...	2 35	...	10 0

105a. Treysa-Malsfeld-Niederhone.

	Stationen								
	Frankfurt-Bebraer Eisenbahn. (Vom 15. Mai 1880.)		Zg. 442. 2.3.4.				Zg. 52. 2.3.4.		Zg. 54. 2.3.4.
Abg.	***Leinefelde*** 105..... Ank.	...	1·28	...	...	...	6 6	...	...
Abg.	**Niederhone** ◈ 116... Ank.	...	11·42	...	...	...	4·22	...	9 33
....	**B**ischhausen.............	...	11·27	...	...	...	4·11	...	9 22
Ank.	**Waldkappel** 104a... Abg.	...	11·15	...	...	...	4· 2	...	9 12
Abg.	**Waldkappel** 104a... Ank.	...	11·12	...	...	...	4· 1	...	9 7
	Burghofen..............	...	10·59	...	...	...	3·51	...	8 57
	Spangenberg............	...	10·28	...	...	...	3·30	...	8 31
	Mörshausen.............	...	10·10	...	...	...	3·20	...	8 24
Ank.	**Malsfeld** 128a....... Abg.	...	9·55	...	...	...	3·10	...	8 14
Abg.	**Malsfeld** 128a....... Ank.	...	9·38	...	...	...	3· 1	...	8 6
	Oberbeisheim...........	...	9·17	...	...	...	2·46	...	7 51
	Homberg...............	...	8·52	...	...	...	2·32	...	7 37
	Frielendorf.............	...	8·18	...	...	...	2·17	...	7 22
	Ziegenhain.............	...	7·51	...	...	...	2· 2	...	7 [illegible]
Ank.	**Treysa**............. Abg.	...	7·35	...	...	...	1·55	...	7 [illegible]

Tafel 1: Tabellenauszüge RKB 1880 als Beispiele für Zwischen- und Fuß=Anschlußleisten sowie -posten, außerdem der Neuaufnahme einer gerade eröffneten Strecke, hier Leinefelde-Niederhone. Das erzwang in diesen Jahrzehnten laufend Umstellungen und Erweiterungen. Besonders beachtenswert ist die Streckenaufteilung 105 mit Zug 10, der mit Gegenzug 9 eine Direktverbindung Berlin-Frankfurt/M über Leinefelde-Eschwege-Bebra bot, was beweist, daß dieser Strecke auch Durchgangsverkehr zugedacht war.

Wie einer roter Faden zieht sich diese Großartigkeit durch das RKB, das vor Ausbruch des Ersten Weltkrieges seinen formalen Abschluß erreichte und einen deutschen Verkehrshöhepunkt dokumentiert, der danach für fast zwei Jahrzehnte nur als Vergleichsmaßstab und fernes Ziel dienen konnte.
Wir brachten zu den wichtigsten Etappen der verkehrlichen Entwicklung bis 1914 außer dem RKB dieses Jahres HENDSCHEL'S TELEGRAPH 1913/14, die Kursbuch=Nachdrucke der Jahre 1855, 1856, 1897 und zuletzt das vom Juli 1880, insofern von besonderer Bedeutung, da in der schon erwähnten Umbenennung, verbunden mit einem Verlagswechsel, mehr als nur ein formaler Vorgang zu sehen ist. Die Neugründung des Deutschen Reiches mit nachfolgender Bildung des Reichspostministeriums hatte neue Akzente gesetzt, und wenn die süddeutschen Länderbahnverwaltungen nun bahnamtliche Kursbücher herausgaben, ist der Grund dafür weniger in einem Bedürfnis zu sehen als in dem landsmannschaftlichen Drang nach Selbstbehauptung, der auch nicht mit Gründung der Deutschen Reichsbahn endete, worauf noch eingegangen wird.
Das Jahrzehnt nach der zweiten Reichsgründung (1871) einschließlich Gründerzeit mit Gründerkrach ist kursbuchgeschichtlich und verkehrlich die interessanteste Zwischenetappe. In dieser Zeitspanne erfolgte die grundlegende Reform des RKB und auch von HENDSCHEL'S TELEGRAPH, die Namen neuer Kursbuchherausgeber tauchen auf, das deutsche Hauptbahnnetz wurde im wesentlichen vollendet, und die Verstaatlichung der großen Privatbahngesellschaften im Reich konnte nahezu abgeschlossen werden. In den Rubriken 'Personengeld=Tarife' des RKB 1880 stehen zwar in den 'Abtheilungen' 1 und 2, 'oestliches', mittleres und nördliches Deutschland, noch die Tarife einiger Privatbahngesellschaften, in der dritten 'Abtheilung', Süddeutschland, aber lediglich noch die zweier kleinerer, reiner Privatgesellschaften, die zweier größerer haben bereits einen Übergangsstatus.
Gestaltungsmäßig und im Aufbau hat das postalische Kursbuch von 1880 nur noch wenig mit den früheren Ausgaben gemein. Die Gliederung des Fahrplanteiles in drei deutsche, eine österreichisch/ungarische und eine Abteilung 'Fremde Länder' ist bereits vorgenommen und blieb bis Ende des Ersten Weltkrieges unverändert. Danach mußte Österreich/Ungarn für knapp zwei Jahrzehnte im Auslandteil und getrennt untergebracht werden, und das RKB hatte fortan eine Abteilung weniger.
Vor der Jahrhundertwende hatte man im Reichspostamt in Anbetracht der Konkurrenzlage und der mäßig steigenden Zugdichte das Format verkleinert und die entstehende Platzenge durch Einsparungen bei den Anschlußleisten kompensiert. Von diesen bot das Postkursbuch 1880 erheblich mehr, nicht nur am Kopf bzw. Fuß der Tabellen, sondern ebenso bei denen der wichtigeren Unterwegs=Knotenbahnhöfe. Auch sind die Anschlußpostverbindungen noch bei den Fahrplantabellen untergebracht, später mußte man eigens in der Sparte Reiseverbindungen auf Landwegen nachschlagen. Diese Benennung war zudem irreführend. Korrekt hätte es "auf Landstraßen" heißen müssen, denn Schienenwege sind schließlich gleichfalls Landwege. Außerdem verwandte das RKB den Begriff 'Reiseverbindungen' auch für die Zusammenfassungen des Fernverkehrs, und das schon im 1880er Kursbuch, später in einer eigenen Abteilung.
Aber 1880 gab es beim Kursbuchstudium bzw. bei der Reiseplanung heiklere Klippen, so die Uhrzeit. Ein Fahrgast aus Schweinfurt, der mit dem Vormittagsschnellzug Nr. 43 nach

Würzburg-Heidelberg. 225. Heidelberg-Würzburg.

(Badische Staats-Eisenbahn.)

Sch.- u. C.-Z. I.	II.	Personenzüge I.	II.	III.	1.2.3.	1.2.3.		Eil-Z. 1.2.3.	1.2.3.		1.2.3.	km	Stationen. (unter 7½ kg Handgep. frei.)	1.2.3.	1.2.3.	1.2.3.	Eil-Z 1.2.3		1.2.3.	nur 3.
Pfennig von Würzburg ab					Zg. 52.	Zg. 54.		Zg. 58.	Zg. 60.		Zg. 64.		(Vom 15. Mai 1880.)	Zg. 53.	Zg. 81.	Zg. 57.	Zg. 59.		Zg. 61.	Zg. 555.
					...	5 14	...	10 46	2·14	...	6 24	.	Abg. **Würzburg** (Münch. Zeit) Ank.	9·24	...	2·38	5 28	...	9 54	7·39
.	.	.	.	.	...	5 0	...	10 32	2· 0	...	6 10	0,00	Abg. **Würzburg** (Karlsr. Zeit) Ank.	9·10	...	2·24	5 14	...	9 40	7·25
.	.	.	.	.	...	5 7	...	10 38	2· 7	...	6 17	2,69	Sanderau	9· 4	...	2·18	5 9	...	9 34	7·15
.	.	50	35	25	...	5 13	...	10 44	2·13	...	6 23	5,55	Heidingsfeld 235	8·58	...	2·12	5 3	...	9 27	7· 4
.	.	90	60	40	...	5 23	...	10 53	2·23	...	6 33	10,63	Reichenberg	8·48	...	2· 1	4 54	...	9 17	6·47
.	.	140	95	60	...	5 33	...	11 3	2·33	...	6 43	16,01	Geroldshausen	8·38	...	1·51	4 44	...	9 7	6·30
.	.	185	125	80	...	5 44	...	11 13	2·44	...	6 54	22,01	Kirchheim	8·27	...	1·40	4 34	...	8 57	6·12
.	.	225	150	100	...	5 53	...	11 22	2·53	...	7 3	27,57	Wittighausen	8·18	...	1·31	4 25	...	8 47	5 55
.	.	265	175	115	...	6· 2	...	11 31	3· 2	...	7 12	32,76	Zimmern	8· 9	...	1·21	4 16	...	8 37	5 36
.	.	300	200	130	...	6· 9	...	11 38	3· 9	...	7 19	36,32	Grünsfeld	8· 2	...	1·14	4 9	...	8 30	5 24
.	.	330	220	140	...	6·17	...	11 46	3·17	...	7 27	40,85	Gerlachsheim	7·54	...	1· 6	4 1	...	8 21	5 10
405	285	355	235	150	...	6·22	...	11 51	3·22	...	7 32	43,17	Ank. **Lauda** Abg.	7·48	...	1· 0	3 55	...	8 15	5 0
.	.	.	.	.	...	8·50	...	1·55	5·35	...	9 10	.	An *Wertheim* 222 Ab	5 20	...	10·10	2·15	...	6 30	...
.	.	.	.	.	...	6·32	...	12·30	...	...	7 55	.	Ab *Lauda* 222 An	...	...	12· 5	...	...	7 50	...
.	.	.	.	.	...	9·30	...	5·50	...	...	10 55	.	An *Crailsheim* Ab	...	...	9·50	...	...	4· 5	...
.	.	.	.	.	...	1 10	...	10 30	...	...	9·25	.	An *Ulm* Ab	...	...	4 45	...	...	10·25	...
.	.	.	.	.	...	5 20	...	10·20	2·15	...	6 30		Ab *Wertheim* 222 An	8·50	...	1·55	5·30	...	9 10	—

Crailsheim-Heilbronn-Schwaigern. 226. Schwaigern-Heilbronn-Crailsheim.

Württembergische Staats-Eisenbahn. — Vom 15. Mai 1880.

Personengeld I.	II.	III.			nur 3.		2 u. 3.	Schn.Z. 1 u.2.	1.2.3.	1.2.3.	km	Stationen. (10 kg Handgepäck frei.)	1 2.3.		2 u. 3.	Schn.Z. 1 u.2.		1.2.3.	1.2.3.	
—			...	...	...	...	...	4 45	10 25	2 20		Abg. **Ulm** 222 Ank.	1 10	...	10 30		...	...	...	...
—			...	...	...	...	...	9· 0	2·35	6 35		Ank. Crailsheim Abg.	10· 5	...	6 18		...	...	...	...
—			...	...	7· 0	...	...	8 30	...	...		Abg. **Prag** 281 Ank.	...	...	...	6·50	...	...	...	...
—			...	...	10·36	...	...	11 59	...	...		Abg. Pilsen Ank.	...	...	...	3 22	...	.	...	...
—			...	...	6 38	...	5 30	8 0	8·30	...		Abg. Nürnberg 238 Ank.	1·10	...	...	5 44	...	11 20	...	...
—			...	...	9 20	...	8·20	9 44	2·35	...		Ank. Crailsheim Abg.	9·59	...	...	3 40	...	8 0	...	...
Pfennig			Zg.105.		Zg.353.		Zg.349.	Zg.111.	Zg.113.	Zg.115.		(Stuttgarter Zeit, gegen Münchener Zeit 11 Minuten später.)	Zg.106.		Zg.344.	Zg.110.		Zg.114.	Zg.118.	
von Crailsheim			...	...	4 0	...	8·30	9 50	2·48	6 50	0,00	Abg. **Crailsheim** Ank.	9·39	...	3·48	3 35	...	7 50	...	...
50	35	25	...	...	4 20	...	8·47	•	3· 1	7 3	5,76	Maulach	9·30	...	3·35	•	...	7 40	...	...
90	60	40	...	...	4 35	...	9· 1	10 4	3·10	7 12	10,38	Eckartshausen	9·23	...	3·10	3 24	...	7 31	...	...
120	80	55	...	...	4 48	...	9·13	•	3·18	7 20	14,23	Grossaltdorf	9·14	...	2·53	•	...	7 22	...	...

Bamberg-{Würzburg. / Kissingen-Meiningen. 234. (Vom 15. Mai 1880.) Würzburg / Meiningen-Kissingen}-Bamberg.

Post-Z. 1.2.3.		Schn.Z. 1 u.2.		Post-Z. 1.2.3.	Cour.Z. 1 u.2.			Post-Z. 1.2.3.	km	Stationen. (5 kg Handgepäck frei.)	Post-Z. 1.2.3.	nur 3.		Cour.Z. 1 u.2.		Post-Z. 1.2.3.		Schn.Z. 1 u.2.	Post-Z. 1.2.3.
Zg. 47.	◈ Zg. 43.	◈ Zg. 43.		Zg. 49.	Zg. 45.		Zg.647.	Zg.649.		*(Bayerische Staats-Eisenbahn.)* München, Nürnberg 237.	Zg. 48.	Zg.650.		Zg. 44.		Zg. 50.	◈ Zg. 46.	◈ Zg. 46.	Zg.654.
...	×Nur	8 0	...	...	...	...	...	8 45	.	Ab *Berlin, Anh. Bhf.* 104 An	8 50	...	...	12 15	...	...	×Nur	7 45	...
...	vom	×2 57	...	...	8·54	...	...	4·20	.	Ab *Eisenach* 109 An	10·49	...	...	5·10	...	...	vom	12 15 ×	...
5 0	1. Juni	8 15	...	10·10	2 10	...	5 40	8 15	.	Ab *Kissingen* 234 An	7·15	9 55	...	12 20	...	4·45	1. Juni	7 45	10 40
Zg. 47.	bis 31.	Zg. 43.		Zg. 49.	Zg. 45.		Zg. 51.	Zg.649.			Zg. 48.	Zg.618.		Zg. 44.		Zg. 50.	bis 31.	Zg. 46.	Zg. 52.
6·30	August.	9 14	...	12· 5	3 44	...	6 20	9 40	56,7	Abg. **Oberndorf-Schweinfurt** Ank.	5 55	8·24	...	11 11	...	3· 0	August.	6 31	9 15
6·42	...	•	...	12·16	•	...	6 31	10 5	63,5	Bergrheinfeld	5 46	8· 5	...	•	...	2·51	...	•	9 6
6·51	...	9 29	...	12·25	3 59	...	6 40	10 29	68,1	Weigolshausen	5 38	7·50	...	10 59	...	2·43	...	6 18	8 58
6·58	...	•	...	12·32	•	...	6 47	10 43	71,7	Essleben	5 30	7·29	...	•	...	2·35	...	•	8 50
7· 8	...	•	...	12·42	•	...	6 57	11 3	77,3	Bergtheim	5 20	7·11	...	•	...	2·25	...	•	8 40
7·18	...	9 48	...	12·52	4 18	...	7 7	11 28	82,8	Seligenstadt	5 11	6·52	...	•	...	2·16	...	6 1	8 31
7·37	...	10 0	...	1·11	4 30	...	7 27	12 6	92,1	Rottendorf (s. auch 253.)	4 55	6·19	...	10 31	...	2· 0	...	5 48	8 15
7·50	...	10 10	...	1·25	4 40	...	7 41	12 30	100,1	Ank. **Würzburg** Abg.	4 40	5 45	...	10 20	...	1·45	...	5 35	8 0
										München s. 235.									
...	...	10 46	...	2·14	6 24	...	...	5 14	.	Abg. Würzburg 225 Ank.	9 54	...	...	9·24	...	...	...	5 28	...
...	...	3 30	...	7 20	11 25	...	...	10·25	.	Ank. **Heidelberg** Abg.	4· 5	...	...	3 50	...	...	...	12 15	...
8·10	...	11 0	...	1 40	5 28	...	...	1 45	.	Abg. Würzburg Ank.	1 25	12 20	...	10 5	...	1·35	...	5 0	7 27
11· 2	...	12 51	...	3 35	7 20	...	...	3 50	.	Ank. Aschaffenburg 235 Abg.	11 30	7 30	...	8 10	...	10·45	...	3 5	4·40
1·20	...	2 27	...	5 47	11 5	...	...	6· 6	.	Ank. Mainz p. Darmst. 201 Abg.	9 15	4·38	...	6 0	...	7·55	...	1 6	1·45
7 10	...	7 10	...	10 0	5 25	...	...	11·22	.	Ank. **Cöln** 170 Abg.	5 0	12· 0	...	12 2	...	...	...	9 0	7·20
12·22	...	1 43	...	4 31	8 25	...	...	5 42	.	Ank. **Frankfurt a. M.** 198 Abg.	10 0	5·45	...	6 23	...	8·35	...	1 48	2·53

Tafel 2: Tabellenauszüge 225, 226 und 234 als Beispiele für die Kalamität unterschiedlicher Tageszeiten bei den Fahrzeitangaben (aus RKB 1880)

Würzburg gefahren war und die Abfahrtszeit seines Anschlußzuges Nr. 58 nach Heidelberg dem örtlichen Aushangplan entnommen hatte, sah seinen Eilzug gerade noch in der Ferne davondampfen, wenn er nach einem kleinen Schnellimbiß während des Aufenthaltes in Würzburg 10 Minuten vor der Zugabfahrt zurückgekehrt war - alles nach Münchner Zeit wohlgemerkt. Der Eilzug Nr. 58 verkehrte jedoch nach Karlsruher Zeit, da die von ihm befahrene Strecke der Badischen Staatseisenbahn gehörte.
In der Fahrplantabelle 234, Bamberg-Würzburg, ist oben lediglich vermerkt, daß die Strecke eine der Bayerischen Staatseisenbahnen war. Somit ist in der Anschlußleiste nach Heidelberg die Zugabfahrt mit 10.46 Uhr gemäß Münchner Zeit angegeben. In der Fahrplantabelle 225, Würzburg-Heidelberg, hingegen stehen umsichtiger- oder verwirrenderweise zwei Abfahrtszeiten: Unter der Münchner die badische, nämlich 10.46 und 10.32 Uhr (vgl. Tafel 2).
Diese Konzilianz findet sich nur vereinzelt. In der Regel sind die Zeiten der Abfahrt und Ankunft nur in der bahnverwaltungsüblichen angegeben mit dem Vermerk der Abweichung in Minuten gegenüber denen anderer Verwaltungen. Wer im Kopfrechen gut war und Reiseerfahrung hatte, kam vielleicht zurecht.
Da es nicht nur auf die der Landeshauptstädte abgestimmte Zeiten gab, sondern auch Ortszeiten, läßt sich die Zahl der verschiedenen Tageszeiten allein im Reich lediglich schätzen, eine europäische, ja weltweite Kalamität, die mit wachsendem Verkehr chaotische Dimensionen erreichte. So hielt man 1889 in Washington einen Kongreß ab. Zu einer Einigung oder zur Lösung des Problems kam es nicht, weil sich die Franzosen querlegten. Vier Jahre darauf entschlossen sich das Deutsche Reich und einige Anrainer=Staaten, die Mitteleuropäische Zeit für ihr Gebiet einzuführen. Weitere Vereinheitlichungen bzw. Regelungen, insbesondere Fahrplanzeiten und -zeichen betreffend, folgten später, die Einführung der 24=Stunden=Zeitskala erst 1927.[3]
Das Zugangebot 1880 war zwar noch relativ spärlich, aber schon einigermaßen ausgewogen, und es gab bereits Sonderangebote wie "Rundreisebillets" oder Gesellschaftsreisen. Abgesehen von einer Bereinigung der Fernzuggattungen durch Wegfall der Bezeichnungen Courier- und Postzug, der Einführung von D=Zügen, d.h. Schnellzügen mit Durchgangswagen, und geringfügigen Reisezeitverkürzungen, brachte die Entwicklung bis zur Jahrhundertwende nicht viel. Eine nennenswerte Erhöhung der Zugdichte und Einbeziehung sogenannter Nebenfernstrecken oder gar wichtigerer Nebenbahnen in das Schnellverkehrsnetz erfolgte erst im Jahrzehnt vor Ausbruch des Weltkrieges.
Dementsprechend hatte das letzte Friedens=RKB Sommer 1914 bei wieder vergrößertem Format auch den dreifachen Umfang des Kursbuches vom Juli 1880, obwohl inhaltlich nicht allzu viel Neues hinzugekommen war: Eine Markierung seitlich der Fahrplantabellen, der zu entnehmen ist, ob Haupt- oder Nebenbahn, je eine Rubrik in der 6. Abteilung, schnellste Verbindungen von Berlin zu den bedeutendsten Orten Europas, europäische Residenzstädte=Verbindungen und Luxuszüge, d.h. Expreßzüge der Internationalen Schlafwagen Gesellschaft, Paris. Auffällig, auch bei vielen Fahrplantabellen, ist die Ausrichtung auf Berlin.
Was jedoch aus dem RKB Sommer 1914 am beeindruckendsten spricht, ist der weltweite geistige Horizont, der einem notorisch Fortschrittsgläubigen, nicht zuletzt in unseren Tagen, die Illusionen rauben könnte, der zur Meditation zwingt und Trauer über den histori-

schen Bruch aufkommen läßt, der sich damals auftat und eine Entwicklung der europäischen, ja Welt=Verhältnisse zur Folge hatte, die den Abstieg des Abendlandes einleitete.
Im RKB 1914 scheint es keine Grenzen zu geben. Da die Zollkontrollen des mitgeführten Gepäcks zumeist in den Zügen stattfanden, dauerte der Aufenthalt an den Grenzstationen vielfach nicht länger als zum Lokwechsel nötig und, sofern dieser entfiel, auch nur wenige Minuten.
Die Reisegeschwindigkeiten auf einigen britischen und französischen Magistralen lagen geringfügig über denen vergleichbarer deutscher Strecken.[4] Die Möglichkeit, in Deutschland ebenfalls kürzere Fahrzeiten zu erzielen, wäre aber gegeben gewesen. Das Interesse an Schnellfahrten war geweckt, und bei Versuchsfahrten wurden im ersten Jahrzehnt des 20. Jahrhunderts mit einer Dampflok ca. 155 km/h und mit einem sechsachsigen Drehstrom=Triebwagen über 200 km/h erreicht. Der praktischen Auswertung dieser technischen Möglichkeit stand jedoch schon das mangelnde öffentliche Bedürfnis nach weiterer Fahrzeitverkürzung entgegen. Die Eisenbahn befand sich konkurrenzlos an der Spitze, weder Autos noch Flugzeug konnten ihr gefährlich werden.
Das seltene Original eines 1914er Kursbuches, das uns als Reprovorlage zur Verfügung stand, führte den Beweis im wahrsten Sinne des Wortes 'zwischen den Zeilen': Ein vergessener und vergilbter Zeitungsausschnitt flatterte beim Durchblättern plötzlich heraus und offenbarte die stolze Nachricht, daß Leutnant Georges in einem belgischen Flugzeug mit zwei Passagieren für den Weg von Brüssel nach London-Paris und wieder zurück nach Brüssel nur ganze 7 Stunden und 20 Minuten gebraucht habe. Eine Bleistiftnotiz ergänzte die sensationelle Tagesmeldung durch den Vermerk: 126,48 km/St.! Nein, wozu hätte damals die Fahrzeit Berlin-Königsberg um eine Stunde gekürzt werden sollen? Die Reisenden waren zufrieden, und Sicherheit stand an oberster Stelle.
Gewisse deutsche Fahrdienstvorschriften, über die wir heute lächeln, finden ihren Niederschlag auch in den Kursbuchzahlen. Nehmen wir die Strecke Nr. 183a aus dem RKB 1914 und betrachten die Fahrzeit der zuschlagfreien Schnellzüge 21/22 zwischen Leinefelde und Mühlhausen. Der Dün trennt beide Orte, im Vergleich zu den Alpen ein lächerlicher Höhenzug, für eine aus dem Unstruttal ansteigende Bahn mit einem 202 m über Null liegenden Bahnhof als Ausgangspunkt jedoch ein kleines Verkehrshindernis.
Bis zum Scheitelpunkt des Düneinschnittes für die Trennungsstation Silberhausen mit rd. 380 m über NN hat die Strecke ab Ende Bahnhofsplanum Mühlhausen etwa 18 km Steigung überwiegend 1:100, wogegen die Strecke in der Gegenrichtung von Leinefelde, rd. 340 m über NN, etwa 7 km nur 1:175 ansteigt. Entsprechend hatten die Züge 1939 in südlicher Richtung, d.h. nach Mühlhausen eine kürzere Fahrzeit als in nördlicher. Nicht so 1914, als beide Richtungen aufgrund besonderer Vorschriften für Gefällstrecken gleich schnell oder langsam ohne Zwischenhalt in 31 Minuten zurückgelegt wurden.
Über die strengen Eisenbahnvorschriften vergangener Zeiten kann man lächeln. Denken wir aber daran, daß die deutschen Bahnen bei noch recht unvollkommener Technik die weitaus sichersten ihrer Zeit waren, besteht kein Grund zum Spott, wenn ein Zug bergab so schnell bzw. langsam fahren mußte wie bergauf. Jedes Ding im menschlichem Leben hat eben seine zwei Seiten, auch ein Kondukteur mit martialischem Schnauzbart und Unteroffiziersstimme in einem autoritären Ordnungsstaat. Positives und Negatives sind letztlich relativ, und irgendwie hebt sich alles aus sich auf.

2. ... und Schwachstellen

Über die teils politisch, teils entwicklungsbedingte Verlagerung von Verkehrsströmen oder die Geschichte einiger Züge wird noch im Rahmen der verkehrlichen und politischen Entwicklung berichtet. Hier nur noch ein paar Beispiele für die 'Kundenfreundlichkeit' der Bahnverwaltungen jener Epoche, die selbst Nebenbahnen mit Durchgangsverbindungen versahen. Von Kaufbeuren südwärts rollte sogar ein zuschlagpflichtiger Saison=Schnellzug München-Füssen; auch konnte man ohne Umsteigen von Lindau-Kempten über Pfronten nach Garmisch-Innsbruck reisen.

300a–300e (V. 1 Mai 1914) **300 a Kaufbeuren—Füssen** ■ vom 1/7–15/9 * nur 3. Kl.

× in Hörmatzen, Enzenstetten u. Reinertshof halten die Züge nur nach Bedarf ♁ nur F bis 13/9 ✠ beschleunigte Züge mit ermäßigten Fahrpreisen

Durchl. Wagen 1–3 Kl.: München–Füssen Z 194, 193; Treuchtlingen–Füssen Z 194, 193 **2 u. 3 Kl.:** München–Füssen Z 627/27, 28/628, Z 6, 7 (bis 15/9)

*2101/3	F627/27	Z 35	Z 5	Z 194	Z 7	Z 9	Z 11	Z 13	W 15	F 15	km	(Bayer. Staatseisenb.)	2/602	Z 34	Z 4	Z 6	W 16	Z 8	Z 193	Z 10	Z 12	14/610	F28/628
11 20	5 30	4 10	6 50	8 10	10 10	12 50	1·35	6 50	...	...		Ab München Hbf 300 An	7 5	...	11·50	11 56	...	5 15	5 50	7 5	...	1 0	11 50
4 48	♁ 7·5	8 20	8·40	■ 9 41	11 41	3 56	5·50	8 35	...	...	0,0	Ab Kaufbeuren . . An	5 12	7 30	8 12	10·20	...	2 18	■ 4 16	5 14	8 5	9 58	♁ 10 25
5 40	7·28	8·35	8·50	»	11·51	4·7	6 1	8 47	9 45	10 15	5,4	Biessenhofen (s. a. 300)	5 5	7·20	8·2	10·11	11·51	2·9	»	5·5	7 56	9 51	10 18
5 48	»	8·44	8·56	»	11·57	4·13	6 7	8 54	9 52	10 22	7,9	Ebenhofen	4 50	7·12	7·55	10·5	11·45	2·3	»	4·58	7 49	9 23	»
5 57	7·42	8 55	9·4	»	12·5	4 21	6 15	9 3	10 0	10 30	11,9	An Marktoberdorf. Ab	4 40	7 1	7·46	9·58	11·35	1 54	»	4·49	7 40	9 12	9 57

Am Südwestrand Oberschlesiens gab es einen E 81/82, der von Beuthen kommend über Kattowitz-Ratibor in der kleinen Stadt Leobschütz endete, während ein weiteres Eilzugpaar, E 34/39, von Norden her, d.h. von Breslau, den Ort mit der 'großen Welt' verband. Ich gestehe, bis zur persönlichen Begegnung mit vertriebenen Schlesiern hatte ich noch nie von jener oberschlesischen Kreisstadt gehört, zumal es in den DR=Kursbüchern einen eher unbedeutenden Platz einnahm, und ich Geographiekenntnisse überwiegend durch diese bezog. Dabei gehört Leobschütz lt. Register des RKB zu den "wichtigeren Knotenpunkten" bzw. "größeren Orten".

Damit sind wir bei den Mängeln und Ungereimtheiten des RKB angelangt: Den Bewertungsmaßstäben für "größere Stationen" im Ortsregister und "bedeutendster- bzw. Hauptorte" in der Sparte Reiseverbindungen mit Berlin; der Kartographie, die mäßig, ja fehlerhaft ist; schließlich der Unbeweglichkeit, diese Schwächen zu beheben, insbesondere nach 1918 den gewandelten Zeitforderungen nachzukommen (s. III,1).

Beginnen wir mit den "bedeutendsten Orten" - gemäß Inhaltsübersicht "Hauptorten Europas" -, zu denen dem RKB zufolge an deutschen Städten (und Dörfern) Ahlbeck, Friedrichroda, Göhren, Rudolstadt oder Thale gehören. Vergeblich sucht man die momentane deutsche Haupstadt Bonn, die Städte Halle oder Erfurt. Bamberg z.B. ist vertreten, Bayreuth nicht; Zwickau und Chemnitz ja, Gera und Jena nein.

Die Auswahlkriterien der Herren des Berliner Reichspostministeriums bleiben für Logiker oder Systematiker ein Rätsel, was auch für die "größeren Orte" im Register gilt. Das schon genannte Leobschütz lag an einer Hauptbahn, die nicht einmal die Qualifikation einer Nebenfernstrecke hatte, war Ausgangsbahnhof für eine Nebenbahn, also kaum ein wichtiger Eisenbahnknotenpunkt, und da es knapp über 13 000 Einwohner gemäß Volkszählung vom 1.12.1910 zählte, auch schwerlich unter die größeren Orte des Reiches

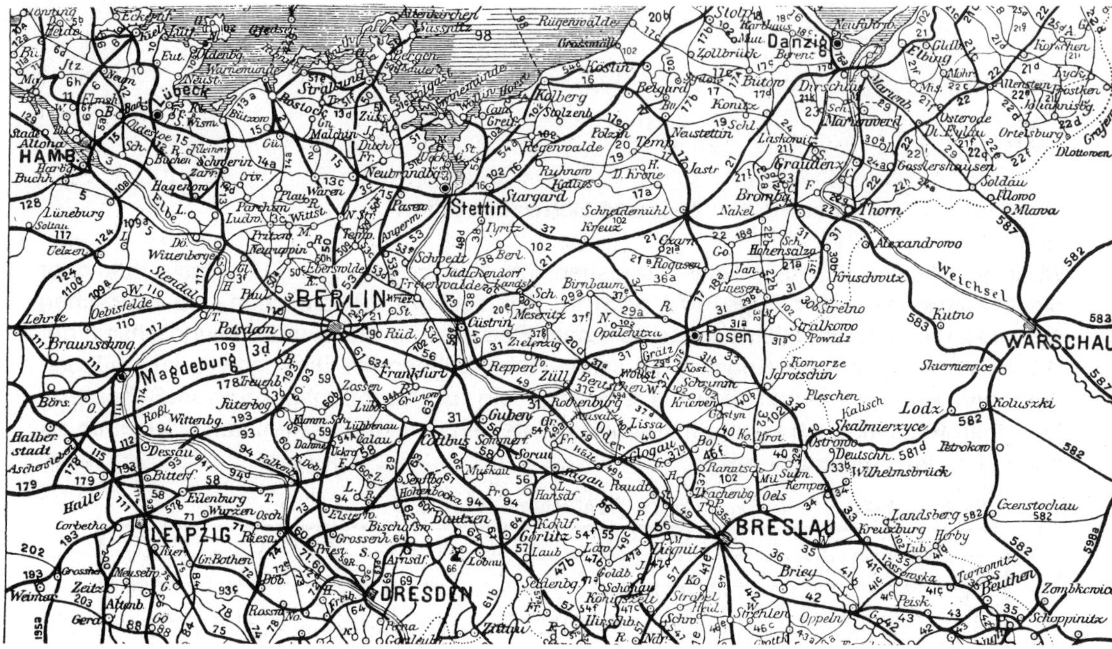

(Vom 1 Mai 1914)

84 Glauchau – Wurzen

ξ nur in der Nacht vom 1/2 Juli, 5/6 Aug. u. 2/3 Sept. D nur in der Nacht nach dem ersten St jed. Mts. ● nachts nach F sowie in der Nacht vom 1/2 Juli, 5/6 Aug

													km	Station								
...	12 40	7 17	...	...	10·36	12 50	...	4·28	6 17	7 45	9 40	11 20		Ab Chemnitz Hbf 64 An	7 11	11·45	...	1·56	...	4·23	...	6·45
...	3 7	8·19	...	...	10 42	12·28	2·56	5·30	7 13	...	9 19	11 40		Ab Zwickau Bf ..... 64 An	7·25	9 54	...	1 44	...	4·35	...	6 42
	Z 9901	Z 3609			Z 3613	Z 3615	Z 3617	F 3621	Z 3629	F 3633	Z 3635	Z 3645	km	(Sächs. Staatseisenb.)	Z 3602	Z 3604		Z 3610		Z 3614		Z 3616
...	4 48	8‖56	Ab Chemnitz 10·11 s. 78a	...	11·45	1·28	3‖30	6 11	7 49	8 36	10 29	D 12 25	0,0	Ab **Glauchau** 64. 88 .. An	6·37	9·22	...	12‖48	...	3·12	...	5·54
...	5 0	9· 3		...	11·52	1·35	3·37	6 18	7 56	8 43	10 36	12 32	4,2	Remse	6·31	9·15	...	12·42	...	3· 5	...	5·47
...	5 11	9· 9		...	11·58	1·41	3·43	6 24	8 3	8 49	10 42	D 12 37	7,5	Waldenburg (Sachs.) ...	6·25	9· 8	...	12·36	an Chemnitz 2·7 s. 78a	2·58	...	5·41
...	5 25	9·17		...	12· 6	1·49	3·51	6 33	8 11	8 58	10 50	...	13,2	Wolkenburg	6·16	8·58	...	12·27		2·48	...	5·32
...	5 35	9·23		...	12·11	1·55	3·56	6 38	8 17	9 4	10 56	...	16,6	Thierbach-Zinnberg	6·10	8·52	...	12·21		2·42	...	5·26
Z 3601	5 41	9·26		F 3611	12·15	1·58	4· 0	6 42	8 20	9 8	11 0	...	18,6	An Penig 93c ..... Ab	6· 6	8·48	F 3608	12·16		2·37	...	5·22
5 10	6·25	9·28		11·23	12·16	2· 1	4· 9	6 45	8 23	...	F 11 4	...	18,6	Ab Penig 93c ..... An	5 44	8·41	10·16	12·10		2·34	...	5·17
5 16	6·38	9·33		11·28	12·23	2· 6	4·15	6 51	8 28	—	11 10	...	21,9	Amerika (Sachs.) ...	5 39	8·36	10·11	12· 5		2·29	...	5·12
5 22	6·52	9·39		11·34	12·29	2·12	4·21	6 58	8 34	...	11 17	...	24,5	Rochsburg	5 33	8·30	10· 5	12· 0		2·23	...	5· 6
5 28	7·12	9·44	Z 1703	11·39	12·35	2·17	4·27	7 5	8 39	Z 2641	11 23	...	27,5	Lunzenau	5 27	8·24	9·59	11·54	Z 1704	2·17	...	5· 0
5 36	7·33	9·53	11‖33	11·48	12·44	2·25	4·36	7 15	8 47	9 54	11 31	...	32,0	Wechselburg 78a	5 18	8·16	9·52	11·46	12·38	2· 8	...	4·52
5 43	7·41	9·59	11·40	11·55	12·50	2·31	4·44	7 22	8 53	10 1	11 37	...	35,7	Steudten	5 11	8· 8	9·38	11·39	12·31	2· 1	...	4·43
5 48	7·48	10· 4	11‖45	12· 0	12·55	2·36	4·49	7 27	8 58	10 8	F 11 42	...	39,3	An Rochlitz (Sachs.) 93c Ab	5 5	8· 2	9·32	11·32	12·25	1·55	F	4·35
	Z 3603		Z 3611	↵	F 1542										F 1525		Z 3608				1537a	
5‖53	7·59	10· 6	12·13	↵	3·59	2·37	5· 4	7 37	9 21	...	...	...	39,3	Ab Rochlitz (Sachs.) 93c An	7·22	7‖59	9·29	11·30	...	1·52	3·38	4·30
6· 1	8· 7	10·13	12·20	...	4· 7	2·44	5·11	7 47	9 29	...	—	Z 3643	44,7	Lastau	7·15	7·52	9·22	11·23	..	1·45	3·31	4·23
6· 8	8·14	10·20	12·27	...	4·15	2·51	5·18	7 55	9 36	...	...	ξ 1 5	49,1	Colditz	7· 8	7·45	9·15	11·16	...	1·38	3·24	4·16
6·14	8·19	10·26	12·33	...	4·21	2·57	5·24	8 3	9 42	...	...	1 12	52,7	Großsermuth	7· 2	7·39	9· 9	11·10	...	1·32	3·18	4·10
6‖20	8·25	10‖32	12·39	...	4·27	3· 3	5‖30	8 10	9 48	...	...	ξ 1 20	56,8	An Großbothen 72 . Ab	6·55	7‖33	9· 3	11‖ 4	...	1·26	3·11	4· 3
Z 3681	Z 3683		Z 3689			Z 3691	Z 3693		Z 3695							Z 3682		Z 3684				Z 3686
6·26	9·16	...	12‖42	...	...	3·40	6 30	...	10 20	...		...	56,8	Ab Großbothen 72 . An	...	7‖28	...	10·55	...	...	↑	2·12
6·35	9·25	...	12·51	...	...	3·50	6 40	...	10 29	...	Z 3697	...	60,4	Nimbschen	...	7·19	...	10·46	...	...	...	2· 3
6·45	9·39	...	1· 0	...	...	3·59	6 54	...	10 38	...	● 1 0	...	64,2	Grimma unt. Bf 72 ..	...	7·10	...	10·36	...	...	...	1·53
6·52	9·46	...	1· 6	...	...	4· 5	7 1	...	10 44	...	1 6	...	66,3	Dorna-Döben ...	...	7· 4	...	10·29	...	...	...	1·46
7· 3	9·52	...	1·12	...	...	4·11	7 12	...	10 50	...	1 11	...	68,1	Golzern	...	6·59	...	10·23	...	...	...	1·41
7·12	9·58	...	1·18	...	...	4·17	7 22	...	10 56	...	1 17	...	70,4	Nerchau :	...	6·52	...	10·15	...	...	...	1·34
7·21	10· 7	...	1·27	...	...	4·26	7 34	...	11 3	...	1 23	...	72,7	Nerchau-Trebsen 63f ..	...	6·46	...	10· 8	...	...	...	1·28
7·31	10·16	...	1·36	...	...	4·35	7 43	...	11 12	...	1 32	...	76,3	Oelschütz	...	6·35	...	9·57	...	...	...	1·17
7·44	10·29	...	1‖49	...	...	4·48	7 56	...	11 25	...	● 1 45	...	82,0	An **Wurzen** 71 .... Ab	...	6‖22	...	9·44	...	...	...	1· 4

1914)

84b Wolkenstein – Jöhstadt (Bisher 94g)

(Alle Züge nur 3. u. 4. Kl.)

□ W vor F nicht ♩ nur W vor F ■ nur nachts nach F, Ml u. Sb ┼ nur F, Ml u. Sb

km	(Sächs. Staatseisenbahnen)
0,0	Ab **Wolkenstein** 79 ...
3,8	Streckewalde ......
6,0	Boden b. Wolkenstein ....
9,5	Niederschmiedeberg ..

Mai 1914)

84a Mosel – Ortmannsdorf

(Alle Züge nur 3. u. 4. Kl.)

…er auf den 1. u. 3. St jed. Mts. folgenden Nacht ♩ s. 753 bei Mülsen St. Niclas ○ außer am 1. u. 3. St jed. Mts.

Z 5606	Z 5608	Z 5610	Z 5612	km	(Sächs. Staatseisenbahnen)	Z 5601	Z 5603	Z 5605	Z 5607	Z 5609	
2 2	6 30	○ 10 40	● 12 0	0,0	Ab **Mosel** 64 .... An	5 43	10·30	1‖30	4 18	9 4	...
2· 9	6 37	10 47	12 7	2,3	Wulm	5 36	10·23	1·23	4·11	8 57	...
2·16	6 44	10 54	12 14	4,0	Niedermülsen	5 30	10·17	1·17	4· 5	8 51	...
2·23	6 51	11 0	12 20	5,8	Thurm	5 23	10·11	1·10	3·58	8 44	...

(Vom 1 Mai 1914)

85a Meuselwitz – Ronneburg

(Alle Züge nur 2. u. 3. Kl.)

Z 9531	Z 2312	Z 2314	Z 2316	Z 9543	Z 2318	km	(Sächs. Staatseisenbahnen)
4 45	7‖30	11·51	4 9	6 29	10 4	0,0	Ab **Meuselwitz** 85. 86 . An
5 3	7·42	12· 3	4·21	6 45	10 16	4,7	Großröda ....
5 14	7·50	12·11	4·29	6 54	10 25	7,7	Kostitz ....
5 33	8· 1	12·22	4·40	7 6	10 36	11,8	Dobitschen ....

Tafel 3: Beispiele aus RKB 1914 - Kartographie=Ausschnitt Abt. 1 Östliches Deutschland sowie Anordnung der Fahrplantabellen (quer und senkrecht).

einzureihen. In der Reichsstatistik rangiert es bei den Gemeinden über 10000 Einwohner in der unteren Hälfte der fünften, d.h. letzten Größengruppe, in der 305 Gemeinden zwischen 10000 und 20000 Einwohner erfaßt sind. Viele Orte der Größenklassen 3 und 4, ja etliche von Gruppe 2, finden sich im RKB=Register nur in Magerdruck, darunter auch solche mit bedeutenderen Knotenbahnhöfen.
Blättern wir weiter im Ortsverzeichnis, bleibt Leobschütz beileibe kein Einzelfall. Namen wie Sondershausen und Hechingen rangieren als bedeutend, und doch sind beide nicht einmal in den Fahrplanspalten ihrer Strecke durch Fettdruck gekennzeichnet. Ja, Hechingen war und ist ein so beachtlicher Bahnhof, daß es nie für nötig befunden wurde, Bahnsteigtunnels für Reisende zu schaffen. Die gleichzeitige Abfertigung von zwei Zügen verursachte daher bisweilen die kuriosesten Situationen.
Man könnte meinen, weil Sondershausen und Hechingen als Residenzstädte eine bevorzugte Stellung einnahmen, wurden sie privilegiert. Wenn das des Teilrätsels Lösung wäre, müßten sie in den RKB nach 1918 'abgemagert' sein, aber das ist nicht der Fall, und diesbezüglich änderte sich im Register des RKB bis zum Schluß nichts.
Diese Mängel oder solche in den 'Reiseverbindungen', auch die mehrfache, bis zu achtmalige Überlappung von Streckentabellen, die das RKB unnötig aufblähten, waren Gegenstand kritischer Betrachtungen bereits vor 1914 und danach gezielter Anwürfe Mitte der zwanziger Jahre. Damals wurde die Kritik von den Bearbeitern des RKB ignoriert, zur DB=Zeit von den Chronisten der Bundespost oder -bahn. Für sie war das RKB ein Werk ohne Tadel, und das eine Selbstverständlichkeit, weil amtlichen Charakters.[5] Diese Einstellung gereichte der geschichtlichen Überlieferung zum Schaden, die Haltung der Bearbeiter des RKB aber der Sache selber.
Kritik zu ignorieren, ist zweifellos die bequemste Lösung. Da die Kritik am RKB jedoch in namhaften Zeitschriften, u.a. in der des VDEV abgedruckt wurde, blieb sie den Herren des Reichspostamtes sicher nicht verborgen. Mangels jeglicher Replik lassen sich im nachhinein nur Vermutungen über den Grund ausbleibender Reaktionen oder Verbesserungen anstellen. Vielleicht war es der Kriegsausbruch, der entsprechende Vorsätze verhinderte, und bis 1914 gab es ohnehin nichts, das letztlich drängte. In einer Zeit mit zahlreichen privaten Bahngesellschaften und Länderbahnverwaltungen, von denen keine Interesse an der Herausgabe von Fahrplansammlungen einschließlich a l l e r Pläne anderer Bahnen hatte, konnte jeder Kursbuchherausgeber seine Edition nach seinem Ermessen oder zu seinem Nutzen gestalten.
Als sich aber Mitte der zwanziger Jahre die Reichsbahn mit dem Vorschlag an die Postbehörde wandte, unter Verzicht auf ein eigenes Gesamtkursbuch das RKB gemeinschaftlich herauszugeben, hätte nach Annahme dieses Angebotes auch Reformwünschen der Bahn stattgegeben werden müssen. Worin diese bestanden, wissen wir: Ein übersichtlicheres Nummernschema, Straffung der Fahrplantabellen und Anordnung so, daß die Druckplatten und Matern für die Aushangtafeln in den Bahnhöfen mitverwendet werden konnten. Bei einer gemischten Anordnung der Fahrplantabellen senkrecht und quer zur günstigsten Platzausnutzung - wie bei allen Kursbüchern damals üblich -, die beim Lesen ein Drehen des Kursbuches verlangten, hätte die Reichsbahn für die Pläne des Bahnhofsaushanges gesonderte Druckstöcke nehmen oder in den Bahnhöfen Schiebeleitern

deponieren müssen, damit senkrecht angebrachte Fahrplantabellen im oberen Teil der plakatähnlichen Tafeln gelesen werden konnten (s. Abb. S. 36, unten).
Unabhängig davon wäre eine Reform des RKB an sich auch im Interesse der Post gewesen. Wie das Beispiel der Fahrplantabelle 105 (Tafel 1) zeigt, waren mit der Zeit neue Routen hinzugekommen, die das Kursbuch zu beachtlicher Dicke hatten anschwellen lassen und zahlreiche Überschneidungen nach sich zogen. Vereinzelt, vor allem aus Berliner Sicht, war das nicht unpraktisch, in vielen Fällen jedoch unsinnig, insbesondere da man die Relation bestehen ließ, auch wenn sie sich nicht bewährt hatte und somit im Ganzen nur aus Anschlußverbindungen bestand. In den Fahrplantabellen 105 strich man z.B. nach Einstellung der durchgehenden Züge Berlin-Frankfurt/M. über Leinefelde-Eschwege lediglich dieses Zwischenstück und beließ allein die Route über Eichenberg. Daß sich auf der Gesamtstrecke (über Güterglück) kein durchgehender Zuglauf hielt, und via Eichenberg-Bebra nur der E 162 ohne Gegenzug, regte die Kursbuchbearbeiter im Reichspostamt nicht zum Überdenken ihrer Konzeption an.
Ob diese verkehrlich und kursbuchtechnisch absurden Tabellenkonglomerate postalisch einen Nutzen boten, scheint unwahrscheinlich. In der Literatur findet sich darüber nichts Verbindliches, und über das Scheitern hinsichtlich des Gemeinschaftsprojektes mit der Reichsbahn nur die lakonische Feststellung, daß die Bahnbelange nicht realisiert werden konnten und die Reichsbahn nun doch erwäge, ein eigenes Gesamtkursbuch zu bringen. Über die Hintergründe ließ man sich schriftlich nicht aus. Kontroversen mit Amtskollegen - auch einer anderen 'Fakultät' und selbst in wissenschaftlichem Stil - vor der Öffentlichkeit auszutragen, lag der höheren deutschen Beamtenschaft nicht.
Am Problem einer für die Bahnbelange notwendigen Formatvergrößerung des RKB lag es jedenfalls nicht, da diese vorgenommen wurde, und nachdem die Bahn die Konsequenzen aus dem Fehlschlag der gemeinsamen Kursbuchherausgabe gezogen hatte, schrumpfte das RKB wieder annähernd auf das Format des inzwischen verblichenen HENDSCHEL.
Ab 1934, spätestens ab 1936, als das erste DEUTSCHE KURSBUCH zur Verfügung stand, war das RKB an sich überflüssig, und in den letzten zwei Jahren des Reiches benutzte die Post auch die DEUTSCHEN KURSBÜCHER, indem sie für die Postbeförderung wichtige Angaben zusätzlich eindruckte. Eigenständig erarbeitete sie zuletzt nur ein dünnes Heft mit Fahrplanauszügen für spezielle Zwecke. So muß man leider das Ende eines auf seinem Höhepunkt glanzvollen Werkes mit dem zähen Dahinsiechen eines Menschen vergleichen, der sich überlebte und von einem bestimmten Zeitpunkt an nur alt wurde, aber nicht weise.

---

1 Eingehend in Ritzau/Mertl, DAS KURSBUCH- UND FAHRPLANWESEN DER DEUTSCHEN EISENBAHNEN, Teil I, Kap. 1-3, Pürgen 1978.

2 1850-1866 als COURS-BUCH des preußischen "General-Post-Amts" Berlin,
1867-1871 in gleicher Benennung des Bundes-General-Postamts Berlin, nachdem Preußen mit Beendigung des Krieges 1866 der Thurn und Taxis=Post eine Abfindung von 3 Millionen Talern gezahlt hatte und für den Norddeutschen Bund das Bundes-Post-Amt gegründet worden war.
Ab 1872, nach Gründung des Zweiten Deutschen Reiches (1871) und der Deutschen Reichs-Postverwaltung, der nunmehr auch das Postwesen Badens angehörte sowie das Elsaß-Lothringens - nur Bayern und Württemberg 'postierten' bis 1920 für sich - bis 1880 als KURSBUCH DER DEUTSCHEN REICHS-POSTVERWALTUNG.
Im Rahmen der geschichtlich/postalischen Verwobenheit ist auch bemerkenswert, daß bis zu den Konsequenzen des deutsch/französischen Krieges 1870/71 das französische 'Cours' im Kursbuchtitel verwendet wurde,

obwohl das deutsche 'Kurs' bereits seit dem 15. Jahrhundert gebräuchlich war und beide Worte lateinischen Ursprungs sind. Die Zähigkeit der Frankomanie in Deutschland ist unbegreiflich, wenn man an die französischen Übergriffe von Ludwig XIV. bis zur Eskalation unter Napoleon denkt, an die Opfer dieser Eskapaden sowie an die des Befreiungskampfes vom napoleonischen Joch und darüber hinaus an die 'geistige Erneuerung' Deutschlands, die der Frankomanie bestimmter Kreise bis zur Ära Bismarcks keinen Abbruch tat, wie auch Kursbuchinserate zeigen. Die nachstehende Auswahl ist HENDSCHEL'S TELEGRAPH 1865 entnommen.

Bremen.

Hôtel de l'Europe.

In unmittelbarer Nähe des Bahnhofes, an den schönen Wall-Promenaden, bewährt nach wie vor seinen Ruf als eines der besten Hôtels Nord-Deutschlands.
Im Souterrain eine von Fremden und Einheimischen sehr besuchte Restauration, mit ächtem bayerischen Bier.

C. A. Schulze, Eigenthümer.

Frankfurt a. M.

Hôtel de la Ville de Lyon.

In unmittelbarer Nähe der Paulskirche, dem Römer und dem Börsengebäude.

Besitzer **Carl Ph. Jockel.**

Ich empfehle hiermit mein neu eingerichtetes Hôtel zu einem in jeder Beziehung angenehmen Aufenthalt, so ich in Stande gesetzt bin, allen Anforderungen der Neuzeit entsprechen zu können.

Homburg v. d. Höhe.

Hôtel du Rhin.

In der nächsten Nähe der Eisenbahn, der Kur-Anlagen und der Brunnen.
Table d'hôte um 1 und 5 Uhr. Anerkannte gute Speisen und Getränke. Gute Bedienung und reelle Preise.

Besitzer: **F. A. Sturm.**

Berlin.

Hôtel de Francfort.

Klosterstrasse 45.

J. F. Markgraf.

Dieses Hôtel II. Klasse liegt im Mittelpunkt der Stadt und Geschäftsgegend, Reinlichkeit, gute Betten, vorzügliche Küche sind Hauptgrundsätze des Besitzers und lässt dieses Haus in Betreff der billigen Preise Nichts zu wünschen übrig.

Frühstück 6, Logis 10 und 12½, Table d'hôte 12½ Sgr.

On parle français à l'Hôtel. — English spoken in the House.

Berlin.

Hôtel de France.

Leipziger Strasse No. 36, Ecke der Charlotten-Strasse,
empfiehlt sich durch seine ausgezeichnete Lage im frequentesten Theile der Stadt und nächster Nähe aller Sehenswürdigkeiten bei reichem Comfort, ganz neuen vorzüglichen Betten, grosser Reinlichkeit und prompter Bedienung unter Zusicherung von soliden Preisen, welche bei längerem Aufenthalte noch ermässigt werden.

Zimmer nebst Bett von 15 Sgr. an, ebenso elegante Salons. Bäder und Equipagen im Hause. Table d'hôte im Hôtel, Déjeûners, Diners, Soupers zu jeder Zeit.

Ausgezeichnete Küche, vorzügliche Weine.

Besitzer: **H. Hügel.**

Hôtel de Bavière in Leipzig.

Alter bewährter Ruf, billige Preise.

3 Hierzu s. DAS KURSBUCH- UND FAHRPLANWESEN DER DEUTSCHEN EISENBAHNEN - Teil II, S. 65 ff.

4 Die großen Lexika vor 1914 brachten auch vergleichende Angaben unter dem Stichwort Fahrgeschwindigkeiten, so der Große Meyer, 25=bändig, 6. gänzlich neubearb. u. vermehrte Aufl. 1903, in Bd. 5, S. 522 folgende Tabelle im Rahmen einer ausführlichen Abhandlung.

Fahrgeschwindigkeit einiger Schnellzüge (1900).

Nr	Schnellzugstrecke	Länge in Kilom.	Fahrzeit in Min.	Aufenthalt: Zahl	Aufenthalt: Dauer[1]	Reisegeschwindigkeit[2]	Durchschnittl. Geschwindigkeit ohne die Aufenthalte[2]
	A. Große Strecken.						
1	Berlin (Friedrichstr.) – Hannover – Essen – Köln	583	531	11	30	65,9	69,8
2	Berlin – Nordhaus. – Frankf.	559	530	10	26	63,4	66,5
3	Berlin – Breslau – Oderberg	510	447	6	20	68,5	71,7
4	Köln – Karlsruhe – Basel	518	458	8	28	67,9	72,3
5	Berlin – Hildesheim – Köln	576	561	14	35	61,5	65,7
6	Bodenbach – Wien	528	5?9	18	44	56,6	61,5
7	London – Leicester – Glasgow	684	546	6	25	74,7	78,9
8	London – York – Edinburg	635	465	3	16	83,2	84,8
9	London – Crewe – Glasgow	647	480	4	12	81,0	82,9
10	Paris – Lyon	512	442	3	13	69,5	71,6
11	Paris – Bordeaux	585	402	4	17	87,4	91,2
	B. Mittlere Strecken.						
12	Berlin – Hamburg	286	216	1	4	79,5	80,6
13	Köln – Bremen – Hamburg	448	408	11	26	66,0	70,4
14	Frankfurt – Karlsruhe – Basel	339	317	6	25	64,1	69,7
15	Berlin S.=B. – Breslau Ob.B.	360	283	3	9	76,3	78,8
16	Wien – Preßburg – Pest	278	261	5	16	64,0	68,1
17	Wien – Krakau	413	403	8	28	61,5	66,1
18	London – Bristol – Plymouth	398	318	2	18	75,0	79,6
19	London – York[3]	302	211	1	4	85,8	87,5
20	Paris – Boulogne – Calais	298	210	0	0	85,1	85,1
	C. Kürzere Strecken.						
21	Stendal – Hannover[4]	150	114	0	0	78,9	78,9
22	Wittenberge – Hamburg[5]	159	116	0	0	82,3	82,3
23	Berlin – Halle	162	128	0	0	77,1	77,1
24	Berlin – Dresden	179	175	3	6	61,4	63,5
25	Berlin – Leipzig	173	135	0	0	76,9	76,9
26	München – Salzburg	153	137	0	0	67,0	67,0
27	London – Bristol[6]	192	135	0	0	85,3	85,3
28	London – Turnbridge – Dover	123	101	0	0	73,1	73,1
29	London – Nottingham[7]	205	143	0	0	86,0	86,0
30	Paris – St.=Quentin	154	102	0	0	90,6	90,6

[1] in Minuten. [2] in Kilometerstunden. [3] Teilstrecke von Nr. 8, [4] desgleichen von Nr. 1, [5] desgl. von Nr. 12, [6] desgl. von Nr. 18, [7] desgl. von Nr. 7.

Bis 1914 wurden die Reisezeiten auch auf den deutschen Bahnen z.T. erheblich gesenkt; beispielsweise fuhr der schnellste Zug Berlin-Hamburg, nur 1. und 2. Klasse führend und ohne Zwischenhalt, mit einer Reisegeschwindigkeit von rd. 89 km/h. Das Verhältnis zu den schnellsten britischen und französischen Zügen blieb unverändert bis zur Reichsbahnzeit. Im Vergleich aller schnellfahrenden Züge, also auch denen der sogenannten Fläche, schnitten jedoch die deutschen Bahnen besser als die britischen und französischen ab.

5 Das DB=Kursbuch 1950 erhielt dementsprechend auch den Titelaufdruck: *"100 Jahre amtliches Kursbuch"* und eine Textbeilage zum Beleg der amtlichen Tradition.
In diesen Jahren hob man jede 'gute' Tradition hervor, um die Schatten der Vergangenheit abzuschwächen. Über die Notwendigkeit kann man verschiedener Meinung sein, töricht war auf jeden Fall die Übertreibung, und bedauerlich, daß mancher erfundene Unsinn erhalten blieb, andererseits echte Bezüge 'erschlagen' wurden. Mit ernsthafter, kontinuierlicher und für das Selbstverständnis einer Nation unabdingbarer Traditionspflege jedenfalls haben die unter entsprechendem Medienrummel veranstalteten 'Gedächtnisjahre' und hochgejubelten Erinnerungstage nichts zu tun. Die Nachwirkung ist nahe bei Null anzusetzen oder erreicht sogar das Gegenteil von der beabsichtigten; so hing einem, sinnbildlich gesprochen, nach dem penetranten Goethejahr 1949 Goethe zum Halse heraus.

EISENBAHN-ATLAS

von

Deutschland, Belgien und dem Elsass.

Mit allen Fahrplänen, Tarifen, Betriebs-Verordnungen und sonst dahin gehörigen Nachweisungen

sowie

den speciellen Karten

der bedeutenderen bis jetzt vollendeten Eisenbahnen.

Ein Handbuch für Reisende

und für Alle, welche sich dieses grossartigen Transport-Mittels bedienen.

Nach officiellen Quellen bearbeitet

von

U. HENDSCHEL,

Fürstl. Thurn und Taxis'schem Ober-Postamts-Secretair.

Neu revidirt
und mit allen Veränderungen und Nachträgen vervollständigt.

Frankfurt a. M.,
Im Verlage von **Carl Jugel.**
1844.

München-Augsburg.

Von MÜNCHEN nach AUGSBURG.

Vom 1. Mai anfangend.

Aus München	In Pasing	In Lochhausen	In Olching	In Maisach	In Mering	In Augsburg
7 Morgs 3 Nmitt. 7 Abends	7^{12} Mrgs 3^{12} Nmit. 7^{12} Abds	7^{27} Mrgs 3^{27} Nmitt. 7^{27} Abds	7^{42} Mrgs 3^{42} Nmitt. 7^{42} Abds	7^{57} Mrgs 3^{57} Nmitt. 7^{57} Abds	8^{57} Mrgs 4^{57} Nmitt. 8^{57} Abds	9½ Mrgs 5½ Abds 9½ Abds
Ausserdem jeden Sonn- und Feiertag von München nach Maisach und zurück um 11 Uhr Vormittags.						
Vom 1. October anfangend.						
7½ Mrgs 12 Mitt. 4 Abds	7^{42} Mrgs 12^{12} Mitt. 4^{12} Abds	7^{57} Mrgs 12^{27} Mitt. 4^{27} Abds	8^{12} Mrgs 12^{42} Mitt. 4^{42} Abds	8^{27} Mrgs 12^{57} Mitt. 4^{57} Abds	9^{27} Mrgs 1^{57} Nmitt. 5^{57} Abds.	10 Vmitt. 2½ Nmitt. 6½ Abds
Von Mitte November anfangend.						
8 Mrgs 3 Nmitt.	8^{12} Mrgs 3^{12} Nmit.	8^{27} Mrgs 3^{27} Nmitt.	8^{42} Mrgs 3^{42} Nmitt.	8^{57} Mrgs 3^{57} Nmitt.	9^{57} Mrgs 4^{57} Nmitt.	10½ Vmitt. 5½ Abds

Tafel 4: Der Vorläufer von Hendschels erstem Kursbuch (s. S. 21), von dem uns inzwischen ein Original - wohl das einzig erhaltene - vorlag.

II. Marksteine der Kursbuchgeschichte bis zum Ende der großen Privaten

1. Das offizielle Kursbuch des Vereins deutscher Eisenbahnverwaltungen

Zur kursbuchgeschichtlichen Ausgangslage wurde im vorigen Kapitel nur die zersplitterte Struktur des frühen deutschen Eisenbahnwesens erwähnt, die der Herausgabe eines gesamtdeutschen Kursbuches nicht gerade förderlich war. Am ehesten wäre dazu der 1847 gegründete 'Verein deutscher Eisenbahnverwaltungen' (VDEV) berufen gewesen, und dieser legte auch 1863, zwei Jahre nach Herausgabe einer vereinseigenen Zeitung, sein OFFICIELLES COURS-BUCH NRO. 1 mit den wichtigsten Post- und Dampfschiffverbindungen sowie internationalen Reisewegen vor, das erste deutsche Gesamtkursbuch mit bahnamtlichem Charakter.
Als Grund für die Herausgabe *"eines neuen deutschen Coursbuchs <...> bei den vielen bestehenden ähnlichen Unternehmungen"* wird deren Unzulänglichkeit genannt unter Aufzählung sämtlicher Fehler und Mängel. Es wird auch betont, daß bei der redaktionellen Arbeit an diesem Kursbuch die Eisenbahnverwaltungen direkt mitwirkten. Die bedeutendste Neuerung war die Einteilung der Strecken-, Post- und Dampfschiffahrtspläne nach geographischer Ordnung in fünf deutsche und österreichische Abteilungen, jede auch einzeln beziehbar, sowie in zwei weitere Abteilungen, eine für das Ausland und eine zur Übersicht wichtiger Reiserouten, aber nicht auf einzelne Mittelpunkte wie Berlin oder Frankfurt/Main ausgerichtet, sondern in Berücksichtigung der vielfältigen Gliederung des deutschen Verkehrsnetzes.
Wie lange dieses Kursbuch herausgegeben wurde, ist leider nicht bekannt, aber es beweist, daß die geographische Fahrplananordnung weder durch Initiative der Herren von der preußischen Postverwaltung noch Hendschels oder anderer Kursbuchherausgeber erfolgte. Sie griffen die Idee jedoch auf ihre Weise auf, am unverkennbarsten kopiert im Kursbuch der preußischen Postbehörde, und es ist eine Groteskte, daß die Chronisten, überwiegend Post- oder Bahnbeamte, dem RKB bzw. seinem Vorgänger das Verdienst an der Einführung dieser fortschrittlichen Systematik zusprechen. Vom OFFICIELLEN COURS-BUCH des VDEV wußten sie offenbar gar nichts. Jedenfalls wird es in der Literatur überhaupt nicht erwähnt. Ich entdeckte es bei der Materialsuche für DAS KURSBUCH- UND FAHRPLANWESEN DER DEUTSCHEN BAHNEN, und obwohl darin dieses kursbuchgeschichtlich bedeutende Werk mit Reproduktionen gewürdigt ist, nahm man DB=seitig davon keine Kenntnis. Es blieb beim RKB=Mythos.
Sicher sind solcherart geschichtskundliche Lässigkeiten in erheblichem Maße auf unser gebrochenes Verhältnis zur Vergangenheit zurückzuführen. Im DB=Bereich fand die Abwertung wissenschaftlicher Auseinandersetzung mit Geschichte und Tradition beispielsweise Ausdruck durch die 1965 erfolgte Einstellung des seit 1878 erschienenen ARCHIV

Eisenbahn-
Post- und Dampfschiff-
Cours-Buch.
Bearbeitet nach den
Materialien des Königl. Post-Cours-Bureau's
IN BERLIN.
Verlag der Deckerschen Geheimen Ober-Hofbuchdruckerei.
Amtliche Ausgabe. Nr. 1. Sommer-Cursus 1855.

X. Jahrgang. März 1856.
№ 2.
HENDSCHEL'S
TELEGRAPH.
Uebersicht
der
Eisenbahn-, Post-, Dampfschiff-
und Telegraphen-Verbindungen.
Nach Notizen des Coursbureau's
der Fürstl. Thurn und Taxis'schen General-Post-Direction
und andern officiellen Quellen bearbeitet
von
U. Hendschel,
Fürstl. Thurn und Taxis'scher Ober-Postamts-Secretär und Cours-Bureau-Beamter.
Frankfurt a/M.
Im Selbst-Verlage des Verfassers.
ihres-Abonnement (10 Hefte) fl. 2. 24 kr. = ... 1. 12 sgr.
Einzelne Nummern mit Karte 30 kr. oder 9 sgr.

Preis: 2 Mark.
Juli 1880.
Kursbuch
der
Deutschen Reichs-Postverwaltung.
Bearbeitet im
Kursbureau des Reichs-Postamts.
Enthaltend:
die Eisenbahn-, Post- und Dampfschiff-Verbindungen in
Deutschland und Oesterreich-Ungarn,
sowie die bedeutenderen Eisenbahn- und Dampfschiff-Verbindungen
der übrigen Theile Europa's.
Mit 1 Eisenbahn-Uebersichtskarte von Deutschland und den angrenzenden Ländern
sowie 9 in den Text eingedruckten Kartenskizzen fremder Länder u. s. w.
In Kommission bei R. v. Decker's Verlag, Marquardt & Schenck,
Berlin C., Niederwallstrasse 22.
Mit der nächsten zum 1. August erscheinenden Ausgabe des Kursbuches geht dasselbe in den Verlag
von Julius Springer in Berlin über.
Ausgegeben am 1. Juli 1880.
(Die nächste Ausgabe erscheint am 1. August 1880.)
Zur Beachtung für den Reisegebrauch: Jede einzelne Abtheilung des Kursbuches ist selbstständig geheftet und lässt sich leicht aus dem Buche herauslösen.

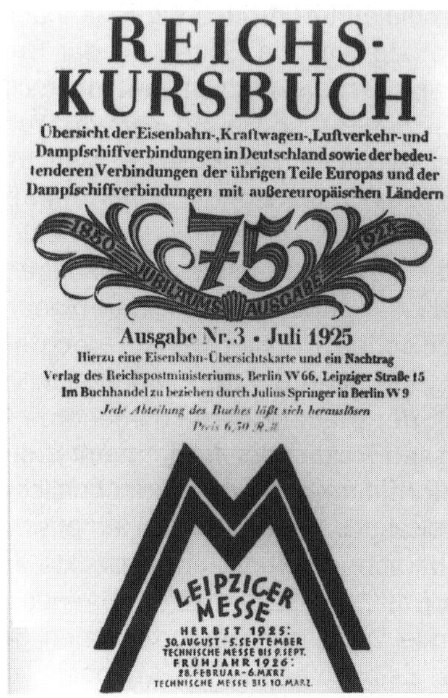
REICHS-
KURSBUCH
Übersicht der Eisenbahn-, Kraftwagen-, Luftverkehr- und
Dampfschiffverbindungen in Deutschland sowie der bedeutenderen Verbindungen der übrigen Teile Europas und der
Dampfschiffverbindungen mit außereuropäischen Ländern
1850 75 1925
JUBILÄUMS AUSGABE
Ausgabe Nr. 3 • Juli 1925
Hierzu eine Eisenbahn-Übersichtskarte und ein Nachtrag
Verlag des Reichspostministeriums, Berlin W 66, Leipziger Straße 15
Im Buchhandel zu beziehen durch Julius Springer in Berlin W 9
Jede Abteilung des Buches läßt sich herauslösen

Tafel 5 - *oben*: Bemerkenswert an beiden Kursbuchdeckeln sind die nahezu gleichlautenden Passagen: "*Bearbeitet nach den Materialien...*" *bzw.* "*...nach Notizen...*". Schon das beweist die gleiche Position beider Herausgeber zu den Bahnverwaltungen. *unten*: Das 'Gesicht' des ab nächster Fahrplanperiode RKB - s. rechts - genannten postalischen Kursbuches, eine kurzfristige Übergangslösung bis zur Gründung des Reichspostamtes 1880 (vgl. Anm.2).

FÜR EISENBAHNWESEN oder in der Gestaltung des Bahnjubiläums 1985, speziell der DB=offiziellen Jubiläumspublikation - ein deutliches Zeugnis des Abstieges beim Vergleich zu der des Jahres 1935.
An sich entspricht diese Entwicklung nicht der Gesetzmäßkeit eines organischen Reifeprozesses, da Sichtung des Vergangenen Folgeerscheinung späterer Jahre, in der Frühzeit Tatendrang vorherrschend ist. Und so waren die Chronisten der Bahnverwaltungen der ersten Eisenbahnjahrzehnte wie junge Menschen oder Nationen zu ausschließlich auf Aktuelles fixiert, um ihr Augenmerk auf eine 'Bagatelle' wie eine der neuen unter zahlreichen Kursbucheditionen zu richten und deren Verschwinden zu registrieren. Erst ab der Jahrhundertwende, insbesondere nach Gründung der Reichsbahn, begann man, sich mit scheinbar Unbedeutenderem, wie dem Kursbuchwesen zu beschäftigen und sich schriftlich darüber auszulassen.[6] So werden Fragen um das Ende des VDEV=Kursbuches wohl ohne Antwort bleiben, aber eine andere, nämlich die, weshalb U. Hendschel, ein Mann der Thurn und Taxis=Postanstalt das erste Kursbuch herausgab, läßt sich zuverlässig beantworten.

2. HENDSCHEL'S TELEGRAPH, das älteste Eisenbahnkursbuch

Im Gegensatz zur jungen Eisenbahn hatte die Post eine alte Tradition, und im Rahmen dieser gab es seit 1608 [7] Kursbücher, Postroutenkarten und Fahrpläne. Im Deutschen Reich besaß seit 1518 die Familie Thurn und Taxis das kaiserliche Postmonopol, mit Sitz der Reichspostverwaltung seit 1702 in Frankfurt. Obwohl das Postprivileg im Reichsdeputationshauptschluß 1803 noch einmal bestätigt wurde, endete es rechtlich mit dem 'Römischen Reich deutscher Nation' (1806). Dennoch überließen die nun souveränen deutschen Staatsgebilde die Ausübung der Territorialpostrechte aus Gründen der Zweckmäßigkeit weiterhin dem Hause Thurn und Taxis, allerdings gegen Pachtzahlung und mit Ausnahme Bayerns. Baden folgte dem bayerischen Beispiel einer eigenen Postverwaltung 1811 und Württemberg 1851. Die gemischten Zustände in den mittel- und norddeutschen Bundesstaaten wurden erst 1866 unter der Initiative Preußens durch Abfindung der Thurn und Taxis=Post bereinigt (s.a. Anm. 2).
Entscheidend für unser Thema ist die Feststellung, daß zur Eisenbahnfrühzeit die Thurn und Taxis'schen Posten noch im weitaus größten Teil Deutschlands wirkten, und dieser Umstand erklärt, wieso deren Oberpostamts=Secretair U. Hendschel[8] 1845 ein Post- und Eisenbahn=Handbuch herausgab, das erste umfassende Kursbuch[9], 1847 in HENDSCHEL'S TELEGRAPH umbenannt. Wenn dem ein Amtskollege Hendschels namens Wölker[10] im preußischen Generalpostamt Berlin zwei Jahre danach vermittels einer Reisezeitung folgte, ist das nur z.T. auf die in Preußen noch bestehende Konkurrenzlage zurückzuführen. Preußen hatte selbst in Zeiten monarchischer Schwäche ein agiles, leistungsfähiges Beamtenkorps, aus dem ganz ohne 'Befehl' wesentliche Impulse und Initiativen kamen. So

reagierte man im preußischen Postministerium auch sehr schnell und übernahm Wölkers Reisezeitung in amtliche Regie: 1850 gab das *Cours-Bureau d. Königl. General=Post=Amtes Berlin* sein erstes und HENDSCHEL'S TELEGRAPH fast gleichwertiges EISENBAHN=POST= UND DAMPFSCHIFF COURS-BUCH heraus.
Zweifellos war sich das Haus Thurn und Taxis über das Ende seiner Rolle als Postbehörde klar, weshalb es Hendschel sich selbst überließ. Zunächst spielte das für die Entwicklung beider Kursbucheditionen keine Rolle. Sie boten im wesentlichen dasselbe mit geringen Unterschieden im Aufbau. Beide Werke waren nicht nur für das Reisepublikum gedacht, ebenso dienten sie postalischen Belangen, denn die Postbeförderung mit entsprechender Planung ging hinfort und sofern möglich auf dem Bahnwege vonstatten.
Erst als die Thurn und Taxis=Posten völlig und endgültig ausschieden, entwickelte sich HENDSCHEL'S TELEGRAPH zu einem reinen Publikumskursbuch. Für diesen Käuferkreis war es unwichtig, ob die Züge auf Haupt- oder Nebenbahnen rollten, wichtig dagegen waren klare und straffe Übersichten, bei den sogenannten Reiserouten auch mit Fettdruck aller größeren Zwischenhalt- und der weniger bedeutenden Umsteigebahnhöfe. Tabellenüberlappungen und nur auf prominente Orte abgestimmte 'Reisewege', wie das RKB sie bot, vermieden die Bearbeiter von HENDSCHEL'S TELEGRAPH. Auf alles, was dem Normalreisenden von Nutzen war - von der Registerbearbeitung bis zur Kartographie - legte Hendschel Wert. Man könnte sogar der Hendschel=Typographie den Vorzug geben; sie kommt jener der DEUTSCHEN KURSBÜCHER sehr nahe.
Wie das RKB erschien auch HENDSCHEL'S TELEGRAPH jährlich in mehreren Ausgaben, schließlich in einer für die deutschsprachigen Länder, Deutschland, Österreich und die Schweiz sowie einer großen Ausgabe mit Verbindungen in alle Welt. Die geographische Ordnung der Fahrplantabellen Deutschlands war durch Verzicht auf Regionalteile noch differenzierter als die des RKB.
Die Entwicklung des RKB läßt sich inzwischen, d.h. nach der Vereinigung beider deutscher Staaten ziemlich exakt rekonstruieren, da es nur wenige Lücken in den Archivbeständen gibt. Den Weg der Hendschel=Kursbücher lückenlos nachzuzeichnen, ist nicht möglich, da bis zur Jahrhundertwende lediglich einzelne Exemplare erhalten sind, und die Literatur auch nur mäßig Auskunft gibt. Daher läßt sich nicht genau bestimmen, wann diese oder jene Neuerung eingeführt wurde, und ab wann die Hendschel=Kursbücher spürbar machen, daß sie ihren alten Rang nicht mehr halten konnten. Sie hatten nicht den Rückhalt der reichen Reichspost, aber eine üppig wuchernde Konkurrenz. Der Zwang zu harter Kalkulation ging auf Kosten der Qualität. Die letzten Original=HENDSCHEL vor Kriegsausbruch 1914 - nun im Kursbuchtitel HENDSCHELS, also ohne Apostroph - wirken im Bild mancher Fahrplantabellen etwas zusammengedrängt; selbst die mit Durchgangsverkehr haben zum Teil zu wenig Anschlußleisten, und es gäbe weiteres zu bemängeln.

3. STORMS KURSBUCH FÜRS REICH, die fruchtbare Fusion mit Hendschel und beider rätselhaftes Ende 1931

Die, nenne ich sie einmal 'Straßenköter', die dem alten 'Aristokraten' Hendschel bzw. seinen Nachfolgern am lästigsten fielen, hießen STORM und KOENIG. Den letztgenannten können wir in die Anmerkung [11] verbannen. Obwohl er bis zum Ausbruch des Zweiten Weltkrieges als einziger der größeren privaten Kursbuchverleger überlebte, blieb er von der Systematik her einer der schlechtesten und, wenn wir beim Hundevergleich bleiben wollen, ein 'Pinscher'.

STORMS KURSBUCH FÜRS REICH, die jüngste Edition unserer Riege, war von Anfang an ein handliches Jedermanns=Kursbuch für einfache Ansprüche, ohne Konkurrenzabsichten hinsichtlich der beiden 'Großen'. Von den viermal jährlich erscheinenden STORM=Kursbüchern kostete die große Ausgabe "100 Pf", die kleine, den Raum zwischen Memel und Frankfurt umfassend, "Preis nur 45 Pf". Ihre Käufer warfen sie offenbar nach Ablauf ihrer Gültigkeit weg, und den damals schon existierenden Kursbuchliebhabern waren sie der Beachtung auch nicht wert. So haben sich aus den ersten Jahrzehnten ihres Bestehens kaum Originale erhalten, weshalb die Entwicklungsetappen dieses Kursbuches bis 1913 noch lückenhafter rekonstruierbar sind als die von HENDSCHELS TELEGRAPH.

Zuerst erschien es offenbar im Eigen=Verlag des 'Konstrukteurs' und wurde um die Jahrhundertwende herum vom Verlag C.G. Röder, Leipzig, übernommen. Im wesentlichen bot es Kursbuchschlüssel, wichtige Reisebestimmungen, ein Ortsregister, Fahrplantabellen, auch des Auslands und der Dampfschiffahrt, Speditionsadreßbuch und reichlich Inserate, vornehmlich Hotels. Beigelegt war eine Faltkarte der "Geogr.-Lithogr. Anst. v. P. Lissel, Leipzig A.-C.". Die Karte schloß Paris und Warschau sowie Mailand und Kopenhagen ein. Sie ähnelte in der Streckeneinzeichnung der Faltkarte des RKB, in der kartographischen Gestaltung war sie ausgewogener. Außerdem bot sie auf der Rückseite neben Plänen des Vorortverkehrs und Karten der Ballungsgebiete Deutschlands eine sehr praktische Anleitung zur Güter=Frachten=Berechnung mit Text und Tabellen, worauf noch einmal im Kapitel 'Güterkursbuch' eingegangen wird.

Die Storm=Bearbeiter entwickelten weitere nützliche und originelle Ideen, u.a. verfaßten sie ein HANDBUCH zum Kursbuch='Studium' bzw. -verständnis:

> *"Ein Kursbuch richtig zu verstehen, d.h. richtig zu lesen, ist nicht leicht. Es gehört ein eingehendes Studium und eine gewisse Übung dazu, um jede Angabe im Fahrplanteil, im Stationenverzeichnis und auf der Karte in richtiger Weise zu deuten."*

Der Ankündigung zufolge wurde es erstmalig 1919 für den Preis von 60 Pfg angeboten, in den Kriegskursbüchern noch nicht, und der einzige auffindbare Vorkriegs=STORM von 1913 nennt an Neuem nur das "Klein- und Straßenbahnen=", "Automobil=" und das "Auslands=Kursbuch", so mißverständlich, da nur Kursbuchteile. Immerhin weisen diese Neuerungen auf eine Änderung des Geltungsanspruches hin. Wahrscheinlich hatte man die Schwäche von Hendschels Werk erkannt und wollte die Chance nutzen.

Bern **314a** . . .							
Bichl **288** . . . —	420	250	—	170	2	69	
Bremen **56a. 57**	13640	6050	3660	300	2280	13	757
Breslau **155. 161**	14680	6510	3930	300	2450	14	736
Buchloe **167** . .	1240	550	340	100	220	2	68
Chur **314a** . . .							
Cöln **153** . . .	11320	5020	3030	300	1890	12	623
Dachau **153** . .	340	160	100	—	060	1	18
Darmstadt **111a**	7380	3280	1980	300	1240	9	409
Deisenhof. **156.168**	340	160	100	—	060	1	18
Dresden							534
üb. Bamb.-Hof **155**	10800	4790	2890	300	1800	11	

Wien üb Salzbg. **164. 303**						
üb. Simbach **165**						
Würzburg **153** .	5000	2220	1340	300	840	6 277
Zürich **314a** . .						
Münchenbernsdorf **67**						

M.-Gladbach nach

Klein- u. Strassenbahnen **269**						
Aachen **92. 101. 102**	1080	490	300	100	190	2 61
Antwerp. **99a. 92. 192**						

←

Rheinland. **1130. 1135** **Rheinland.**

inkel)—**Düsseldorf.**

...	...	...	...	...	...	*20·12*	...	...	...	...	...	ab *Hagen*
732 2.3		727 2.3	944 2.3	728 2.3	E 298 2.3	916 2.3		948 2.3		950 2.3		*RBD. Elberfeld* *Klasse*
16·47	...	18·05	19·00	19·44	20·45	20·54	...	21·57	...	23·55	...	ab **Barmen-Wichl.**
16·51	...	18·09	19·04	19·48	Ⓔ	20·58	...	22·01	...	23·59	...	„ **-Heubruch**
16·56	...	18·13	19·08	19·52		21·02	...	22·05	...	0·03	...	„ **-Loh**
17·00	...	18·17	19·12	19·56	|	21·06	...	22·09	...	0·07	...	an **Elberfeld-Mirke**
17·04	...	18·21	19·15	...	|	21·08	...	...	...	...	...	ab
17·08	...	18·25	19·19	...	|	21·12	...	...	...	...	...	„ **-Ottenbruch**
17·12	...	18·29	19·23	...	|	21·16	...	...	...	...	...	an **Elberfeld-Varr.**
↓	...	↓	19·25	...	Y	↓	...	...	...	...	...	ab **Elberfeld-Varr.**
↓	...	↓	19·30	...	21·13	↓	...	...	...	...	...	an **Vohwinkel**
17·14	...	18·33	...	...	üb. Elberfeld Hbf. s. **1125**	21·17	...	...	...	...	...	ab **Elberfeld-Varr.**
17·22	...	18·41	...	...		21·25	...	...	...	...	...	Dornap-Hahnenf.
17·31	...	18·51	...	...		21·35	...	...	...	...	...	Mettmann
17·38	...	18·58	...	...		21·42	...	...	...	...	...	Neanderthal
17·44	...	19·04	...	...		21·47	...	...	...	...	...	Erkrath Nord
17·50	...	19·10	...	...		21·53	...	...	...	...	...	Düsseldorf-Gerresh.
17·57	...	19·17	...	...		22·00	...	...	...	...	...	an **Düsseldorf Hbf.**

inkel)—**Düsseldorf.**

...	...	...	...	...	...	*20·12*	...	...	...	...	...	...
732 2.3		727 2.3	944 2.3	728 2.3	E 298 2.3	916 2.3		948 2.3		950 2.3		
16·47	...	18·05	19·00	19·44	20·45	20·54	...	21·57	...	23·55	...	...
16·51	...	18·09	19·04	19·48	Ⓔ	20·58	...	22·01	...	23·59	...	...
16·56	...	18·13	19·08	19·52		21·02	...	22·05	...	0·03	...	...
17·00	...	18·17	19·12	19·56	|	21·06	...	22·09	...	0·07	...	...
17·04	...	18·21	19·15	...	|	21·08	...	...	...	...	...	...
17·08	...	18·25	19·19	...	|	21·12	...	...	...	...	...	...
17·12	...	18·29	19·23	...	|	21·16	...	...	...	...	...	...
↓	...	↓	19·25	...	Y	↓	...	...	...	...	...	...
↓	...	↓	19·30	...	21·13	↓	...	...	...	...	...	...
17·14	...	18·33	...	...	üb. Elberfeld Hbf. s. **1125**	21·17	...	...	...	...	...	...
17·22	...	18·41	...	...		21·25	...	...	...	...	...	...
17·31	...	18·51	...	...		21·35	...	...	...	...	...	...
17·38	...	18·58	...	...		21·42	...	...	...	...	...	...
17·44	...	19·04	...	...		21·47	...	...	...	...	...	...
17·50	...	19·10	...	...		21·53	...	...	...	...	...	...
17·57	...	19·17	...	...		22·00	...	...	...	...	...	...

Durchlaufende Wagen, Speise- und Schlafwagen.

Zur Beachtung. Das Verzeichnis enthält, geordnet nach der Folge der Zugnummern, alle im oder durch das Gebiet des Deutschen Reiches verkehrenden Züge, die durchlaufende Wagen, Schlaf- und Speisewagen führen.

Ausgang- und Endstation des Hauptzuges sind durch **fette** Schrift hervorgehoben.

Die in der Spalte „Bemerkungen" vermerkten Termine beziehen sich stets auf die Ausgangstation.

☞ **Die mit einem ● versehenen Züge und Wagen verkehren im Winter nicht.** ☜

Haupt-Zug	Abfahrt Zeit	Abfahrt von	Ankunft Zeit	Ankunft in	über	Kursw. Klasse	Schlafw. Klasse	Speise-wagen	Bemerkungen
D1	15·57	**Basel S. B. B.**	7·25	**Berlin A.**	Karlsruhe—Frankf.—Erfurt—Halle	1–3	...	...	
»	6·50	Mailand	7·25	Berlin A.	Gotthard—Basel—Frankf.—Halle	1–3	...	...	
»	11·49	Chur	7·25	Berlin A.	Zürich—Basel—Frankf—Erfurt—Halle	1–3	...	...	
»	22·43	Frankfurt M	7·25	Berlin A.	Bebra—Erfurt—Halle	1–3	1.2	...	
»	16·32	Basel B. B.	22·14	Frankfurt M	Karlsruhe—Heidelberg	2.3	...	✕	
»	16·32	Basel B. B.	7·25	Berlin A.	Frankfurt—Erfurt—Halle	...	1.2	...	
»	18·46	Baden-Baden	7·25	Berlin A.	(D 77)—Karlsruhe (D 1)—Frankfurt—Erfurt—Halle . . .	...	1.2	...	*ab 1/4*
»	16·32	Basel B. B	8·48	Dresden	Frankfurt (D 201)—Erfurt—Leipzig	1–3	...	...	
»	●	Interlaken	●	Dresden	Basel—Frankfurt (D 201)—Leipzig	1–3	...	...	*1/7 bis 10/9*
D1	0·08	**Leipzig**	1·55	**Dresden**	Riesa	2.3			
»	●	Leipzig	●	Breslau	Riesa—Dresden (D 125)—Görlitz—Kohlfurt	2.3			
»	0·08	Leipzig	13·10	Wien Fr. J. Bf.	Dresden (D 52)—Tetschen—Prag	2.3			
D1	9·07	**Berlin Fr.**	20·44	**Eydtkuhnen**	Schneidem.—Marienbg.—Königsbg.	1–3		✕	
»	9·07	Berlin Fr.	6·56	Riga	» —Königsberg—Eydtkuhnen	1–3	1.2	...	
• »	15·25	Paris Nord	6·56	Riga	(L 11).—Köln—Hannover—Berlin (D 1)—Eydtkuhnen . .	...	1	...	*ab Paris Mo, Di, Mi, Do, Sa*
»	16·55	Ostende	6·56	Riga	(L 11)— » » Berlin (D 1)—Eydtkuhnen . .	...	1	...	*ab Ostende Fr, So*
D1	8·20	**Hamburg**	14·24	**Stettin**	Lübeck—Neubrandenburg	2.3	...	✕	
D1	6·46	**Köln**	16·41	**Berlin Fr.**	Düsseldorf—Duisburg—Essen—Hannover	1–3	...	✕	
D2	21·56	**Berlin A.**	13·58	**Basel S.B.B.**	Halle—Erfurt—Frankf.—Karlsruhe	1–3	...	...	
»	21·56	Berlin A.	22·25	Mailand	» —Frankfurt—Basel—Gotthard	1–3	...	...	
»	21·56	Berlin A.	6·30	Frankfurt M	» —Erfurt	1–3	1.2	...	
»	21·56	Berlin A.	13·10	Basel B. B.	» » —Frankfurt (M.)	...	1.2	...	
»	7·12	Frankfurt M	13·10	Basel B. B.	Heidelberg—Karlsruhe	2.3	...	✕	
»	21·56	Berlin A.	10·41	Baden-Baden	Halle—Erfurt—Frankfurt—Karlsruhe (D 78)	...	1.2	...	*ab 31/8*
»	21·00	Dresden	13·10	Basel B. B.	(D 202)—Leipzig—Erfurt—Frankfurt (D 2)	1–3	...	...	
»	21·56	Berlin A.	18·41	Chur	Erfurt—Frankfurt—Karlsruhe—Basel—Zürich	1–3	...	...	
»	●	Dresden	●	Interlaken	(D 202)—Leipzig—Erfurt—Frankfurt (D2)—Basel	1–3	...	...	*1/7 bis 10/9*

Tafel 6: ***oben*:** Ausschnitt STORMS Ortsregister; Münchenbernsdorf ist beinahe verdeckt von den Zielort=Kästchen München und M.=Gladbach / ***Mitte*:** Tabellenausschnitte links aus unserem STORM=Nachdruck 1929 und rechts aus einem Original HENDSCHEL'S TELEGRAPH 1929: völlig identisch! / ***unten:*** Anfang des ersten, nach Zugnummern geordneten HENDSCHEL/STORM=Verzeichnisses durchlaufender Wagen.

Ab 1914 sind relativ viele Original=STORM=KURSBÜCHER erhalten. Sie spiegeln auf ihre Weise das Kriegsgeschehen und die Wirren der Nachkriegszeit wider. Darüber hinaus 'berichten' die Ausgaben der Jahre 1920-22 von entscheidenden Vorgängen in den Verlagen Hendschel und Röder. Ob die Besetzung Frankfurts durch die Franzosen dabei mit eine Rolle spielte oder nur die wirtschaftliche Lage, wissen wir nicht. Sicher ist nur, daß der Leipziger Verlag C.G. Röder Hendschel übernahm, wie und unter welchen Bedingungen, ist ebenfalls unbekannt. Feststellbar ist lediglich, daß diese Fusion keinen Abstieg ins Storm=Niveau zur Folge hatte, sondern eine Fortsetzung und Neubelebung der Hendschel=Tradition, und daß beide Namen erhalten blieben.

In Hendschels Telegraph des Jahres 1922, dem ersten des Verlages C.G. Röder ist am Anfang der Erläuterungen nachzulesen:

> *"**Hendschels Telegraph** erscheint in diesem Jahre vollständig neu gesetzt und mit wesentlich veränderter Streckeneinteilung. Außerdem ist die ziffernmässige Angabe der Wagenklassen weggefallen. ..."*

Man muß schmunzeln, wie der Bruch oder die Fusion mit einem Text überspielt wurde, der für beide Editionen paßte, denn in den STORM=Ausgaben, die sich hinfort effektiv nur im Einband von Hendschel unterschieden, steht dasselbe.

Da die Druckerei des Röder=Verlages auf das STORM=Format eingestellt war, etwas schmaler, dafür geringfügig höher als das HENDSCHEL=Format und mit einer anderen Drucktype, erschien HENDSCHELS TELEGRAPH fortan auch im STORM=Druck und =Format. Dadurch ergaben sich für die HENDSCHEL=Fahrplantabellen keine sonderlich gravierenden Verschiebungen, für die alten STORM=Kunden hingegen beträchtliche. Im HENDSCHEL=Kursbuch hatte fast jede Tabelle ihre eigene Nummer, bei STORM dagegen waren die Doppelseiten numeriert, was über die siebziger Jahre des vorigen Jahrhunderts hinaus bei vielen Kursbüchern üblich war. STORM hatte diesen primitiven Brauch beibehalten, um sich die Mühe zu ersparen, ein eigenes Schema zu entwickeln, in dem jede Strecke eine Nummer erhielt, und sei es wie beim RKB schließlich teilweise mit beinahe dem halben Alphabet dahinter - je nach neu eröffneten und aufzunehmenden Strecken.

Die STORM=Kunden werden also höchst verblüfft gewesen sein, plötzlich ein Kursbuch in der Hand zu haben, in dem sie ihre Strecke, auch wenn sie winzig war, unter einer eigenen Nummer fanden. Das erheblich übersichtlichere Register wird sie ebenfalls angenehm überrascht haben, denn bis zur Fusion 'erschlugen' auf vielen Seiten die Kästchen der Bahnhöfe mit Auflistung erreichbarer Reiseziele die einfach gedruckten Ortsnamen (s. Tafel 6). Für die privilegierten Orte mit Kästchen hatte das zweifellos Vorteile, insbesondere durch die Angaben der Fracht=Kilometer, des Gepäck- und des Personentarifes. Der große Rest des Reisepublikums durfte sich diese Angaben anderswo zusammenklauben.

Was die in den Erläuterungen des Kursbuches 1922 erwähnten Angaben zur Wagenklasse im Kopf der Streckentabellen betrifft, war das nur übergangsweise der Fall. Außerdem fehlten diese Angaben in den letzten HENDSCHEL=Originalen ohnehin bei manchen Strecken, und bei STORM sowieso. Den einzigen Verlust, den die STORM=Kunden hinzunehmen hatten, war der Wegfall des Posthörnchens bei den Zügen mit Postbeförderung.

In den HENDSCHEL=Kursbüchern sucht man eine entsprechende Kennzeichnung schon lange vor dem Ersten Weltkrieg vergebens, und ab Mitte der zwanziger Jahre wird dieser

An die

Käufer unserer Kursbücher

Die vorliegende Winterausgabe 1930/31 zeigt in vielen Einzelheiten wiederum wesentliche Verbesserungen, die zu einem nicht geringen Teile auf Anregungen unserer Bezieher zurückzuführen sind. Wir danken ihnen hierfür und bitten sie, ihr Interesse für unsere Kursbücher auch weiter zu bewahren.

Die Fernverbindungen sind um einige Tafeln vermehrt worden. Die bisher in den einzelnen Fernverbindungen verstreuten Fahrpreise und Bettkartenpreise für den innerdeutschen und den wesentlichsten Auslandsverkehr in Tabellen für die 13 bedeutendsten Städte zusammengefaßt und auf die Rückseite der Eisenbahnkarte gestellt. Die Fernverbindungen zusammen mit diesen Fahrpreistafeln und mit dem Verzeichnis der durchlaufenden Wagen, Schlaf- und Speisewagen stellen somit ein besonderes **Kursbuch des Durchgangsverkehrs** dar, das **über alle für den Reisenden wichtigen Fragen Auskunft** gibt und **in dieser Form in keinem anderen deutschen Kursbuch zu finden** ist.

Der Verbesserung der Eisenbahnkarte hat unsere unablässige Sorge gegolten. Von einer Ueberlastung des Kartenbildes durch die Nummern aller Klein- und Nebenbahnen glaubten wir trotz mehrfach geäußerten Wünschen im Interesse der Uebersichtlichkeit nach wie vor absehen zu müssen.

Die Gründe, aus denen wir auf die Einbeziehung der Kraftfahrlinien verzichten müssen, bestehen auch heute noch; ihre Berechtigung ist vor allem von den maßgebenden wirtschaftlichen Verbänden, die an einer Veröffentlichung der Fahrpläne des Kraftverkehrs in einem Kursbuch Interesse haben, auch voll anerkannt worden.

Das gleiche gilt für die von verschiedenen Seiten geforderte Bezeichnung der Postzüge, der unverändert noch redaktionelle Schwierigkeiten entgegenstehen.

Die kurze Zeit nach Erscheinen der Kursbücher ausgegebenen Nachträge, die die während des Druckes eingetretenen Änderungen in den Fahrplänen enthalten, können kostenlos von den Stellen bezogen werden, bei denen das Kursbuch gekauft wurde. Nötigenfalls wende man sich an den Verlag.

Zur Verhütung der vorzeitigen Abnutzung des Kursbuches durch häufigen Gebrauch haben wir eine geschmackvolle, mehrere Jahre haltbare Schutzdecke herstellen lassen, die zum Preise von M. 1,50 durch den Buchhandel oder vom Verlag bezogen werden kann. Bei Bestellungen ist anzugeben, für welche Ausgabe die Schutzdecke gewünscht wird.

Bei etwaigen Beanstandungen ist in jedem Falle anzugeben, welche Ausgabe benutzt worden ist (Reich, Ost, Nord, Mittel, West, Süd, Hendschels Telegraph, Hendschel International, Lloyd).

Wir bitten unsere Bezieher, uns auch fernerhin durch tätige Mitarbeit zu unterstützen und Vorschläge und Wünsche, die Erweiterungen, Änderungen usw. betreffen, unmittelbar an unsere Redaktion, Berlin SW 68, Schützenstr. 40/45 zu richten.

Kursbuch- und Verkehrs-Verlagsgesellschaft m. b. H.
Berlin SW 68.

Beginnend mit der Sommerausgabe 1931 werden wir in unseren großen Kursbüchern „Hendschels Telegraph, Hendschel International, Storm Kursbuch fürs Reich und Lloyd Kursbuch" ein Zeilen-Hoteladreßbuch der Schweiz bringen, das, wie die nebenstehende Probe zeigt, sich in der Hauptsache auf kurze, sachliche Angaben beschränkt, dafür aber sämtliche in einem Ort in Betracht kommenden Unterkunfts- und Verpflegungsmöglichkeiten mit den Preisen nennt.

Die Anordnung des Zeilen-Hoteladreßbuches erfolgt im Städtealphabet, und es wird zu Beginn der Fahrpläne der Schweiz untergebracht. Durch Einlage von Kartonblättern wird das rasche Aufsuchen erleichtert. Die Zeilenpreise sind außerordentlich niedrig kalkuliert, um jedem Haus, auch dem mit einem kleinen Propagandaetat rechnenden, die Beteiligung zu ermöglichen. Der Verlag kann seine Absicht, ein international zuverlässig verwendbares Nachschlagewerk für Schweizer Hoteladressen zu schaffen, nur dann durchführen, wenn sich sämtliche Hotels daran beteiligen.

Wir bitten, Anfragen über diese Propaganda an die Annoncen-Expedition J. Danneberg, Wien I, Singerstraße 1, zu richten.

Kursbuch-u.Verkehrs-Verlagsgesellschaft m.b.H., Berlin SW 68, Zimmerstraße 35/41

Druck von August Scherl G. m. b. H., Berlin SW 68.

Tafel 7: Aus den letzten STORM/HENDSCHELS TELEGRAPH=Kursbüchern: "An die Käufer unserer Kursbücher" und Hinweis auf eine Neuerung für die Sommerausgabe 1931

Mangel durch *"redaktionelle Schwierigkeiten"* entschuldigt (s. Tafel 7 *"An die Käufer unserer Kursbücher"*) . Das gibt insofern zu denken, als die STORM=Gepflogenheiten, dazu ein kleines Posthorn zu nehmen, kein Problem gewesen wäre, zumal inzwischen im Kopf der Fahrplantabellen auch wieder die Klassenangaben angebracht waren. Da auch andere Kursbuchherausgeber die Züge mit Postbeförderung kennzeichneten, liegt die Vermutung nahe, daß für Hendschel eine vertragliche Bindung bestand, woran sich auch seine Nachfolger zu halten hatten, und nach der Fusion hatte es schon wieder einen Wechsel oder eine Änderung gegeben, Ausfluß einer unruhigen Zeit. Die Kursbuch=Produktion des C.G. Röder Verlages war von der Verkehrs=Verlagsges.m.b.H., Berlin SW 68, übernommen worden. An der äußeren Form - heute sagt man Design - änderte sich nichts Wesentliches, qualitativ ging es weiter aufwärts.
Bis zuletzt, d.h. bis Winter 1930/31 erschienen die HENDSCHEL/STORM=Editionen in mehreren Ausgaben, die 'Große' mit Auslandteil, eine nur 'fürs Reich' und kleine für verschiedene Regionen, außerdem HENDSCHEL INTERNATIONAL mit wichtigen innerdeutschen und ausländischen Streckenauszügen, sowie für den elitären internationalen- und Weltreiseverkehr das LLOYD=Kursbuch, ursprünglich vom Berliner Welt-Reise=Verlag bis zum Kriegsausbruch herausgegeben, 1921 erstmalig wieder im Berliner Bäder- und Verkehrsverlag - möglicherweise eine Umbenennung des o.g. Verlages - erschienen und dann auch von der Berliner Kursbuch- und Verkehrs=Verlagsgesellschaft m.b.H. weitergeführt.
Alle diese Kursbücher enthielten in der zweiten Hälfte der zwanziger Jahre eigenständig entwickelte Fernverbindungen und ein beiliegendes Zug- und Wagenverzeichnis, womit das RKB überrundet war. Dessen etwa gleichzeitig entstandene Sparte Fernverbindungen zeigt sich vergleichsweise mager, und das ab 1930 beigegebene Zug- und Wagenverzeichnis scheint das von der Reichsbahn entwickelte zu sein, mit deren Genehmigung mit verwendet.[12]
So begann die Schlußrunde, an der alle größeren und kleineren Kursbuchausgaben teilnahmen, die den Vorentscheidungskampf und die Härteprüfung der Kriegs- und Nachkriegsjahre bestanden hatten. Hinzu kamen, was noch reichsbahnseitig erschien (s. III), und am Rande die lokalen, z.T. auch überlokalen Editionen der namhafteren Zeitungen. Die 'Schlacht' um den Kursbuchmarkt war Ende der zwanziger Jahre voll entbrannt, und die Reichsbahn taktierte geschickt mit. 1929 wurde die 1920/21 in Dessau gegründete SIESTA=Gesellschaft von der MITROPA offiziell gekauft, nachdem bereits 1928 der SIESTA='Service' in den Zügen eingeschränkt worden war.[13] Gleichzeitig verschwand das von der Siesta=Gesellschaft herausgegebene und zum MITROPA=Kursbuch in Konkurrenz stehende SIESTA=Kursbuch.
HENDSCHEL/STORM befanden sich in einer weitgehend unangreifbaren Position und hatten, soweit ersichtlich, gute Chancen, Wettbewerb und Wirtschaftskrise erfolgreich zu überleben. Auf der hinteren Deckelinnenseite kündigten die STORM/HENDSCHEL=Kursbücher 1930/31 wiederum eine Neuerung an (s. Tafel 7, rechts). Aber zu Beginn des Sommerfahrplans 1931 suchte man sie an den Bahnhofskiosken und in den Buchhandlungen vergebens. Reichsbahndirektor Baumgarten brachte in DIE REICHSBAHN, 8. Jahrg. 1932, Heft 17, den Hinweis, daß sie nicht mehr erschienen, womit er u.a. die Notwendigkeit begründete, ein bahnamtliches, das ganze Reich umfassendes Kursbuchwerk zu schaffen.

Unsere Versuche, Genaueres über das Ende der STORM/HENDSCHEL=Produktion zu erfahren, auch bei den Buchhandelsverbänden, verliefen ergebnislos. Die Wirtschaftslage allein hätte eine Straffung der Produktion notwendig machen können; ein Konkurs als Grund scheidet aus, da der Verlag weiterbestand. Alles in allem bleibt die Vermutung eines Arrangements mit der Reichsbahn, ähnlich dem der Siesta=Sache. Im Hinblick auf die inzwischen beschlossene Herausgabe eines bahnamtlichen Gesamtkursbuches, das sich auch wirtschaftlich tragen sollte, war eine Marktbereinigung eine Erleichterung dieses Schrittes.
Ein Trugschluß wäre es jedenfalls, das Ende der 'Großen Privaten' als negative Konsequenz eines Wettbewerbsprozesses zu nehmen. Sie hatten sich ihren Platz in der Reisewelt erobert und lagen im Bekanntheitsgrad an der Spitze. Es war mehr als nur Zufall, daß ich im Frühjahr 1932 durch ein STORM=Kursbuch die Faszination der Kursbücher entdeckte, wovon im zweiten Teil dieses Buches die Rede sein wird.

---

6 Bis dahin hatten das im wesentlichen nur Sachbearbeiter der Konversationslexika für nötig befunden, u.a. auch begrifflich zu definieren, wie:
*"**Kursbuch**, ein Buch, das die Eisenbahn=, Post= und Dampfschiffahrtsverbindungen für bestimmte Ländergruppen oder Teile derselben enthält, gewöhnlich unter Beigabe einer Eisenbahnübersichtskarte. Es erscheint meist mehreremals im Jahre entsprechend den Veränderungen in den Fahrplänen. Die bekanntesten sind: für Deutschland das 'Reichskursbuch' und 'Hendschels Telegraph' (Frankf. 1847 fg.). ..."* [aus BROCKHAUS KONVERSATIONSLEXIKON 14. Auflage, Bd. 10, Leipzig/Berlin/Wien 1894]

7 Cordognos Itenerario, in dem auch schon die Personenbeförderung berücksichtigt wurde, im Gegensatz zur Brant'schen Auflistung 1513.

8 Die 1985 veröffentlichte Arbeit von H. Leclerc, Bundespostmuseum, VON DER BOTENORDNUNG ZUM REICHSKURSBUCH, bringt Ulrich Hendschels Lebenslauf, demzufolge der Sohn das Werk des Vaters nach dessen Tode 1862 fortsetzte. Über die weitere Entwicklung wird leider nichts Nennenswertes gesagt..

9 Das 1839 von der brit. Great Western herausgegebene erweiterte Fahrplanheft für die Strecke Liverpool-Manchester und Hendschels Eisenbahnatlas von 1844 erfüllen noch nicht die Bedingungen des Begriffs 'Kursbuch'.

10 Im DB=Fachbuch DER FAHRPLAN, Bundesbahn-Sozialamt Frankfurt 1984, auf S. 148 "Wöllner" genannt. Da die Autoren ihre von den Quellen und der Literatur abweichende Benennung nicht belegen, vermutlich ein Schreibfehler.

11 Dieses kleinstformatige Taschenkursbuch für Nord-, Mittel- und Ostdeutschland mit westdeutschen Hauptlinien sowie Verbindungen nach Süddeutschland und dem Ausland strotzt von Ungereimtheiten und Mängeln; keiner dieser wurde bis zur Einstellung der Edition bei Kriegsausbruch 1939 angegangen: allerspärlichste Anschlußleisten, kein Nachweis oder keine Angaben zum Wagenlauf bzw. zu Zuglaufkombinationen (Flügelzügen), z.T. absurde Streckenaufteilung (z.B. Kassel-Sangerhausen-Güsten-Berlin, das Teilstück Sangerhausen-Halle als gesonderte Strecke, aber bei Sangerhausen Berlin noch einmal als Anschlußleiste), oder Überflüssiges im Ortsregister, so bei Göttingen zweimal Hinweis auf die Fahrplantabellen nach Kassel, via Dransfeld oder Eichenberg, obwohl unter gleicher Nummer, systemlos insofern, als sonst mit jeder Zeile gespart wird. Zu Beginn im Ansatz Positives, so die Routenfahrpläne, wurde belassen wie man es erstmals präsentierte.

12 Diese Vermutung wird auch gestützt durch die Tatsache, daß den RKB nach Ausbruch des Zweiten Weltkrieges Zug- und Wagenverzeichnisse der Reichsbahn beilagen, d.h. ohne gesonderten 'Firmen'=Eindruck der Reichspost. Ein 'Feigenblatt' war in Kriegszeiten nicht mehr notwendig.

13 DAS KURSBUCH- UND FAHRPLANWESEN DER DEUTSCHEN EISENBAHNEN, S. 32

III. Pionierleistungen der Reichsbahnära

1. Die Ausgangssituation

So kurz die Reichsbahnära dauerte, rund ein Vierteljahrhundert, bildet sie doch einen der drei Gipfel der deutschen Eisenbahngeschichte. An ihren Anfangsnöten und nach deren Überwindung an ihren technischen Hochleistungen nahm die Presse - und nicht nur die deutsche - gebührenden Anteil: An der Jungfernfahrt des ersten 'Fliegenden', der ab 1933 die 287 km lange Strecke Berlin-Hamburg in 2 Stdn, 18 Min zurücklegte, an der 200 km/h Rekordfahrt der Dampflok 05 002 drei Jahre darauf und an anderem dergleichen mehr. Eine zumindest ebenso glanzvolle Leistung entstand dagegen kaum beachtet: Das DEUTSCHE KURSBUCH.

Der Entwicklungsprozeß dauerte rd. ein Jahrzehnt und ist durch Fachpublikationen in seiner diffizilen Problematik gut zu verfolgen. Die Autoren dieser Schriften, höhere Reichsbahnbeamte, nannten es eine *"Umstellung des Kursbuchwesens"*, in Anbetracht des komplexen Vorgangs eine vorsichtige aber nicht unzutreffende Bezeichnung. Da man zunächst auch nicht wußte, was sich schließlich ergeben würde, beinhalten die Aufsätze der Anfangsphase vor allem eine kritische Sichtung der Lage, verbunden mit Vorstellungen dessen, was verwirklicht werden müßte oder sollte.

In Abhandlungen höherer DB= und Bundespost=Beamter sowie sonstiger Fahrplanexperten nach dem Zweiten Weltkrieg ist plötzlich von einer *"Kursbuchreform"*[14] die Rede. Diese Autoren stellten, ohne das Umfeld auszuleuchten - ihren Auslassungen nach kannten sie es nur sehr mäßig -, das RKB in den Kern ihrer Betrachtung und räumten den Länderbahn- und Direktionskursbüchern einen zu gewichtigen Platz ein. Daß damit eine Abwertung jener Leistung verbunden war, die fortan Gesicht und Gestalt der deutschen Bahn=Kursbücher bestimmte, bedachten sie offenbar nicht.

Grundsätzlich bezeichnet eine Reform die Verbesserung von etwas Bestehendem, ohne es in der Substanz zu ändern. In diesem Sinne machten HENDSCHELS TELEGRAPH und das RKB Reformen durch, die bedeutendste in den siebziger Jahren des vorigen Jahrhunderts. Als sich jedoch die DRG definitiv entschloß, ein eigenes Gesamtkursbuch herauszugeben, existierte kein bahnamtliches Werk, das so verbessert werden konnte, daß es den künftigen Ansprüchen genügte. Eine entsprechende Reform des RKB fand, wie bereits dargelegt, auch nicht statt, letztlich einer der Hauptgründe für den vorgenannten Reichsbahnentschluß. Nicht einmal zur Entlehnung oder Anregung bot das RKB Nennenswertes.

Lediglich in dem unglücklichen, nicht fortgesetzten[15] Versuch des FERNKURSBUCHES 1935 taucht zwischen Fernverbindungen und Fahrplanauszügen die Rubrik *"Schnellste Reiseverbindungen zwischen Berlin und den bedeutendsten Orten Europas"* auf, zwar formal neu gestaltet, in der Ortsauswahl aber nahezu genau der des gleichnamigen RKB=Teiles

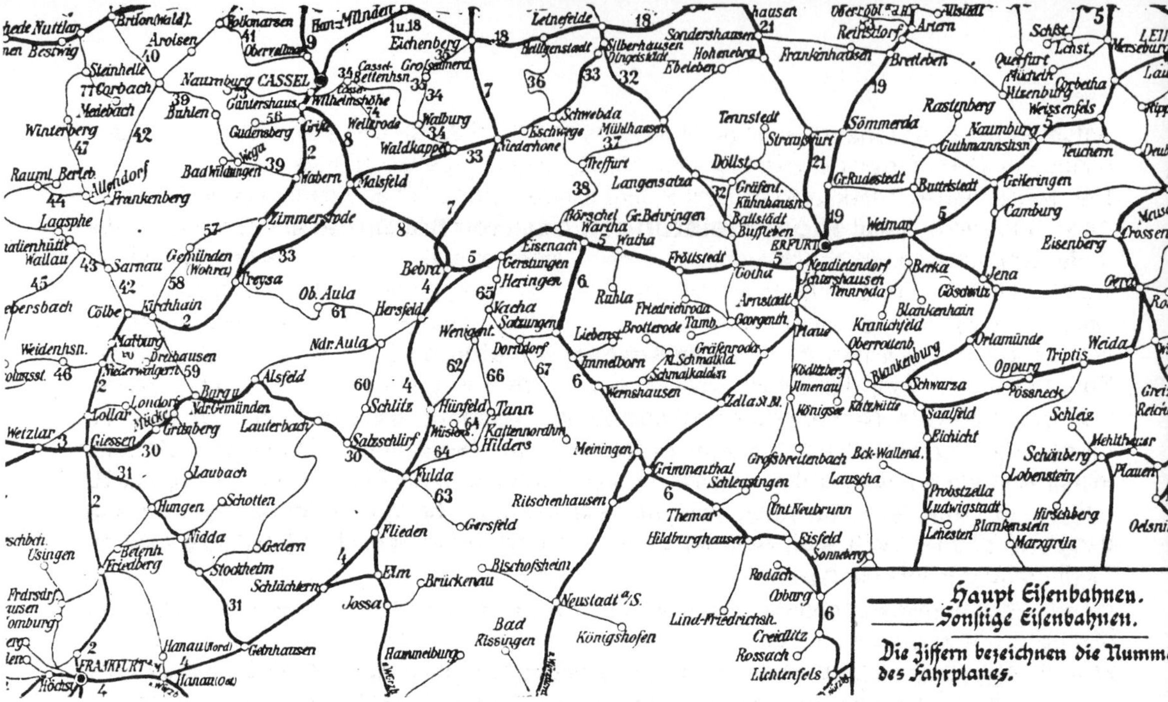

Tafel 8: AMTLICHER TASCHENFAHRPLAN DER RBD CASSEL - ***oben:*** vom 21.2.1925 - ***unten:*** *links*: vom 4.10.1925 (Stand 15.2.1926), *rechts*: vom 1.7.1923, verkleinertes Deckelblatt

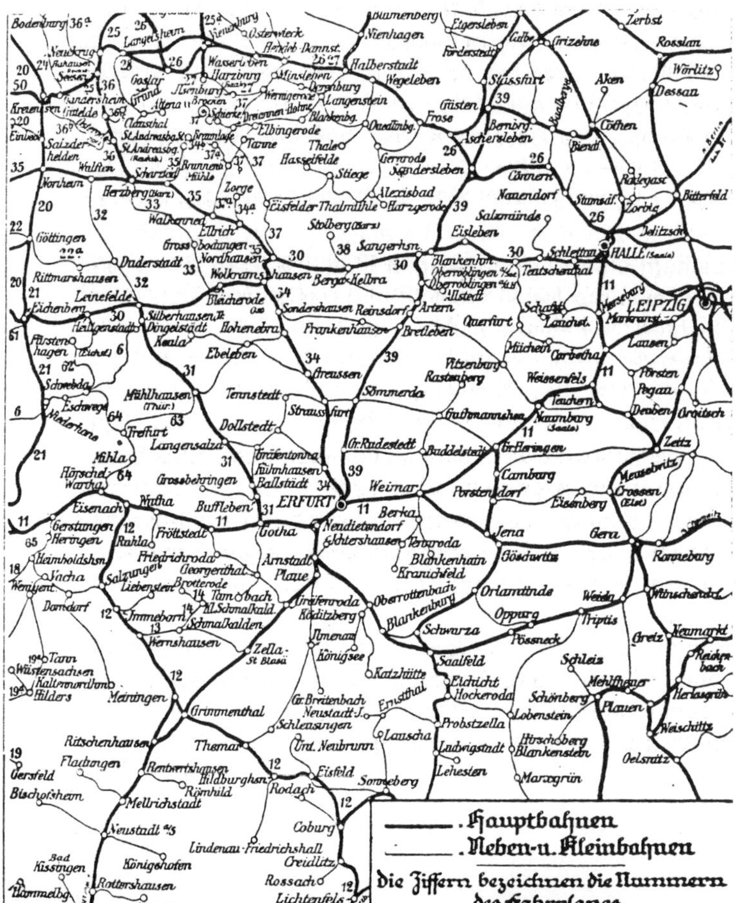

ichtigte II. Auflage.

Amtlicher

Taschenfahrplan

der

Reichsbahndirektion

Cassel.

Der Fahrplan enthält die Strecken des Eisenbahndirektionsbezirks Cassel, sowie die Anschlußstrecken der benachbarten Eisenbahndirektionsbezirke Elberfeld, Erfurt, Essen, Frankfurt, Halle, Hannover, Magdeburg und Münster.

Übersichtskarte vor dem Inhaltsverzeichnis.

Inhaltsverzeichnis Seite 1.

Gültig vom 1. Juni 1923

Ohne Gewähr.

Preis 6000 Mark.

Berichtigungsblätter werden nach Erscheinen zum **Selbstkostenpreis** von den Verkaufsstellen abgegeben.

Vorverkauf von Eisenbahn - Fahrkarten

I.–III. Klasse in **Cassel** zu gleichen Preisen wie an den Fahrkartenschaltern auf Bahnhof Cassel O. **Lloydreisebüro** Fa. **Aug. Pechmann, Cöln. Str. 16,** Fernspr. **398** u. **747**; **Hapagbüro** Fa. **J. Wertheim, obere Königstr. 30,** Fernspr. **961.** — Gepäckversicherung — Transportversicherung.

Weber & Weidemeyer, Cassel.

entsprechend. Ansonsten scheint eher HENDSCHEL'S TELEGRAPH, insbesondere dessen schon vor 1914 entwickelte Kartographie, Anregungen gegeben zu haben.
Die vorhandenen Direktionstaschenfahrpläne oder -Kursbücher hatten ebenfalls wenig Anregungswert, zumal sie uneinheitlich waren, da an verschiedene, meist Kursbücher der süddeutschen Länderbahnen orientiert. Über letztere ist in DAS KURSBUCH- UND FAHRPLANWESEN das Nötigste gesagt. Hier noch kurz zum Durcheinander der Direktionsausgaben. Beispielsweise gab die RBD Kassel (bis 1926 Cassel) zeitweilig gar zweierlei 'Taschenfahrpläne' heraus, einen für den Dienstgebrauch und einen für das Reisepublikum, im Format verschieden, dgl. in der Aufteilung der Strecken und deren Bezifferung. Zuvor, während der ersten Nachkriegsjahre, hatten beide Ausgaben das Format 14,5 x 24,5, die für den Dienstgebrauch einen grauen Einband, die für das Reisepublikum einen roten mit etwas anderem vorderen Deckelaufdruck und Preisangaben. Für dieses erschien 1925 neben der Dienstausgabe im alten Format ein Taschenfahrplan im Format 13 x 18 cm, der ab 1927 oder 1928 auch zum Dienstgebrauch mit der entsprechenden Änderung des Titelblattaufdruckes diente.
Bei unverändertem Abdruck der Fahrplantabellen, senkrecht oder quer angeordnet, ist ab diesem Zeitpunkt auch ein Zug- und Wagenverzeichnis in Listenform enthalten, das aber wie HENDSCHELS TELEGRAPH nur D=Züge aufführt. 1931 sind auch zwei Eilzugpaare zu finden, warum diese beiden und andere nicht, bleibt unklar, da ihre Besonderheit nur in Beschränkung eines Teilstückes ihres Zuglaufes auf das Sommerhalbjahr lag. Den älteren Ausgaben für das Reisepublikum war ebenfalls ein Zug- und Wagenverzeichnis beigegeben, aber in Tabellenform und mit E= und BP=Zügen.
Bei den Zuglauf=Fahrzeiten stößt man auf Ungenauigkeiten.[16] Einigermaßen sorgfältig berichtigt wurden nur die direktionseigenen Streckentabellen. In den Anschlußleisten und den Tabellen der Strecken von Nachbardirektionen differieren die Zeiten mitunter, und auch bei Zügen, deren Lauf sich über mehrere Tabellen zieht. Dem Hinweis [s.Tafel 8], auf den Bezug von Berichtigungsblättern nachzukommen, dürfte angebracht gewesen sein.
Für den Verkehrshistoriker besonders interessant ist die Angabe 'Nebenbahn' im Kopf der Fahrplantabellen und in der Kartensymbolik, im Bereich der ehemaligen RBD Kassel speziell zur Beantwortung der immer noch debattierten Streitfragen um deren 'Kanonenbahn'=Teilstück. Den Karten der AMTLICHEN TASCHENFAHRPLÄNE nach [s. Tafel 8], erfolgte - einer der eisenbahnhistorischen Streitpunkte - die Abstufung des Teilstückes Silberhausen Trennungs=Bf-Malsfeld (beide ausschließlich) zur Nebenbahn im Sommer 1925. In den Frühjahrsausgaben 1925 ist die Gesamtstrecke noch als Hauptbahn eingezeichnet, in den Herbstausgaben als Nebenbahn. Vergessen wurde bis 1930, in den Fahrplantabellen den entsprechenden Zusatz aufzunehmen. Daß es sich dabei effektiv nur um eine Nachlässigkeit handelt[17] - ähnlich den divergierenden Fahrzeitangaben in den Tabellen - bestätigt das absolut exakt bearbeitete REICHSBAHN=HANDBUCH 1927, nach dem das Streckenteilstück 1926 abgewertet w a r.
Die frühen 'Casseler Taschenfahrpläne' enthalten außerdem Seltsamkeiten, die nur im Zeitrahmen verständlich sind. So steht auf Seite 1 der Ausgabe Sommer 1923, oben:

"Ans Vaterland, ans treue, schliess Dich an,
das halte fest mit Deinem ganzen Herzen."

Man fragt sich, was das in einem Kursbuch soll. Dann findet man jedoch einen eingelegten roten Zettel mit Änderung der Fahrzeiten und des Laufweges von Zügen "Basel-Haag" ab Freiburg über Donaueschingen-Rottweil-Pforzheim und wird stutzig. Die Fahrzeit betrug auf diesem Umweg mehr als das Doppelte der direkten Linie über Offenburg. Außerdem ging es auf nicht für Schnellzugverkehr gebauten Strecken durch den Schwarzwald, zwischen Freiburg und Donaueschingen auf der noch zahnradbetriebenen 'Höllental=Bahn', somit für schwere D=Züge nicht gerade das Richtige.
In den Zahlen dieses Zettels - und es gab weitere - melden sich wieder einmal die Zeitereignisse: Weil die Reichsbahn die durchgehenden Zugläufe Paris-Prag und -Budapest aufgegeben hatte - notgedrungenermaßen - und das den Franzosen nicht paßte, besetzten sie am 4.2.1923 Offenburg und Appenweier als Repressalie. Die Reichsregierung mußte diesen rechtlosen Übergriff hilflos hinnehmen, unter Protest natürlich, den die Franzosen ebenso selbstverständlich ignorierten.
Ende der zwanziger Jahre hat das Kasseler Kleinkursbuch ein neues Gesicht. Auf dem Titelblatt oben steht D*eutsche Reichsbahngesellschaft*, RBD Kassel AMTLICHER TASCHENFAHRPLAN FÜR DAS MITTLERE DEUTSCHLAND, und unten, klein gedruckt *"Im Verlage der Reichsbahndirektion Kassel"*, darunter der Name der Druckerei, auch als Bezugsadresse für Wiederverkäufer und Inserenten. Neu enthalten ist u.a. die nachstehend wiedergegebene Karte Fernverbindungen, bereits mit den charakteristischen Merkmalen der Fv=Karten des DEUTSCHEN KURSBUCHES.

So interessant es wäre, sich noch ausführlicher mit anderen amtlichen Taschenfahrplänen und Kursbüchern jener Phase vergleichend zu befassen, auch weitere Zeitereignisse herauszulesen, würde das ins Uferlose führen. Beschließen wir diesen Exkurs mit dem Resümee, daß sie alle für eine 'Reform' ungeeignet waren, da fast jede Ausgabe ihr eigenes System hatte, ohne sich strickt daran zu halten. Selbst die Numerierung der Streckentabellen wechselte. Wie die leitenden Fahrplanexperten der Reichsbahn zusammenfassend forderten, mußte dieser verwirrende, unrationelle Zustand beseitigt und durch ein gut durchdachtes einheitliches Kursbuchwerk ersetzt werden.

2. Vom MITROPA= zum DEUTSCHEN KURSBUCH

Die Vorarbeiten begannen bereits 1927 mit Konzeption des MITROPA=Kursbuches. Man wählte dazu bereits das annähernd quadratische Kursbuchformat 22,5x23,5 und ordnete mit Ausnahme weniger Tabellen alle Fahrpläne waagerecht an. Stations- sowie Zug- und Wagenverzeichnis dgl. die Drucktypographie sind prinzipiell schon die der DEUTSCHEN KURSBÜCHER. Zur Numerierung der Fahrpläne nahm man den Zahlenbereich bis 1000, so daß fast jede Strecke ihre eigene Nummer erhielt. Sofern davon abgewichen wurde, fügte man der Ziffer die Buchstaben b und c hinzu, wobei c die Gegenrichtung bezeichnete, bei den Stammnummern=Plänen war es ein a. Die bei den Fahrplantabellen befindlichen Routenkarten, nicht gerade das Optimale, wurden durch eine beiliegende, beidseitig bedruckte Faltkarte ergänzt, bearbeitet in der Kartenstelle der HV der DRG, und identisch mit den später dem DEUTSCHEN KURSBUCH beiliegenden Übersichtskarten.
Bei dieser Ordnung und Ausstattung blieb es bis zum letzten MITROPA=Kursbuch Sommer 1939. Nur eine Änderung wurde vorgenommen, nämlich das Zug- und Wagenverzeichnis ab 1936 als Heft beigelegt. Der Preis von 1,50 RM blieb.
Es war ein weitgehend gelungenes, bildschönes Kursbuch: der Einband in den Mitropa-Farben karminrot, darin die Embleme und Schriftzüge in schwarz/gold, die Faltmöglichkeit zum Einstecken in die Jackentasche vom SIESTA=Kursbuch übernommen, aber werbewirksam verbessert durch zweifachen Titelaufdruck.
Ja, und da ist doch eine nennenswerte Änderung nachzutragen. Während der ersten Jahre war es ein rein deutschsprachiges Kursbuch. Auf dem vorderen Einbanddeckel firmierten Deutsche Reichsbahn und Mitropa gemeinsam mit beider Emblemen. Ab 1936 ist nur die MITROPA als Herausgeber genannt und nur ihr Emblem aufgedruckt, vor allem zeigte das Werk jetzt seine Internationalität bereits im Einband durch Dreisprachigkeit, neben Deutsch nun auch Französisch und Englisch, und das gleichfalls in den Reisebestimmungen, Erläuterungen usw., wobei es bis zur letzten Ausgabe blieb. Das symbolische Hakenkreuz, im Reichsbahnadler gegen das Radysmbol ausgetauscht, taucht im MITROPA=Kursbuch nicht auf.

Tafel 9: MITROPA=Kursbuch - *oben*: Deckel 1928/29 und 1938/39 / *unten*: Kartographie

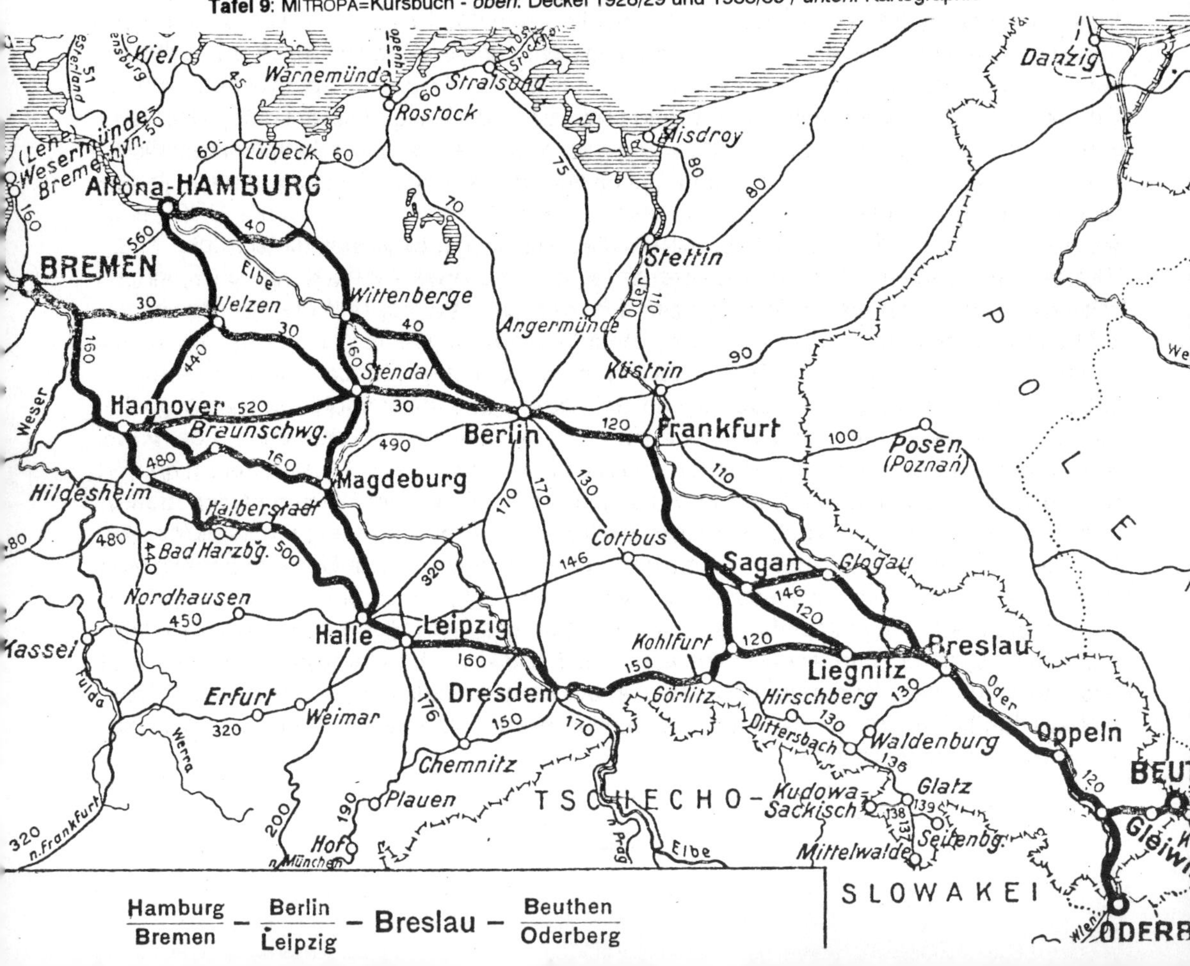

Die Frage stellt sich, warum die Übernationalität nicht vom ersten Erscheinen an herausgestellt wurde. Bekannt ist, daß schon der Name der 1917 gegründeten MITROPA den Franzosen nicht genehm war, weshalb er nach dem Zweiten Weltkrieg sinnigerweise nur in der DDR Weiterverwendung fand. Bis 1930, solange Franzosen den Aufsichtsrat der DRG beherrschten, hatte man zurückhaltend taktiert - ob vorsichtshalber oder gezwungen, ist nicht überliefert -, und da man die in manchem sehr empfindlichen Franzosen nicht mit Formalem verärgern wollte, nahm man das Jahr der Olympiade als unverfänglichen Anlaß zur Umstellung.
Unabhängig jener politischen Querelen beweist das MITROPA=Kursbuch, d.h. dessen Erscheinungstermin, vor allem aber die Gestaltung, daß man bahnseitig den richtigen Weg erkannt hatte, und daß man ihn allein gehen mußte, ohne die Post. Wenn die Hauptverwaltung der DRG offiziell erst 1931 eine Arbeitsgemeinschaft zur Klärung der Hauptprobleme eines bahngerechten Gesamtkursbuches berief, hing das Äußerungen Informierter zufolge nicht zuletzt mit der Hendschel/Storm=Produktion zusammen.[18] Bei allem zeitlosen Amtsdünkel ist doch speziell leitenden Berliner Reichsbahnbeamten Anerkennung zu zollen, daß sie Leistungen von Privatunternehmen respektierten und guten Kontakt hielten, nicht nur im Kursbuchbereich.
Von dem, was die Kursbuch=Arbeitsgemeinschaft austüftelte, hier lediglich das Wichtigste. Im Kern standen die regionale Aufteilung und das Nummernschema der Fahrplanstrecken. Entwurf 1 wurde nach Vorliegen verworfen, Entwurf 2 in einem Probekursbuch 1933 im Dienstgebrauch erprobt und ebenfalls als unbrauchbar erkannt; die gröbsten Mängel beseitigt, kam dann 1934 auch für die Öffentlichkeit das erste AMTLICHE KURSBUCH FÜR DAS REICH heraus.[19]
So ganz befriedigte es auch noch nicht, und 1935 verging ebenfalls noch mit Experimenten, so dem schon erwähnten FERNKURSBUCH 1935. Aber 1936, dem Jahr der Olympiade, lag dann das bedeutendste Kursbuchwerk der deutschen Eisenbahngeschichte in seinen Grundelementen vor, das DEUTSCHE KURSBUCH.
Perfekt war es natürlich noch nicht, auch die Fernverbindungen ließen zu wünschen übrig. Sie wurden mehrfach geändert und erst zu DB=Zeiten durch die Aufteilung für große und mittlere Fernreisen perfektioniert. Prinzipiell hatte man das schon reichsbahnseitig in Angriff genommen, indem manche Fernverbindungen zwar im Gesamtnummernsystem enthalten waren, aber nur in den Regionalausgaben der Direktionen erschienen.
Die Reichshauptstadt Berlin trat natürlich im Fv=Netz dominant hervor. Dagegen läßt sich nichts einwenden. Daß aber Berliner Ferienziele, selbst wenn es dorthin nicht einmal Kurswagenläufe gab, und diese an unbedeutenden Neben- oder Stichbahnen lagen, in die Fernverbindungen des Deutschen Kursbuches z.T. mit eigener Tabelle kamen, außerdem in den Fv=Karten auftraten, war systemwidrig und diente nur Belangen des Fremdenverkehrs. Allerdings ist nicht sicher, ob man hierbei in Berlin nicht bayerischen Wünschen entgegenkam, da das Gros dieserart Fernverbindungen in Bayern lag. Auch sonst stößt man vereinzelt auf unterschiedliche Maßstäbe und Bewertungen, die sich nur durch alte regionale Sonderrechte und den Einfluß der weitgehend autonomen Direktionen erklären lassen. Rudimente der Länderbahnzeit und die Direktionsautonomie sind jedenfalls ein 'Kapitel' für sich mit einigem Licht und kräftigen Schatten, das auch der DB noch zu schaffen machte.

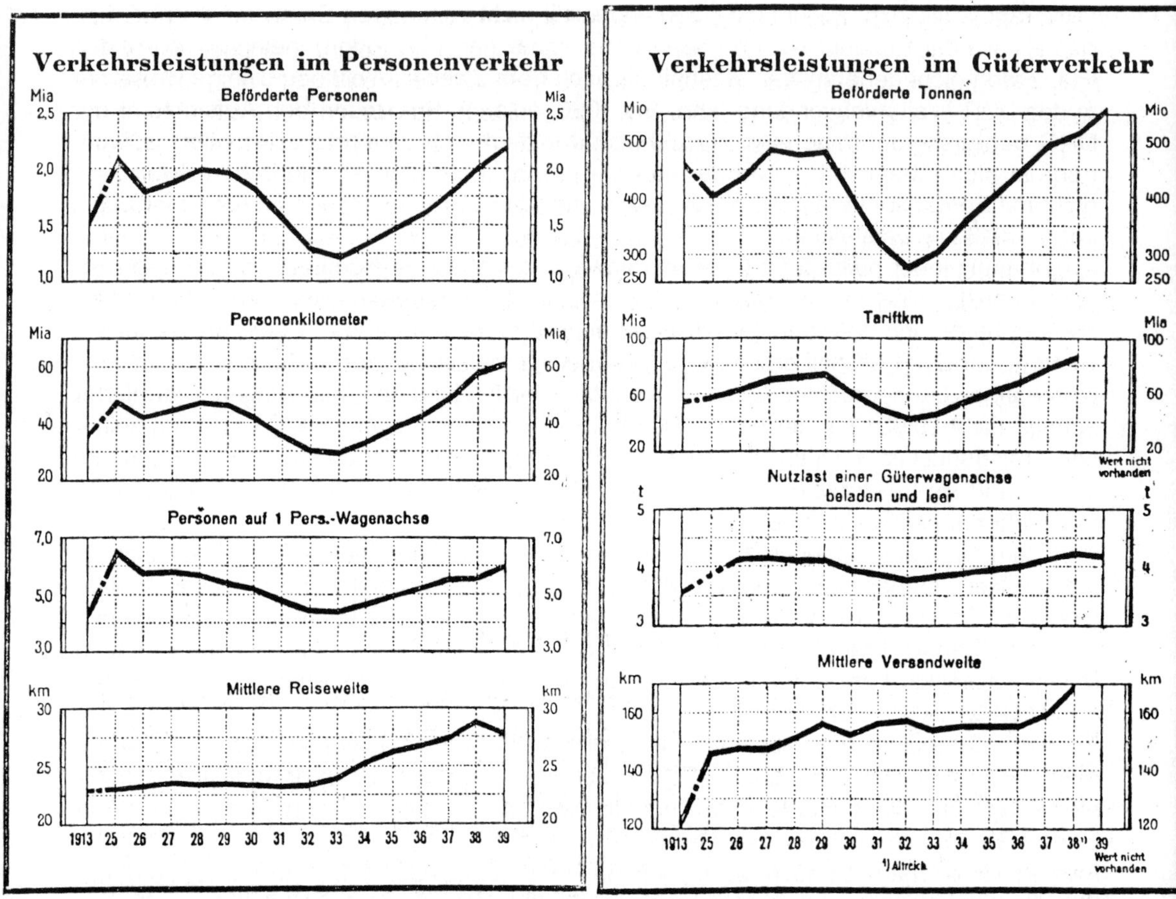

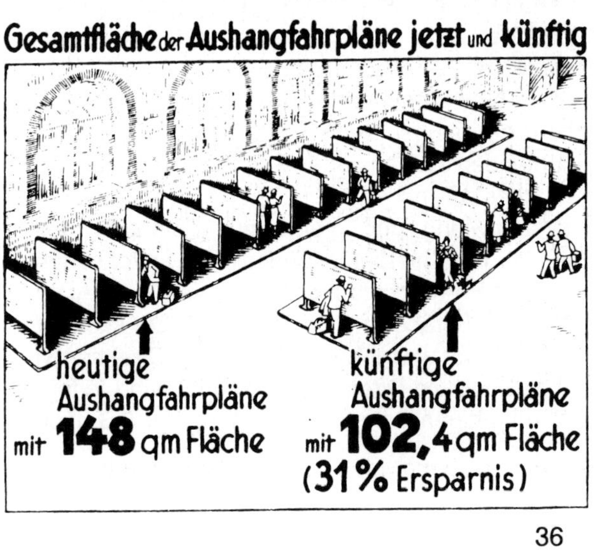

Tafel 10 - ***oben***: Verkehrsleistung Personenverkehr und Güterverkehr 1913-1938/39 aus STATISCHEN ANGABEN DER DRG 1939 / ***unten links***: Aushangfahrpläne in einem größeren Bahnhof, einst ein wesentlicher Faktor des bahnamtlichen Kursbuchprojektes [aus: DIE REICHSBAHN 8.Jahrgang 1932, S. 408].

Vermutlich hingen Zuordnung und Raumaufteilung des Streckennummern=Schemas in etwa auch damit zusammen, abgesehen davon, daß es ein Fehler war, sich auf den 500er Zahlenraum zu beschränken, statt nach dem Hendschel=Vorbild bis 1000 zu gehen. Jedenfalls gibt es zu denken, daß Bayern bei Ausarbeitung des dritten Entwurfes, der 1934 zur Ausführung kam, den gesamten 400er Zahlenraum erhielt, obwohl im 300er (Baden/Württemberg) genügend Platz war, was sich nach den 1934 schwerlich vorhersehbaren Gebietsveränderungen des Jahres 1938 allerdings als Vorteil erwies. So konnten die österreichischen und südlichen sudetendeutschen Strecken bequem eingegliedert werden. Im Bereich der sächsischen Strecken wurde es dagegen eng, und die weitere Rückgewinnung nach 1918 abgetretener deutscher Ostgebiete erzwang dann 1940 eine völlige Neuordnung des Nummernschemas, vorwiegend der nördlichen Hälfte des Reichsbahn=Streckennetzes. Elsaß-Lothringen, nun auch wieder beim Reich, kam im 300er Zahlenraum unter.

3. Der Puls der Zeit und ein 'Unvollendetes'

In den ersten Eisenbahnjahrzehnten und vor der Industrialisierungswelle im Reich weisen die Kursbücher ein zähes, nicht unbedingt organisches Wachsen des deutschen Streckennetzes nach, dem im letzten Viertel des 19. Jahrhunderts eine z.T. sprunghafte Ergänzung und Verdichtung folgte, sowohl in der Fläche als auch in sich entwickelnden Ballungsgebieten. Dennoch ergibt sich im großen gesehen bis zur Kadenz des Ersten Weltkrieges eine zwar progressiv steigende, aber im wesentlichen kontinuierliche Linie, in der sich auch die Wirtschaftskrisen kaum abzeichnen. Lediglich die Besitzangaben in den Fahrplantabellen nennen hier und da neue Namen, was aber nicht generell einen wirtschaftlichen Zusammenbruch bedeutete, sondern auch andere Gründe hatte, z.B. Verstaatlichung.
Nach 1918 machen die deutschen Kursbücher einen völlig anderen Zeitpuls spürbar, nämlich den einer aus den Fugen geratenen Zeit. In graphischer Darstellung ergäbe sich das Schaubild eines von Rückschlägen betroffenen Schwerkranken: Nach langsamer, mehrfach unterbrochener Genesung eine nahezu überraschende Besserung und plötzlich wieder ein Rückfall mit Delirien. Es ist durchaus auch als Fieberwahn zu bezeichnen, wenn während einer Notzeit im Winterfahrplan 1930/31 zwischen Berlin und Bremerhaven ein Sonder-FD 2304 nur für Reisende der 1. Schiffsklasse der Dampfer *Bremen*, *Columbus* und *Europa* eingelegt wurde.
Sehen wir weiter, steigt die Gesundungskurve zunächst langsam, dann aber steil aufwärts wie nie zuvor, um danach ins Bodenlose zu fallen. Heutigen Maximen zufolge wären die Jahre 1938 und 1939 der Gipfel besagter Fieberkurve zu nennen. Wer jene Zeit allerdings unvoreingenommen miterlebte, weiß, daß die kurze Phase vor Ausbruch des Zweiten Weltkrieges Jahre waren, in denen sich die Kraft eines über ein Jahrzehnt lang gedemütigten Volkes voll entfaltete und nicht nur auf der Olympiade 1936 Triumphe feierte.

Das DEUTSCHE KURSBUCH Sommer 1939 - unser 'Bestseller' seit einem Vierteljahrhundert - ist hierfür ein unpolitisches, nüchternes Dokument. Das 1933 mit einem Zugpaar, dem FD 1/2,[20] begonnene Schnellstverkehrssystem war jährlich ergänzt und erweitert worden. 1939 verbanden Fernschnelltriebwagenläufe nicht nur die Reichshauptstadt mit wichtigen Großstädten, sondern diese auch untereinander. Deren Fahrzeiten, auch die der FD und schneller D=Züge, halten in Berücksichtigung inzwischen erfolgter technischer Verbesserungen einem Vergleich mit den heutigen durchaus stand - ausgenommen natürlich auf denen der Neubaustrecken.
Darüber hinaus war der gewöhnliche Schnellverkehr in der zweiten Hälfte der dreißiger Jahre geradezu progressiv gewachsen, voran das Saison=Schnellzug=Angebot für Ferien- und Urlauberverkehr infolge steigenden allgemeinen Wohlstandes, und es gibt keine Phase der deutschen Eisenbahngeschichte wie jene von 1934-1939,[21] die in fast jeder Fahrplanperiode so viel Neues oder Interessantes bietet, daß man als Verleger von Kursbuchnachdrucken von allen einen Nachdruck riskieren könnte. Die letzte Lücke, die der Fahrplanperiode 1938, werden wir mit dem MITROPA=Kursbuch schließen.
Die Angliederung Deutsch-Österreichs, wie es sich selber nannte, und des vormals österreichisch/deutschen Sudentenlandes stellte die Reichsbahn bei ohnehin angespannter Verkehrslage vor erhebliche Probleme, die sich auch im Kursbuch niederschlugen. Nicht unbedingt notwendige Fernzugläufe wurden 1938 gestrichen, manche verkürzt oder vereinfacht, aber nur kurzfristig. In den Sommerfahrplänen 1939 sind sie alle wieder da und haben erstaunlicherweise zahlreiche Gesellschaft bekommen.
Am erstaunlichsten ist, daß die Fahrzeiten trotz gestiegener Zuggewichte bei voll ausgelastetem, z.T. veraltertem Lokomotivpark gehalten wurden. Die Fahrzeitreserven hatte man nicht angreifen wollen, wie es die DB ab Ende der fünfziger Jahre in kritischer Phase tat. Zwar mangelte es an Lokomotiven für den gehobenen Schnellzugdienst bei Geschwindigkeiten und Lasten, die den Zwillingslokomotiven der Einheitsbaureihen 01 und 03 beinahe zuviel abverlangten. Dennoch hielt man den Standard des Jahres 1935, ja die Fahrzeiten konnten z.T. noch gesenkt werden. Beim D 10 z.B., der 1935 in Weimar durchfuhr, wurde 1939 mit neuem Halt hier die Gesamtfahrzeit Halle-Erfurt um eine Minute verkürzt, beim FDt 572 gehalten, und wenn sich mit Einsatz des FDt=Paares 551/52, Berlin-München, die Fahrzeit des FD 79/80 geringfügig verlängerte, handelte es sich um eine der wenigen Ausnahmen.
Vergleicht man die Reisegeschwindigkeiten der Jahre 1925, 1930 und 1935, zeigt sich der steile Anstieg der letzten Etappe deutlich. Für den Verkehrshistoriker würde es interessant sein, wenn das Kursbuch 1939 nicht das letzte Friedenskursbuch gewesen wäre und sich u.a. gezeigt hätte, wie sich der Einsatz der neuen 01 und 03 Dreizylinder=Loks in den Fahrplanspalten auswirkte, da vergleichbare Leistungen zur DB=Zeit hierzu nur unter Berücksichtigung weiterer Umstände bedingt Auskunft geben. Ferner wäre interessant gewesen, wie sich der Ende der dreißiger Jahre abzeichnende Ansatz eines neuen verkehrlichen Denkens durchsetzte, einer stärkeren Einbeziehung der Fläche in das Schnellverkehrsnetz, und auch einer Förderung des vernachlässigten mittleren Nord-Süd-Verkehrs. Die Bedienung der Relation Bremen/Hamburg-Süddeutschland (München) war zur Zumutung geworden.

Nach einigen unglücklichen Fahrplanexperimenten blieb als einzige saisonunabhängige, durchgehende Tagesverbindung München-Hamburg D 89/90 mit Postwagen Hannover-Würzburg und Kurswagen von/nach Bremen. Der Zug hatte wenig Zwischenhalte, um die ohnehin lange Reisezeit nicht noch mehr zu strecken. Umso unverständlicher sind die überlangen Aufenthalte in Würzburg und Ansbach, zusammen rd. eine halbe Stunde, in Ansbach 17 bzw. 15 Minuten, obwohl schnelle Fernzüge hier überhaupt nicht hielten. Ursächlich dafür war die ebenfalls nach wie vor im wesentlichen unveränderte Planlage des FD 263/264, Hoek van Holland -München, der in beiden Richtungen das Hamburger Schnellzugpaar in Ansbach überholte. Da sich der Laufweg beider Züge in Gemünden trennte bzw. vereinigte, hätte eine geringfügige Verschiebung der Planlage des D 89/90 diesen Überholungshalt überflüssig gemacht, dgl. durch Führung eines der beiden Zugpaare über Augsburg - statt beider über Ingolstadt. Auch den Aufenthalt in Würzburg zu kürzen, wäre möglich gewesen.
Dieses Beispiel für die Unflexibilität mancher Fahrplandezernenten ließe sich durch weitere ergänzen. Leider wurde dem, sofern es keine Paradezüge betraf, noch zu wenig Beachtung gewidmet. Die Autokonkurrenz profitierte davon, ganz besonders in Anbetracht des voranschreitenden Straßen- und Autobahnbaus.
Auch die Verlagerung von Verkehrsströmen oder -gewichten hatte nicht immer organische oder politisch bedingte Ursachen. Daß die Schienenverbindung von Donauwörth-Nürnberg über Nördlingen nach der Eröffnung der direkten Strecke über Treuchtlingen zur Bedeutungslosigkeit absank, ergab sich von selbst, die Geschichte der Halle-Kasseler Strecke dagegen ist die eines Politikums, später die von Direktions=Manipulationen. Die nach dem politisch inspirierten Bahnbau der Umweg- oder Bogenroute über Erfurt entstandene direktere Konkurrenzlinie über Nordhausen wurde preußischerseits als eine Art Druckmittel gegen die Thüringische Eisenbahngesellschaft begünstigt. Und auch nachdem das Ziel, die Verstaatlichung dieser Bahngesellschaft, erreicht worden war, gab man der Nordhäuser Linie einen angemessenen Anteil am Verkehrsaufschwung. Der Erste Weltkrieg mit Folgen, insbesondere der Aufbau der Reichsbahnorganisation, die den federführenden Direktionen erheblichen Einfluß auf Fernverbindungen brachte, ermöglichte es der RBD Erfurt, bei Wiederbelebung des Reiseverkehrs den Lauf neu eingelegter Fernzüge durchweg an sich, d.h. über Erfurt zu ziehen.
Das Kursbuch zeigt es auf seine Weise. 1914 verkehrten zwischen Halle-Kassel direktenwegs über Nordhausen vier D-Zugpaare, 1939 bei einer gegenüber 1914 allgemeinen Verdichtung des hochwertigen Reisezugverkehrs war es nur noch eines, nachdem man den Flügelzug (Sangerhausen-Halle) zum D 27/28 in einen eigenen Zuglauf bis/ab Northeim - in den Sommermonaten Münster - umgewandelt hatte. Nach Beendigung des Frankreich=Feldzuges, als man in Berlin auf Frieden spekulierte, schien sich dem Kursbuch Winter 1940/41 zufolge eine Renaissance anzubahnen, die sich aber wie die Friedensspekulationen als Illusion erwies. Am bitteren Ende zeigte sich die Halle-Kasseler Strecke proportional noch ungünstiger als 1939: Durchlaufend nur das aus der Länderbahnzeit stammende Schnellzugpaar D 105/106, jetzt bis/ab Kattowitz, in Nordhausen abzweigend bzw. einmündend ein SFR=Paar Leipzig-Aachen und in Leinefelde ein D=Paar Düsseldorf-Weimar. Irgendwann im Frühjahr 1945 stellten alle drei ihren Lauf ein, der alte schlesische Fernzug, wie es den Anschein hat, für immer.

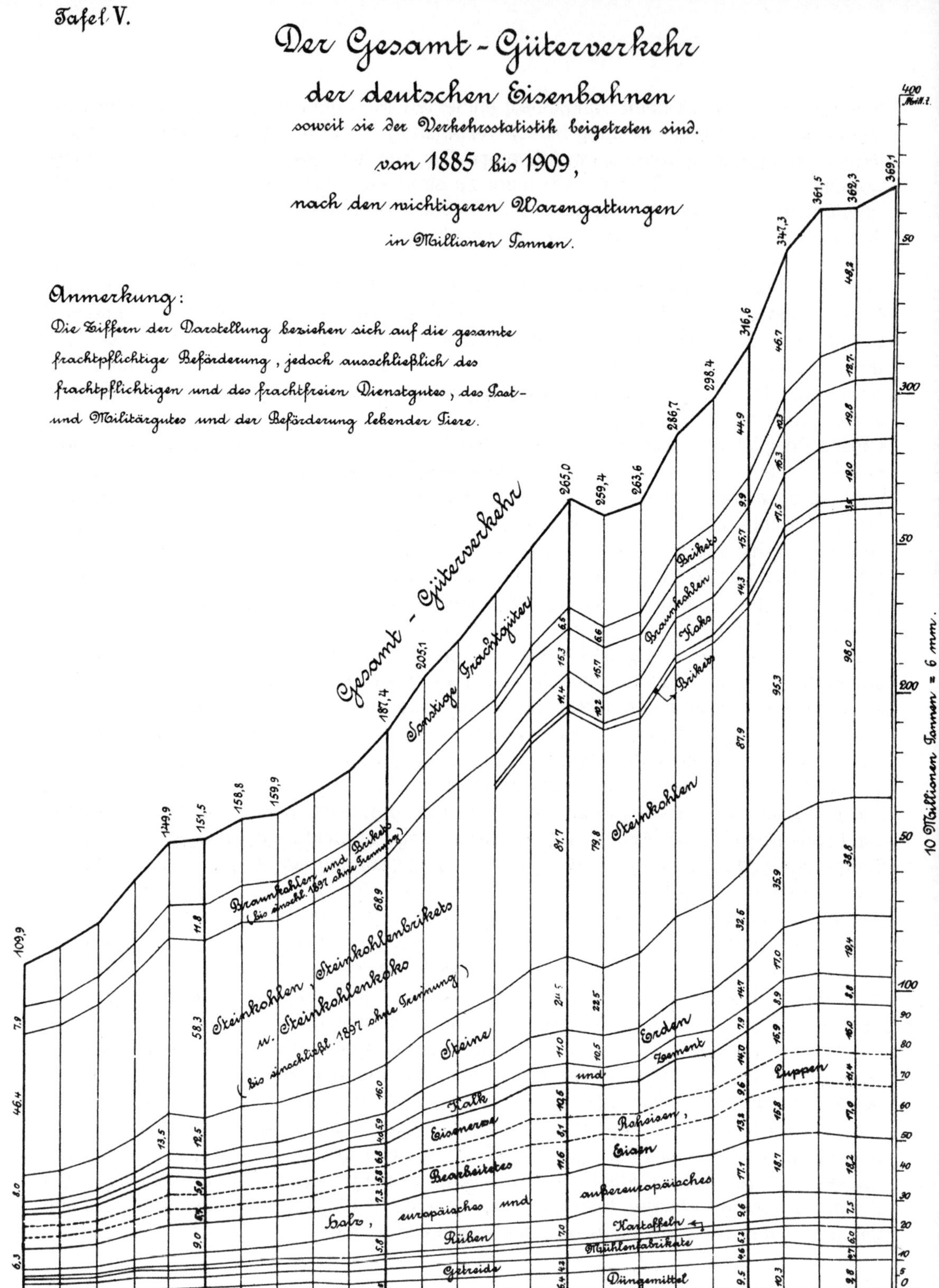

Tafel 11 - aus DAS DEUTSCHE EISENBAHNWESEN DER GEGENWART, Berlin 1911.

Bedeutungsschwankungen, wenn nicht gar Radikaleres, trafen auch andere Linien, aber keine rationale Begründung, sei es betrieblicher oder politischer Art, mindert die Betroffenheit derer, für die eine Eisenbahnstrecke mehr ist bzw. war als ein Verkehrsweg unter vielen.

4. Das Reichsgüterkursbuch

Eine weitere Pionierleistung der Reichsbahn ist das Reichsgüterkursbuch, dessen Vor- und Entstehungsgeschichte nahezu völlig im dunkeln liegt. Sicher wissen wir nur, daß es das eilige Produkt der Nachkriegsnotlage war, sowohl der politisch/wirtschaftlichen als auch verkehrlichen, und erstmals 1925 erschien. Erarbeitet wurde es von der Oberbetriebsleitung Süd in Würzburg, und damit ergibt sich bereits Frage Nummer 1, nämlich warum die HV der DRG diesen Auftrag ins Bayerische vergab. Eine Geste Berliner Konzilianz dürfte das kaum gewesen sein. Wahrscheinlich hatte man in Berlin die besseren Erfahrungen und Vorzüge des straff organisierten bayerischen Staatsbahnbetriebes im Güterverkehrsbereich erkannt, denn im bayerischen Zentralismus war für Direktionsautonomie mit gelegentlichen Direktionsrivalitäten oder -eskapaden kein Platz.
Die Entwicklung des Güterverkehrs und der Güterzugfahrpläne umfassend aufzurollen, wäre eine Forschungsarbeit für sich, da hierzu auch Unterlagen der Industrie- und Handelskammern, in Folgendem kurz IHK, durchgesehen werden müßten. Aus denen der IHK Mühlhausen/Thür. (gegründet 1848), die ich einsah, ergibt sich für den Güterverkehr noch zur Zeit der Jahrhundertwende kein glänzendes Bild: Unzulänglich berechenbare Laufwege und -zeiten sowie keineswegs seltene Beförderungspannen. Insbesondere bei Schlechtwetterlagen blieb der IHK des öfteren nichts anderes übrig, als ein Suchkommando loszuschicken, um den Verbleib unterwegs abhandengekommener Wagen zu ermitteln und diese oder, falls unauffindbar, Ersatz dem Bestimmungsort zuzuleiten. Im Winter ging es vor allem um Kohletransporte, von deren Eintreffen die Weiterarbeit der Betriebe abhing.
Andernorts würde man sicher auf ähnliche Berichte stoßen, und einer der Gründe dafür bestand im Wachstum des Güterverkehrs seit der Reichsneugründung, auf den die Bahnen nicht vorbereitet waren. Die Rentabilitätskalkulationen der ersten Eisenbahnjahrzehnte hatten primär das Personenverkehrsaufkommen berücksichtigt. Auf dieses waren die Bahnanlagen eingerichtet, und dessen Wachstumsraten, die bis über die Jahrhundertwende hinaus nicht ungewöhnlich oder überraschend stiegen, genügten sie. Der Güterverkehr hingegen nahm etwa ab den Gründerjahren revolutionäre Dimensionen an, die in unterschiedlichem Maße zwar - je nach regionaler Industrialisierung -, letztlich aber das nahezu gesamte deutsche Hauptbahnnetz überlasteten. Überhol- oder Wartegleise für Güterzüge in kleineren Bahnhöfen erwiesen sich als zu kurz, die Gütergleisanlagen mitt-

lerer und größerer Bahnhöfe als zu klein oder zu eng, und das in einer Zeitspanne, in der immer neue Bahnbauten Mittel erforderten, Konkurse im Verlauf wirtschaftlicher Rückschläge den Geldfluß zum Stocken brachten und die Verstaatlichung der Privatbahnen öffentliche Mittel band.

Die Bahnverwaltungen waren von der Entwicklung des Güterverkehrs überrumpelt worden, nachdem sie diesen Bereich seinem Aufkommen entsprechend jahrzehntelang nur am Rande beachtet hatten. Nur für Tarife und das dringendst betrieblich Notwendige gab es Regelungen. Eine exakte statistische Erfassung verbandsgemeinschaftlich vorzunehmen, war allen Forderungen des VDEV entgegen mißachtet worden, und erst die Kalamitäten der siebziger Jahre bewirkten Einsicht der Verbandsmitglieder. So faßte man 1883 den hierzu (über)fälligen Beschluß, dessen verwaltungsmäßige Umsetzung in die Tat ein Jahr benötigte, die betriebsnotwendigen Anpassungs- und Neubauten für den explodierenden Güterverkehr zwei Jahrzehnte.

Im Zeitraum von 1885 bis 1914 stieg die Beförderungsleistung der deutschen Bahnen infolge der industriellen Entwicklung um rd. das Vierfache. Tafel 11 zeigt in graphischer Darstellung den Anstieg bis 1909, aufgegliedert nach den wichtigsten Warenarten. Das Diagramm gehört zu einer Arbeit des Geheimen Regierungsrates von Saewen, vortragender Rat im Ministerium der öffentlichen Arbeiten zu Berlin über das Thema Güterabfertigung und -beförderung.[22] Der Text ist hölzern, ja schülerhaft, und befaßt sich vorwiegend mit Verwaltungs- und Rechtsangelegenheiten. Über Güterzugfahrpläne wird nichts gesagt, und von der Güterbeförderung erfährt man wenig. Es heißt dazu:

> *"Die Wagenbeklebezettel geben die Abgangs- und Bestimmungsstation, den Tag des Abgangs und den Beförderungsweg an. Die Angaben dienen dem Rangierpersonal als Unterlage bei Zusammenstellung der Züge. Bei Stückgutwagen und Wagenladungen, für die besondere Beförderungspläne festgelegt sind, werden in den Beklebezetteln auch die Züge verzeichnet, in denen die Wagen planmäßig zu befördern sind. <...>*
> *Stationen, auf denen Wagen von einem Zuge auf einen andern übergehen, haben außerdem einen Wagenübergangsplan aufzustellen, durch den festgelegt wird, mit welchen Zügen die einlaufenden Wagen weiterzubefördern sind."*

Dann werden die Zugarten erklärt, u.a. daß Viehzüge zur Beförderung von Vieh dienen, und der Abschnitt wie folgt beendet:

> *"Wenn bei starkem Verkehrsandrang nicht alle vorhandenen Wagen in den für sie bestimmten oder geeigneten Zug eingestellt werden können, ist die in den Zugbenutzungsvorschriften gegebene Rangordnung zu beachten. Daneben besteht eine allgemeine Rangordnung, die für den Fall, daß in den Zugbenutzungsvorschriften eine Bestimmung nicht enthalten ist, zum Anhalt zu nehmen ist."*

Bessere Informationen zu unserem Thema liefert die EISENBAHN=KUNDE, II. Jahrgang, von E. Haßfurter, München (vermutlich 1904), mit der Beitragsreihe *"Die Güterbeförderung auf den bayerischen Staats-Eisenbahnen"*. Darin werden Details über Zusammenstellung der Züge, Zugleitungen und Wagenübergänge gebracht. Besonders interessant ist folgender Absatz:

> *"Nach vielfachen Umwälzungen auf dem Gebiete des Güterzugfahrplanes und der damit im engsten Zusammenhange stehenden Rangieranlagen, der Zugbildung*

und Zugzusammenstellung, sind heute die Verhältnisse in einer den Anforderungen des modernen Verkehrs entsprechenden Weise geklärt und hängt die ordnungsmäßige Beförderung der Ladungen nur mehr davon ab, daß die gegebenen Vorschriften und Anweisungen auch richtig befolgt werden, was leider nicht immer zutrifft; denn gerade hier wird immer noch viel gesündigt, sowohl durch Uebertretung und Nichtbeachtung der Vorschriften, als auch durch Unterlassung des Gebotenen."

Haßfurter greift eine weitere Kalamität des Güterverkehrs zur Länderbahnzeit auf:

"Mit Rücksicht auf die geographische Lage zweier Stationen ist jedoch der gefahrene Weg des eigenen Eisenbahnnetzes nicht immer die kürzeste Verbindung, auf der natürlich der Absender das Gut befördert wissen möchte, da sie die billigste ist, sondern ein Weg über fremde Bahnstrecken. Diesen Weg zu benützen, scheut sich andererseits wieder die Eisenbahnverwaltung, da ihr dann für diese fremde Strecke die Beförderungseinnahmen entgingen. Man hilft sich hier in der Weise, daß das Gut zwar auf der längeren Strecke des eigenen Eisenbahnnetzes befördert, jedoch der Frachtberechnung die kürzere kilometrische Entfernung des fremden Netzes zu Grunde gelegt wird. Diese Kilometer der kürzeren, thatsächlich nicht befahrenen Strecke nennt man die T a r i f k i l o m e t e r."

Den Tarif konnte der Verkehrstreibende selber errechnen, z.B. mit Hilfe der STORM=Tabellen. Über die Beförderungsdauer bei längeren, insbesondere die direktionseigenen Bahnverwaltungsgrenzen verlassenden Laufwege war er auf Auskünfte der Beamten der Güterabfertigungen - oder der Angestellten bei Privatbahnen - angewiesen, die trotz Güterzugfahrplänen und Ferngüterzügen eine zwar amtliche, letztlich aber nur unverbindliche Auskunft geben konnten. Verzögerungen und Verdruß waren schon durch die unterschiedlichen Praktiken der verschiedenen Bahnverwaltungen einprogrammiert. Der Kriegsausbruch 1914, nach dem geschultes Personal durch Aushilfen ersetzt wurde, verschlechterte die Situation von Jahr zu Jahr mehr, und mit dem offiziellen Kriegsende lösten neue Kalamitäten die alten ab. Alles in allem kann es nicht verwundern, wenn die DRG im Güterverkehrsbereich überschaubare Verhältnisse schaffen mußte, sobald sich die Lage im Reich einigermaßen normalisiert hatte.

Die eingangs erwähnte Beauftragung der Oberbetriebsleitung Süd, Würzburg, prägte die Gestaltung des GÜTERKURSBUCHES. Im Gegensatz zur üblichen Kursbuchpraxis, die Fahrplantabellen in der Reihung Nord-Süd zu bringen, verfuhr man im Güterkursbuch entgegengesetzt, nicht jedoch aus Gründen bayerischen Geltungsdranges, sondern weil man die bayerische Güterfahrplanstruktur als Basis nahm und darauf die der anderen Bahnen baute und integrierte. Das war unter den Gegebenheiten der schnellste und beste Weg, mit der Aufgabe fertig zu werden. Den Bearbeitern ist nahezu uneingeschränkte Anerkennung zu zollen, denn nach Behebung einiger Kinderkrankheiten blieb das REICHSGÜTERKURSBUCH - vermutlich ab 1936 so benannt - außer Ergänzungen oder Erweiterungen im Prinzip unverändert bis zum Ende des Reiches und darüber hinaus.

Soweit das Entwicklungsgeschichtliche. Werfen wir nun noch einen Blick auf die Systematik des Güterkursbuches, von dem wir zwei Ausgaben im Nachdruck bringen konnten, nicht in freier Wahl, sondern weil wir nur zwei Originale als Vorlage fanden, eines vom Sommer 1930 und Winter 1938/39.

Abb. 1/2 - *oben:* *"Stückgutverkehr auf dem Anhalter Bahnhof in Berlin"* lautet die Original=Bildunterschrift,
***unten*:** *"Umladedienst auf einer Umladerampe"* - auf Kommando des Fotografen, könnte man hinzufügen. Um ausreichende Belichtung und Schärfentiefe zu erhalten, mußte beim damaligen Stand der Technik alles in geschäftiger Pose erstarren, somit zwei doppelsinnige Zeitdokumente.
[aus DAS DEUTSCHE EISENBAHNWESEN DER GEGENWART, Band 1, Berlin 1911, S. 404/406]

Mit einem Güterkursbuch bekommt die Welt der Fahrpläne ein ganz anderes Gesicht. Zahlreiche in den Personenkursbüchern enthaltene Linien fehlen. Es gibt z.B. keine Strecke Halle-Kassel. Nordhausen-Verschiebebahnhof ist Ausgangspunkt für die Linie über Leinefelde-Kassel-Gießen-Oberlahnstein nach Koblenz (1930 =Lützel, 1938/39 =Mosel Bf). Das Teilstück Halle-Nordhausen gehört im Güterkursbuch zur Güterlinie Leipzig=Wahren-Halle-Nordhausen-Northeim-Altenbeken-Soest.
Das Stationsregister zum Güterkursbuch 1938/39 umfaßt ganze fünf Seiten, aus dem Streckenabschnitt Nordhausen-Kassel sind darin nur Bleicherode, Leinefelde, Eichenberg und Hann.Münden aufgeführt, die zuletzt genannten drei Bahnhöfe in Fettdruck. Die zweitgrößte Stadt dieses Streckenabschnittes, Heiligenstadt, ist im Register nicht enthalten.
In den Fahrplantabellen der Gesamtlinie (338), die sich über 370 km erstreckte, dennoch für vier Tabellen nur zwei Seiten benötigte, stehen Bleicherode Ost und Hann.Münden lediglich mit Abfahrtszeiten, Eichenberg und Leinefelde dagegen auch mit Ankunftszeiten, letzteres zusätzlich mit einer Leiste für Zugnummern, weil hier Züge um- bzw. neu zusammengestellt wurden, auch mit Wagen der im Güterkursbuch fehlenden Strecke Leinefelde-Worbis-Duderstadt-Wulften.
Das Kanonenbahn=Teilstück Leinefeldes findet man unter Nr. 347, aber die Tabelle reicht nur bis Malsfeld. Das Streckenstück Malsfeld-Treysa gehört zur Tabelle 193, Gießen-Bebra(-Gerstungen), und weist drei Durchgangs=G=Paare auf, da es ein wichtiges Verbindungsglied des Güterverkehrs vom ost- und südmitteldeutschen Raum zum mittleren Rheinland war.
In der 90 km umfassenden Güterkursbuchtabelle 347 ist kein durchlaufender reiner Güterzug enthalten. Malsfeld, Waldkappel und Eschwege drittelten die Strecke im Güterverkehr, dem in dem Streckendrittel von Eschwege nach Leinefelde nur drei Reisezüge als GmP dienten, in der Gegenrichtung vier und ein 'reiner' Güterzug.
Greifen wir zum Vergleich noch eine andere Gegend heraus, das Land westlich München. Die Knotenbahnhöfe Geltendorf und Kaufering suchen wir im Güterkursbuch 1930 vergebens. Sie sind weder im Ortsregister noch in den Fahrplanspalten zu finden, auch nicht die Kreisstädte Fürstenfeldbruck, Schongau, Schwabmünchen oder die kreisunmittelbare Stadt Landsberg. 1938/39 ist wenigstens der Knoten Geltendorf in Magerdruck im Register und mit Abfahrtszeiten in den Fahrplantabellen enthalten, im 'Wegweiser' fehlt er wie alle nur im Magerdruck abgedruckten Orte nach wie vor.
Der 'Wegweiser' ist eine umfangreiche Sache, ähnlich aufgebaut wie die Entfernungstabellen der Straßenatlanten: Oben stehen nebeneinander in alphabetischer Reihenfolge die Namen der im Stationsregister fettgedruckten Orte und am linken Rande untereinander noch einmal, und zwar so oft wiederholt, wie es nötig ist, um jeden Ortsnamen miteinander verbinden zu können, damit der Leitweg ermittelt werden kann durch den Hinweis entweder auf eine Wegekarte oder eine der Fv=Zusammenfassungen.
Der Zweck des Güterkursbuches war also, dem Verkehrstreibenden die Möglichkeit zu geben, die ungefähre Beförderungsdauer errechnen zu können. Deshalb mußte er erfahren, daß z.B. ein Wagen von Mannheim nach Buchloe nicht über Augsburg, sondern über Ulm-Memmingen lief, und für die Zeitrechnung nur Güterzüge in Frage kamen, die in dieser Relation verkehrten.

Welche Übergangszeit zur Umstellung der Wagen in den Anschlußknotenbahnhöfen einzukalkulieren war, erklären die diffizilen Vorbemerkungen des Güterkursbuches, ein Studium für sich. Außerdem enthalten die Angaben den weisen Vorbehalt *"ist möglich"*. Da die Abfahrtszeiten ohnehin nur in vollen Stunden angegeben sind, handelte der "Verkehrstreibende" sicher ebenso klug, wenn er von vorneherein einen Zug bei der Anschlußermittlung zugab.

Interessant sind auch die Güterzuggattungen. Die Durchgangs- und Eilgüterzüge sind in den Fahrplantabellen fett gedruckt. Ferner haben viele Züge vor den Zeitspalten eine Kennzeichnung, z.B. leichte Güterzüge (Leig) für Stückgut eine gekreuzte Leiste, Viehzüge eine fein gepunktete und Personenzüge je nach Güterbeförderung z.B. Rauten, wenn sie außer für Eilgut und Vieh auch für Frachtgut freigegeben sind.

Die unterschiedliche Verkehrs- und Wirtschaftsstruktur der deutschen Länder vor dem Zweiten Weltkrieg läßt sich auch aus dem Güterkursbuch ablesen. Dem Rang nach war Buchloe-Memmingen eine Hauptstrecke, durch ein Gebiet fast ausschließlich ländlichen Charakters führend. Trotzdem sind im Güterkursbuch 1938/39 neben zwei Güterzugpaaren und einem Egz=Paar noch vier P=Paare verzeichnet, insgesamt also sieben dem Güterverkehr dienende Zugpaare plus eines dienstags und donnerstags verkehrenden Viehzuges. Die Erklärung für diese im Vergleich zu mitteldeutschen Strecken verhältnismäßig hohe Zahl liefert vielleicht die besondere Kundenfreundlichkeit süddeutscher Direktionen und das nicht allzu üppige Personenverkehrsaufkommen. Erst die Kombination beider Sparten brachte die Rentabilität.

Einigermaßen verbindliche Schlüsse zu ziehen, ist leider nicht möglich, weil die Entwicklung des Zeitraumes von 1925 bis Kriegsausbruch nicht wie im Personenverkehrsbereich lückenlos verfolgt werden kann. Es fehlen wichtige Zwischenetappen, die erst ein Begreifen organisatorischer Änderungen ermöglichen. Eines jedoch stellt der Vergleich des Güterkursbuches 1930 mit dem von 1938/39 schon vom Umfang her klar heraus: die beträchtigliche Güterverkehrszunahme.

---

14 Deshalb auch in DAS KURSBUCH- UND FAHRPLANWESEN so benannt, allerdings im Text in Distanzierung von dieser Bewertung.

15 Im DB=Fachbuch DER FAHRPLAN auf S. 166 mit *"... kam jedoch bei den Reisenden nicht an..."* begründet, eine den Sachverhalt verfälschende Darstellung.
Das Buch "kam ... an", da es prinzipiell dasselbe wie das MITROPA= Kursbuch bot, aber nur 75 Pfennig, also genau die Hälfte kostete. Daher verursachte dieses unüberlegte Projekt bereits unmittelbar nach dem Erscheinen eine bahninterne Auseinandersetzung, die verschärft wurde, weil es bald auch Beschwerden von Käufern über den teilweise unbrauchbaren Inhalt gab. Die etwa 2/3 des Buchumfanges umfassenden Fahrplanauszüge gehören zum Undurchdachtesten der deutschen Kursbuchgeschichte, insbesondere weil der Laufweg der Fernzüge im FERNKURSBUCH 1935 vielfach nicht verfolgt oder ermittelt werden kann, auch nicht mit Hilfe der unzulänglichen, sehr einseitigen Fernverbindungen. Der Zuglauf ist mangels Platz nur vereinzelt in den Tabellen angegeben, in den Tabellen, die er abschnittsweise mit benutzte, jedoch nicht enthalten, so daß unklar ist, von wo der Zug kam und wohin er fuhr, um hier nur den gewichtigsten Mangel des Werkes, das wir 1971 als Kursbuchkuriosum im Nachdruck brachten, anzuführen.

16 In den *"Vor dem Gebrauch zu lesenden Erläuterungen"* der Taschenfahrpläne steht dementsprechend auch unter Punkt 9:
"Eine zivilrechtliche Gewähr für den Inhalt des Taschenfahrplans wird nicht übernommen; nach § 10 der Verkehrsordnung sind nur die auf den Bahnhöfen ausgehängten Fahrpläne maßgebend."

Und in dem Werk DAS DEUTSCHE EISENBAHNWESEN DER GEGENWART, Berlin 1911, steht auf Seite 298: *"Die deutschen Verwaltungen erkennen deshalb auch nur die von ihnen ausgehängten Aushang- oder Wandfahrpläne als amtliche Fahrpläne an, für deren Richtigkeit sie haften."* Autor dieses Kapitels "Das Fahrplanwesen" war Ministerialrat Ruckdeschel im K. Staatsministerium für Verkehrsangelegenheiten in München.

17 Auf Nachlässigkeiten der Kasseler Fahrplanbearbeiter stößt man auch später. So wurde ab Sommer 1938 der Halt des D 286 in Silberhausen Trennung aufgehoben, der für Fahrgäste aus Richtung Eschwege bestand. Den Halt des Anschlußzuges von Eschwege, obwohl fortan sinnlos, ließ man bis 1945 bestehen.

18 DAS KURSBUCH- UND FAHRPLANWESEN, S. 31.

19 Im DB=Fachbuch DER FAHRPLAN, S. 149, steht hierzu: *"Die Deutsche Reichsbahn gab für ihr Gesamtnetz zum Sommer 1933 erstmals das 'Amtliche Kursbuch für das Reich' heraus. Es handelte sich um eine Zusammenfassung der schon vorher erschienenen, nach lokalen und regionalen Gesichtspunkten eingeteilten Taschenfahrpläne und Teilkursbücher."* Reichsbahndirektor Baumgarten betont in seiner Abhandlung zur Kursbuchumstellung 1932 (s. S. 27, unten), daß im preußisch/hessischen Reichsbahngebiet für über den engeren Bezirk hinausgreifende Fahrplansammlungen "nicht gesorgt" war, d.h. es gab nichts, das zu einer "Zusammenfassung" taugte. Wie es um die Situation im mitteldeutschen Raum stand, ist beispielgebend in III, 1 dargelegt, wie in der Süddeutschlands, in DAS KURSBUCH- UND FAHRPLANWESEN, S. 37 ff. Auch dem AMTLICHEN BAYERISCHEN oder dem GRÜNEN BADISCHEN KURSBUCH konnte man nur einen Reichsbahnanstrich als Übergangslösung geben, ohne sie damit für ein Gesamtwerk verwendbar zu machen. Es wäre eine Kursbuchgroteske geworden.

20 Den Gattungszeichen der Triebwagenzüge ein t anzuhängen, wurde erst 1935 eingeführt.

21 Auch die Kursbücher des Jahres 1940 sind durch die politischen Ereignisse sowie kursbuch- und fahrplantechnischen Änderungen beachtenswert, die der drei Folgejahre bis zur letzten Fahrplanperiode 1944/45, zu der ein z.T. völlig neues Fernzugkonzept ausgearbeitet wurde, zeigen vor allem kriegsbedingte Einschränkungen d.h. Ausdünnungen des Reisezugangebotes.

22 DAS DEUTSCHE EISENBAHNWESEN DER GEGENWART - hrsg. unter Förderung des Preußischen Ministers der öffentlichen Arbeiten, des Bayerischen Staatsministers für Verkehrsangelegenheiten und der Eisenbahn-Zentralbehörden anderer Deutscher Bundesstaaten / von einer Anzahl leitender Beamten der deutschen Verkehrsverwaltungen und Professoren der technischen Hochschulen. - Band I, Berlin 1911.

Sehr verehrte Kundin,
sehr geehrter Kunde,

die Deutsche Reichsbahn und die Deutsche Bundesbahn freuen sich, Ihnen das erste gemeinsame Kursbuch anbieten zu können. Sie haben damit das gesamte Reiseangebot der Eisenbahn „auf einen Blick" vorliegen.

Und noch etwas ist neu: Das Kursbuch gilt jetzt für den gesamten Jahresfahrplan, also vom 02. Juni 1991 bis 31. Mai 1992.

In der kurzen Zeit, die uns für diese Ausgabe zur Verfügung stand, konnten wir nur die Fernverkehrstabellen den neuen Gegebenheiten anpassen. Zu unserem Bedauern war es nicht möglich, bereits die Numerierung der Streckentabellen aufeinander abzustimmen. Wir bitten hierfür um Ihr Verständnis.

Alle anderen Informationen, wie z. B. das Bahnhofs- und Ortsverzeichnis, das Kurswagenverzeichnis etc. haben wir in der für Sie gewohnten Weise zusammengefaßt. Am augenfälligsten wird dies bei der neuen Übersichtskarte für den Personenverkehr.

Übrigens, unser Top-Angebot,
die InterCityExpress-Linie 6, finden Sie im Teil B auf den Seiten B 129–131.

Wir wünschen Ihnen eine angenehme Reise.

Deutsche Reichsbahn **Deutsche Bundesbahn**

Sehr verehrte Kundin,
sehr geehrter Kunde,

die Deutsche Reichsbahn und die Deutsche Bundesbahn kehren mit dieser Kursbuchausgabe zu einer einheitlichen Numerierung der Streckentabellen in West und Ost zurück.

Aus praktischen Gründen sind wir davon ausgegangen, bei der Numerierung weiterhin im 3stelligen Bereich zu bleiben.

Die Streckennummern beginnen im Norden mit 100 und enden im Süden mit 999. Die Hunderterblöcke sind jetzt den großen Ballungsgebieten zugeordnet; so erhält Hamburg 100, Berlin 200, Hannover 300, Köln 400, Leipzig/Halle 500, Frankfurt (Main) 600, Stuttgart 700, Nürnberg 800 und München 900.

Bei S-Bahn-Strecken haben wir die Liniennummern als Zusatzziffer zur Ordnungsnummer des Gesamtnetzes mit dargestellt.

Gleichzeitig haben wir die Streckentabellen soweit als möglich vereinfacht, um Ihnen unser Angebot in leicht verständlicher und attraktiver Weise zu vermitteln.

Übrigens, Museumsbahnen und historische Eisenbahnen finden Sie im Teil B, zusammengefaßt auf den Seiten B 499–516.

Wir wünschen Ihnen eine angenehme Reise.

Unternehmen Zukunft
Die Deutschen Bahnen

Tafel 12: links aus Kursbuch 1991/92 - rechts aus Kursbuch 1992/93

IV. Der Ring schließt sich

1. Start in die 'neue Zeit'

Probleme des Kursbuch- und Fahrplanwesens, mit denen sich die Reichsbahn während der ersten eineinhalb Jahrzehnte ihres Bestehens abzumühen hatte, blieben den deutschen Bahnen nach dem Zweiten Weltkrieg weitgehend erspart. Einige Strecken im Grenzgebiet der SBZ mußten beidseitig gekappt werden oder entfielen, im Osten der SBZ war dasselbe auch an der Oder/Neiße="Friedensgrenze", wie es in der DDR hieß, erforderlich. Ansonsten füllten sich nach und nach östlich und westlich der innerdeutschen Grenze die auf Kriegsschäden und -folgen zurückzuführenden Lücken in den Fahrplänen wieder, und man kann den Kursbüchern beider Bahnverwaltungen entnehmen, wie sich die Welt in ihren Bereichen gestaltete.
Die Last der sowjetischen Ausplünderung der SBZ - ab 1949 DDR genannt -, weit über das Maß der festgelegten Reparationen hinausgehend, zeichnet sich in den Kursbuchseiten ab bis in die sechziger Jahre hinein. Vergleichen wir das Fahrplangerüst der DRB des Jahres 1960 mit dem der DB des Jahres 1950 - von beiden brachten wir Nachdrucke - zeigt sich beinahe ein Gleichstand, d.h. in der DDR lag man um ein Dutzend Jahre zurück, und der Abstand vergrößerte sich. Es gab genügend Anzeichen dafür, daß die DDR ihrem Ende entgegenvegetierte, und das trotz Stützaktionen westdeutscher Politiker, sowjetischer Rückendeckung und der Stasi.
Ob das System die falschen Leute in verantwortliche Positionen brachte oder unfähige Leute mit dem kopierten sowjetischen Vorbild das falsche System schufen, kann hier nicht erörtert werden. Was auch immer im wirtschaftlichen Bereich geschah, es trug jedenfalls den 'Pferdefuß' in sich. Mißleistungen als Folge von Fehlentscheidungen in fast allen Lebensbereichen der DDR macht auch die Kursbuchentwicklung spürbar, die schon im Erscheinungsbild kaum besser, eher schlechter wurde. Man könnte den in DIE EISENBAHNSZENE - BAND 2, S. 53 ff genannten Beispielen für Mängel und Fehler mühelos weitere hinzufügen, zum Stand der Bahnverhältnisse hier nur eines. Trotz fieberhafter Überarbeitungen und Milliardeninvestitionen seit "Wende" und Vereinigung, entsprechen die heutigen Fahrzeiten selbst der Magistralen knapp denen vor 55 Jahren. So benötigt 1993/94 der IC 546 von Leipzig nach Magdeburg zwei Minuten mehr als der 'gewöhnliche' D 312 des Jahres 1939 bei gleichem Aufenthalt in Halle, jeweils elektrischem Betrieb, aber moderneren Lokomotiven.
Westlich der innerdeutschen Grenze spiegeln nach der Währungsreform die DB=Kursbücher das 'Wirtschaftswunder' wider mit seinen Licht- und Schattenseiten. Erstere schlugen sich in einem Anschwellen der Fahrplantabellen, im Kursbuchumfang und in Reisezeitverkürzungen nieder. Da sich die DB=Fahrplanexperten auch Neuerungen einfallen ließen, erinnert diese, etwa zwei Jahrzehnte umfassende Phase an die der dreißiger Jahre.

Die Schattenseiten des sich unter dem Zepter des Automobils vollziehenden Aufschwungs zeigten sich im Kursbuch durch einen Schrumpfungsprozeß: Jährlich verschwanden Tabellen verkehrlich unbedeutender Strecken. Sie rentierten sich nicht mehr und wurden aufgelassen. Weniger auffällig vollzog sich das Dampfloksterben. Eindeutig wiesen es nur der neue Hinweis *"elektrischer Betrieb"* und die Streckenmarkierung in den Übersichtskarten aus, z.T. auch Fahrzeitverkürzungen.
Unabhängig davon ist den DB=Kursbuchbearbeitern im Rückblick ein großes Lob auszusprechen. Was an der Systematik des DEUTSCHEN KURSBUCHES durch den Kriegsausbruch 'auf der Strecke geblieben' war, wurde laufend verbessert, so daß die DB=Kursbücher schließlich einen kaum zu überbietenden Grad an Perfektion erreichten.[23] Außerdem zeigen sie nach Einführung und Stabilisierung des IC=Systems ein hohes verkehrliches Niveau auf, danach für ein paar Jahre eine gewisse Konstante.

2. Dem Bruch mit der Tradition entgegen

Einen ersten Einbruch in dieses Gleichmaß deutet das Kursbuch Sommer 1983 an. Unter den Schlagzeilen *"Was ist neu? Was ändert sich? Fernreisen 1983/84"* steht zu lesen:

- Mit Beginn des Fahrplans 1983/84 wird mit zunächst neun Zugpaaren die neue Zuggattung „Fern-Express", abgekürzt FD, eingeführt.

  Die Fern-Express-Züge bieten schnelle und komfortable Direktverbindungen aus den Ballungsräumen in touristisch interessante Gebiete.

  Die Fern-Express-Züge bieten gegenüber den Schnellzügen (D) ein wesentlich gehobeneres Komfortniveau. Sie führen in der 1. Klasse klimatisierte Abteilwagen der IC-Bauart sowie in der 2. Klasse Wagen mit Textilbezügen, Leselampen, verbessertem Einstieg und Lautsprecheranlagen.
  Bewirtschaftet werden die Züge in der Regel durch ein Quick-Pick-Zugrestaurant mit vielfältigem Angebot.

- Die Zuordnung der schnellfahrenden Personenzüge zu den Zuggattungen TEE, IC, FD, D und E wird neu ausgerichtet. Maßgeblich für die Einstufung eines Zuges ist nunmehr der angebotene Komfort. Die Zuggattung charakterisiert den Zug hinsichtlich Ausstattung und Service.
  Ein D wird nun immer Schnellzug-Abteilwagen besitzen und eine Reisegeschwindigkeit von ca. 80 km/h erreichen.
  Demgemäß werden ab Sommer 1983 ca. 160 Eilzüge des Fernverkehrs in Schnellzüge umgewandelt.
  Die einmal festgelegte Zuggattung wird zukünftig auf dem gesamten Laufweg beibehalten. Dies erfordert Änderungen bei der Zuschlagregelung.

Zweifellos war über dem Aufbau des IC=Systems einiges ins Hintertreffen geraten, aber die Notwendigkeit, eine altrenommierte Zugart wieder aufleben zu lassen und dadurch den Traditionsbegriff FD[24] für Spitzenzüge abzuwerten oder dem Reisepublikum etwas vorzugaukeln, bestand nicht. Neben Kurswagenläufen, die Ferienreisenden mit Gepäck die IC=Benutzung mit Umsteigen ersparten, verkehrten beispielsweise D 770/771, Schwarzwald=Expreß, Hamburg-Basel, oder D712/713, Allgäu=Expreß, Dortmund-Oberstdorf, und nach Berchtesgaden oder Garmisch liefen gar IC durch. Was den Fahrplanexperten daran auch änderungswert erschien, sie hätten es ohne Etikettenschwindel und eine 'neue' Zuggattung lösen sollen. Effektiv waren diese 'FD' nichts anderes als D=Züge, die eine Erläuterung des D mit (Fern)'Expreß' nicht verdienten.[25] Daß man den 'Expreß',

der im Deutschen ausschließlich für die Züge der ISG verwendet wurde, dem TEE zugestand, hatte seine Berechtigung, damit jedoch Allerweltszüge zu schmücken, lief auf eine Entwertung des Ausnahmebegriffes hinaus. Dahinter steht der moderne, auf Werbeeffekte ausgerichtete Geist der DB=Manager, ohne daß diese bedenken, wie abstumpfend jedes Zuviel wirkt, und daß sich mit pompösen Etiketten nichts gewinnen läßt, wenn der Inhalt nicht hält, was der Aufkleber verspricht.
In diesem Sinne stellte man mit dem Satz von "Ausstattung und Service", die die Zuggattung charakterisiere, auch einen ungedeckten Scheck auf die Zukunft aus. Denn wenn fortan Ausstattung und Service, wie es auf Neudeutsch heißt, eine Zuggattung charakterisieren, gehörten neuerdings eine ganze Reihe hochdekorierter Züge abgestuft, so schnell sie auch fahren. Denn in etlichen ist der "Service" äußerst mäßig und sollte außerdem noch in zwei Klassen gespalten werden.
Weitere einschneidende Änderungen sind im Kursbuch 1983 /84 avisiert:

Die Kursbuchtabellen werden nach und nach vom Bleisatz auf die neue Lichtsatztechnik umgestellt. In den einzelnen Kursbuchdrucksachen veröffentlichen wir daher vorübergehend Tabellen noch mit alter Satztechnik und zunehmend Tabellen mit dem neuen international vereinbarten Erscheinungsbild. Auch einige Bildzeichen (Bildsymbole) sind in diesem Zusammenhang nach neuem Design gestaltet worden.

Das neue "Erscheinungsbild" der Fahrplantabellen ohne Punktierung der Leerspalten wirkt ein wenig nackt. Dieser Bruch mit einer alten Gepflogenheit dürfte dem Wunsch der Bahnverwaltungen nach Vereinfachung und Rationalisierung entsprungen sein, verständlich und nicht so gewichtig, wenn es nicht der Auftakt zu Radikalerem gewesen wäre.
Was an dem Text des Hinweises befremdet, ist einerseits die in Klammern gesetzte Erläuterung des althergebrachten Begriffes "Bildzeichen", andererseits die unerklärte Verwendung des Modewortes "Design"; an sich überflüssig, da 'neu gestaltet' völlig genügt hätte. Aber warum einfach, wenn es umständlich und gar noch mit einem Fremdwort geht.[26]
Die kleinen Alarmzeichen, die in solchen Lappalien stecken, nimmt der Mensch unserer Tage, der es ohnehin nicht allzu sehr mit dem Denken hat, kaum noch wahr. Aktuelle Ereignisse, am besten unter Schlagzeilen im Telegrammstil verpackt, fesseln ihn - von denen des Bahnbereiches zum Beispiel Unglücke oder Spektakuläres der Technik.
An Unglücken hatte die DB des längeren schon nichts Besonderes zu bieten, es sei denn an Ärger mit unaufmerksamen Straßenverkehrsteilnehmern, Attentätern oder Rabauken und den Fällen Northeim und Lehrte (1992).[27] Aber im Technischen tat sich allerlei, so durch Neubaustrecken mit Trassenstreit oder Geschwindigkeitsrekorden. Es tat sich auch sonst, d.h. auf der politischen Bühne einiges. Der im Herbst 1982 nach dem Sturz von Bundeskanzler Schmidt zu dessen Nachfolger aufgerückte CDU=Chef Kohl plädierte zum Jahreswechsel 1982/83 für eine Besinnung der Bundesbürger in Richtung Gemeinsinn. Wie er sich die geistig/moralische Wende vorstellte, blieb unklar, und es wurde ja auch nichts daraus. Jeder Ansatz zu einer Selbstbesinnung wurde durch Vergangenheitsbewältigungswogen wie nie zuvor in eine bestimmte Ecke gedrängt und erstickt. Relativ harmlos, wenn auch genauso töricht, waren Versuche, von Kalamitäten der Ge-

genwart durch Hochspielen von solchen der Vergangenheit abzulenken. So sagte einem Bericht des LANDSBERGER TAGBLATTES (AUGSBURGER ALLGEMEINE) vom 23.2.1983 zufolge Verteidigungsminister Wörner anläßlich eines Vortrages:

> *"Die Weimarer Republik hat den Fehler gemacht, den Staat nur im Kopf zu verankern, nicht aber auch im Gefühl, im Herzen!"*

Daran ging die Weimarer Republik nicht zugrunde, und Herrn Wörners Ausspruch paßte wesentlich besser auf die Bonner 'Demokratie', die "im Herzen" der Bundesbürger eher Frustration, wenn nicht gar Zorn auslöst,[28] und an deren kurzsichtiger, egoistischen Parteienherrschaft und hemmungsloser Lobbyistenwirtschaft nicht zuletzt die Bundesbahn und unser gesamtes Verkehrswesen kranken.

Daß sich außerhalb der westlichen Hemisphäre in den achtziger Jahren eine echte Wende anbahnte mit revolutionären Konsequenzen für Deutschland, nahmen unsere politischen 'Vordenker' erst wahr, als sie gefordert wurden. Denn was den Osten betraf, hatten sie 'abgeschaltet' und die deutsche Spaltung als eine zu akzeptierende Realität erklärt. Auch allgemein verfolgten nur wenige Westdeutsche mit Interesse und Hoffnung das Bröckeln der Fassaden in der DDR und erahnten, was da vor sich ging.

Sollte in den Fahrplanbüros der Zentrale der DB der eine oder andere zu dieser kleinen Minderheit gehört haben, wäre seine Sicht kaum von Einfluß gewesen. In einem großen Gefüge gilt nur die Leitlinie. So hatte man bei allen Änderungen und Verbesserungen die nach 'drüben' führenden Fernverbindungen nicht mitbedacht und sie gelassen, wie sie einst aus (Ost=)Berliner Sicht übernommen worden waren. Als dann 1989/90 das Unerwartete und Nichteinkalkulierte doch eintrat, die innerdeutsche Grenze zunächst durchlässig und bald darauf aufgehoben wurde, war man nicht präpariert und braute entsprechende Kursbuchreisewege zusammen.[29]

Aber außer dem Vorwurf - und nicht einmal diese Formulierung wäre korrekt -, daß man über die Verkehrsgeographie des (östlichen) mitteldeutschen Raumes jahrzehntelang keine Überlegungen angestellt hatte, gab es an der Reaktion der Fahrplanbearbeiter nichts zu bekriteln - im großen gesehen. Bereits zum Kursbuch 1990/91 wurden für das Gebiet der (noch) DDR neue Fernverbindungstabellen erarbeitet und diese durch Fahrpläne gemäß DRB=Fv=Schema ergänzt. Letztere bezeichnet das Inhaltsverzeichnis als *"Fernverbindungen in der DR"*, was unzutreffend ist, da es z.T. nur Fahrplanauszüge mit Anschlußleisten sind, so die "Fernverbindungen" Halle-Nordhausen, Halle-Halberstadt oder Leipzig-Chemnitz.

Daß die Mainzer Fahrplanstrategen vieles vermutlich von den Berliner DRB=Fahrplanbearbeitern übernahmen, lag aber nicht allein am vorgenannten Versäumnis. Sie waren überlastet durch die gleichzeitige Totalumstellung des Fahrplangerüstes der DB und Integration des der DRB, z.T. auch mit Taktverkehr. Dabei wurde fahrplantechnisch Beachtliches geleistet, das in der Praxis besser funktionierte als die Einführung des IC=Systems.

Man war sich bewußt, daß sich im einzelnen Fehler einschleichen würden und nahm deshalb einen entsprechenden Vermerk in die Kursbücher auf. In Eisenbahnfreunde=Zeitschriften wurden mehr oder weniger gewichtige Fehlerbeispiele gebracht, und auch in den Tageszeitungen z.T. mit einiger Verzögerung, so in dem schon zitierten LANDSBERGER TAGBLATT am 15.10.1993 unter der Schlagzeile *"Den letzten Zug vergessen"*. Der Spätzug, 23.50 Uhr ab München, sei zwar im *"Fahrplanausdruck"* München-Buchloe,

nicht aber in dem der Strecke *"München-Kaufering-Landsberg"* aufgelistet. Die Entdeckung machte ein Leser, der Berichterstatter selber hatte offenbar keinen Blick in das Kursbuch geworfen, da es in diesem keine Strecke München-Landsberg gibt, und auch sonst ist der blumige Artikel unexakt in den Sachangaben.
Die wohl unvermeidbaren Fahrplanfehler bei der Durchführung dieses Mammutprojektes aufzugreifen, ist nicht Sinn dieser Arbeit, hierin geht es um Grundlegendes.
Unter *"Neuerungen und Änderungen"* in der VORSCHAU AUF DEN FERNFAHRPLAN 1991/92 ist zu lesen:

Vom Fahrplanjahr 1991/92 an werden die Fahrpläne der Deutschen Bundesbahn und der Deutschen Reichsbahn in gemeinsamen Kursbüchern veröffentlicht.
Dazu war es erforderlich, die Ferntabellen numerisch und inhaltlich neu zu gliedern, um ein in sich abgestimmtes Gesamtwerk zu schaffen. Bei dieser Gelegenheit haben wir für die Tabellen 1 bis 99 ein neues Erscheinungsbild gewählt, das den optischen Eindruck, die Übersichtlichkeit und die Lesbarkeit wesentlich verbessert.
Der Fernfahrplan ist gegliedert in die Tabellen
– A 1 bis H 7 Fernverbindungen mit dem Ausland
– 1 bis 19 Große Fernverbindungen in Deutschland
– 20 bis 99 Mittlere Fernverbindungen in Deutschland
Die Konzeption des Fahrplans 1991/92 ist geprägt
- vom Zusammenwachsen eines deutschen Staates.
- von der Inbetriebnahme der Neubaustrecken Hannover – Fulda und Mannheim – Stuttgart mit weitausstrahlenden Auswirkungen in das gesamte Fahrplangefüge und hohen Reisezeitverkürzungen
- vom Hinarbeiten auf die Ziele
  - Regelmäßigkeit der Zugverbindungen (Takt)
  - merkbare, an den Verkehrsströmen ausgerichtete Führung der Züge (Linien)
  - Systemhalte mit kurzen Aufenthaltszeiten
  - Verknüpfung der Linien durch Korrespondenzen und Anschlüsse

Das jedoch war auch nur ein Übergangsstadium. Für das folgende Fahrplanjahr heißt es wiederum unter *"Neuerungen und Änderungen"*:

Herausragende Ereignisse im Fahrplanjahr 1992/93 sind
- die Ausstattung der *IC*-Linie Hamburg/Bremen – Nürnberg – München mit neuen, schnelleren *ICE*-Triebzügen
- die Einführung einzelner Verbindungen einer künftigen, zusätzlichen *ICE*-Linie Hamburg – Karlsruhe – Basel (– Zürich) ab 27. September
- die Einrichtung von drei neuen *IC*-Linien im Zweistundentakt
  - Hamburg – Berlin – Dresden
  - Berlin – Leipzig – Nürnberg – München
  - Saarbrücken – Frankfurt – Erfurt – Dresden
- die Einführung weiterer taktgebundener *IR*-Linien auf zahlreichen Strecken.

Im Netz der Deutschen Reichsbahn kommt es dabei zur größten Umstellung seit über vier Jahrzehnten, da hier, wie zuvor schon bei der Deutschen Bundesbahn, anstelle des nachfrageorientierten Fahrplans ein angebotsorientierter Fahrplan eingeführt wird.

Zu weiteren Neuerungen, wie Einführung des Jahresfahrplans ab Sommer 1991 und Neugliederung des Nummernschemas der deutschen Bahnen ab Sommer 1992, sei auf Tafel 12 mit den Informationen *"Sehr verehrte Kundin, sehr geehrter Kunde"* aus den Kursbüchern DB/DR 1991/92 und 1992/93 verwiesen. Beide schließen mit dem Wunsch einer angenehmen Reise, der des Jahres 1992/93 ist vom *"Unternehmen Zukunft Die Deutschen Bahnen"* ausgesprochen, d.h. gezeichnet.
Die Begründung zur Vereinfachung der Streckentabellen mit *"leicht verständlicher und attraktiver Weise"* (s. Tafel 12 rechts) entspricht der inzwischen üblichen Sprachgepflogenheit, Maßnahmen als "kundenfreundlich" hinzustellen, die im Grunde nur dem Vorteil des "Anbieters" dienen.[30] Nehmen wir als Beispiel die Strecke Berlin-Halle/Leipzig-Erfurt, in den DEUTSCHEN KURSBÜCHERN Nr. 155 bzw. ab 1940 Nr. 180. Wenn man einst nachschlug, hatte man mit den Anschlußleisten der südlichen Fortsetzung (170 bzw. 192) die Gesamtstrecke bis Frankfurt/Main vor Augen. Heute hat man ein unübersicht-

liches Streckenkonglomerat, teils sich überlappend, teils nicht einmal mit Anschlußleisten, aber ersatzweise die überflüssige Streckenbetitelung "Thüringer Bahn", auch mißverständlich insofern, als diese Strecke nicht deren einzige war oder ist.

580 Erfurt – Naumburg –C Leipzig / Halle *Thüringer Bahn* → 580

Alle Nahverkehrszüge 2. Klasse

Zug		RB 6226	D 2152 🍷		RB 6226	D 2757	D 1659	RB 6293	IC 559 ✕ SAARLAND		RB 6228	RB 6285	D 1453 ✕		D 2859	EC 57 ✕ HEINRICH HEINE
		🚲	🚲		🚲	[33] 🚲		[1]			🚲	[1]	🚲		[5] 🚲	
Bebra 605							Ⓦ 14 43		14 51				16 15			16 51
Eisenach			Ⓐ *14 26*				15 22		15 32		*15 37*		16 58		*17 03*	17 32
Gotha			*15 00*				15 44				*16 07*		17 20		*17 33*	
Erfurt Hbf	O		Ⓐ *15 28*				Ⓦ 16 06		16 16		*16 35*		17 43		*17 58*	18 16
von			Würzburg		Erfurt		Frankfurt/M		Saarbrücken				Frankfurt/M		[62]	Paris Est
Erfurt Hbf	[80]	Ⓝ 15 19	15 53			16 06	Ⓦ 16 10	Ⓐ 16 14	16 28		16 53	Ⓐ 17 23	17 53		18 06	18 28
Vieselbach		15 26						16 20			16 59	17 29				
Hopfgarten (Kr Weimar)		15 31						16 25			17 04	17 34				
Weimar	[80] [3] O	15 36	16 06			16 19	Ⓦ 16 26	16 30			17 09	Ⓐ 17 39	18 06		18 19	
Weimar 565, 579		15 38	16 08			16 21	▲	16 32			17 11		18 08		18 21	
Oßmannstedt		15 43					NEU	16 37			17 16					
Apolda	O	15 48	16 17			16 30		16 42			17 21		18 17		18 30	
Apolda		15 49	16 18			16 31		16 43			17 22		18 18		18 31	
Niedertrebra		15 54						16 48			17 27					
Bad Sulza		15 58						16 52			17 31					
Großheringen	[4] O	Ⓝ 16 01						16 55			17 33					
Großheringen 560, 594	[81]	16 34			16 34			17 02			17 34					
Bad Kösen	[3]	→			16 39			17 07			17 39					
Naumburg (S) Hbf	[4] O		16 37		16 44	16 52		Ⓐ 17 12			17 44		18 37		18 52	
Naumburg (S) Hbf			16 39		16 46	16 54					17 46		18 39		18 54	
Leißling					16 52						17 52					
Weißenfels	[3] O		16 47		16 56	17 02					17 56		18 47		19 02	
Weißenfels	[82]		16 49		16 58	17 04					17 58		18 49		19 04	
Leipzig Hbf	[82] [50] O					17 34			17 43						19 34	19 43
Merseburg			17 03		17 18						18 18		19 03			
Halle (S) Hbf	[81] [6] O		17 16		17 33						18 33		19 13			
nach		Halle	Berlin-Lichtenbg			Cottbus			Dresden				Berlin-Lichtenbg			Dresden

Solcherart Benennungen findet man auch bei anderen Linien. Weil das Reisepublikum diesen DB=Brauch von renommierten Zügen gewohnt ist, wird der Schluß suggeriert, daß Strecken mit Namen ebenfalls bedeutend sind, was man von der "Kyffhäuser Bahn", Sondershausen-Bretleben, oder der "Unstrutbahn", Artern-Naumburg, schwerlich behaupten kann. Dann ist die Namensgebung nicht konsequent durchgeführt. So fehlt beispielsweise der Namenszusatz "Thüringer Bahn" beim Teilstück Halle-Großheringen, Tabelle 581, insofern als die Streckenbegrenzung aus historischer Sicht und gemäß Tabelle 580 (s.o.) Halle darstellt. Die Weglassung erfolgte wahrscheinlich aus Platzgründen, d.h. wegen Einbeziehung zweier Zweiglinien und Aufnahme derer Endbahnhöfe in den Kopf der Tabelle 581. Eine Lösung im Sinne der Systemgerechtigkeit wäre dennoch möglich gewesen.

Nun hat sich der DB=Namenstick auch in den Fernverbindungen eingenistet. So ist die Fv 23 als Hamburg-Harz betitelt, die Fv 24 als Hamburg-Hannover-Eichenberg-Eichsfeld/Bebra-Erfurt und die Fv 42 als Altenbeken-Northeim und Göttingen-Northeim-Südharz-Halle-Dresden. Die Fv 23 bringt in ihrem Südteil ab/bis Hannover Verbindungen von/nach Bad Harzburg und Nordhausen. Der erstgenannte Zweig ist mit Zielortangabe Bad Harzburg noch einmal in den Fv 27 enthalten, und wenn es in der Fv 42 "Südharz" heißt, sollte in der Fv 23 'Westharz' stehen, da nur dieser Teil des Harzes erreicht wird und man zwischen dem Ober- (West-) und dem östlich anschließenden Unterharz unterscheidet. Jedes Mißverständnis wäre ausgeschlossen bei einer Zielangabe Bad Harzburg/Nordhausen auch in der Fv 23.

Völlig absurd und verwirrend ist die Verwendung "Eichsfeld" neben Bebra in der Fv 24. Gleich dem Harz besteht das Eichsfeld aus zwei Räumen, die aufgrund ihrer einstigen Zugehörigkeit zum Bistum Mainz lediglich noch eine konfessionelle Gemeinsamkeit haben. Ansonsten sind sie landschaftlich, verkehrlich und in ihrer Landeszugehörigkeit zwei eigene Gebiete. Der südliche Teil gehört zu Thüringen, der nördliche, das Untereichsfeld mit Duderstadt zu Niedersachsen und grenzt an die Strecke Northeim-Nordhausen, wodurch die Zielangabe "Eichsfeld" zu Trugschlüssen führen könnte.

Wenigstens steht in der Inhaltsangabe zum Fv=Teil Nr. 20-90 bei der Fv 23 als Zielort Nordhausen, wie es sich auch bei den Tabellen Nr. 23 gehörte, dgl. bei der Fv 24, hier statt Eichsfeld entweder der Eisenbahnknoten Leinefelde oder der größte Ort dieses Routenzweiges Mühlhausen, zu DDR=Zeiten als *Thomas-Müntzer-Stadt* hervorgehoben. Mühlhausen und Nordhausen haben einwohnermäßig und wirtschaftlich einen Hauptanteil am Verkehrsaufkommen ihrer Fv=Linien=Abschnitte, weshalb es auch werbepsychologisch ein Fehlgriff ist, sie in den Tabellentiteln zu unterschlagen. Darüber hinaus muß man es als Gedankenlosigkeit bezeichnen, für solche Neuerungen und Ausnahmen ausgerechnet Gegenden der neuen Bundesländer zu nehmen, deren Mittelstädte durch sowjetorientierte SBZ/DDR=Verwaltungsreformen im Status herabgesetzt wurden und in den darauffolgenden vier Jahrzehnten nicht nur in der Entwicklung weit hinter vergleichbaren Städten der BRD zurückblieben, sondern vor allem in westlicher Grenznähe von Jahr zu Jahr schrumpften. Jetzt tun sie sich schwer, ihr gestörtes urbanes Bewußtsein wiederzufinden, insbesondere da die Thüringer Landes-, neuerdings Freistaats=Regierung, statt unverzüglich diesen Städten ihre einstige Würde als Akt der Wiedergutmachung zurückzugeben, sie in Kreisabhängigkeit belassen will und auch sonst seltsamen Vorstellungen huldigt.

604 Leinefelde – Erfurt ↓604

Alle Nahverkehrszüge 2. Klasse

	Zug	7633	E 3955	7637	14333	7539	6559	E 3957	7543	7641	E 3959	7545	7647
		1			1	1		60			60		1
Hannover Hbf	350	◊ *12 51*	◊ *13 51*				◊ *14 51*	◊ *15 51*		◊ *16 51*	61 *17 51*		61 *21 20*
Göttingen	600	*13 31*	*14 31*				*15 31*	*16 31*		*17 31*	*18 31*		*22 31*
Eichenberg	O	*13 45*	*14 45*				*15 45*	*16 45*		*17 45*	*18 45*		*22 45*
Kassel Hbf	600	✕ *13 04*	14 11				*14 52*	✕ 16 04		Ⓐ *16 55*	18 04		Ⓝ *22 11*
Eichenberg		(*13 50*	14 50				15 50	(16 50		*17 50*	18 50		(*22 50*
Leinefelde	O	✕ *14 26*	15 26				16 26	✕ 17 26		*18 26*	19 26		Ⓝ *23 26*
	von		Kassel Hbf				Eichenberg	Kassel Hbf			Kassel Hbf		
Leinefelde	80	Ⓐ 14 35	15 28				16 28	✕ 17 28		18 29	19 28	20 08	Ⓐ 23 33
Birkungen	80	(14 39	|				16 32	(17 32		18 33	|	20 12	(23 37
Silberhausen		14 45	|				16 38	17 38		18 39	|	20 19	23 44
Breitenbich		|	|				16 43	|		|	|	|	|
Dachrieden		70 15 04	|				16 48	17 46		18 47	|	20 27	23 52
Mühlhausen (Thür)	4 O	Ⓐ 15 12	15 50				16 56	✕ 17 53		18 55	19 50	20 35	Ⓐ 24 00
Mühlhausen (Thür)	602		15 51	15 59			17 05		18 07	18 57	19 51	20 39	
Seebach (Kr Mühlhausen)			|	16 05			17 11		18 13	19 03	|	20 45	
Großengottern			|	16 10			17 15		71 18 22	19 07	|	20 53	
Schönstedt			|	16 14			17 18		18 26	19 10	|	20 57	
Bad Langensalza	3 O		16 05	16 19			17 23		18 31	19 15	20 05	21 03	
Bad Langensalza ▶	607		16 06	16 36	Ⓐ 16 26	16 47	17 27		18 40	19 16	20 06	21 05	
Nägelstädt			|		(×16 32	×16 53			×18 46		|	×21 11	
Gräfentonna			|		16 37	16 58			18 51		|	21 16	
Döllstädt	2 O		|		16 45	17 06			18 59		|	21 24	
Döllstädt	596		|		Ⓐ 16 46	17 11			19 04		|	21 25	
Dachwig			|			17 16			19 09		|	21 30	
Elxleben			|			17 27			19 20		|	21 41	
Kühnhausen	81 2		|			17 32			19 25		|	21 46	
Erfurt-Gispersleben			|			|		19 28		|	21 49	
Erfurt-Nord	82		|			17 38			19 32		|	21 54	
Erfurt Hbf	82 81 7 O		16 44			17 45			19 39		20 44	22 01	
	nach			Gotha	Straußfurt		Gotha			Gotha	Greiz		

		7633	3955	7637	14333	7539	6559	3957	7543	7641	3959	7545	7647
▶ Bad Langensalza	607		16 06	16 36			17 27			19 16	20 06	*21 12*	
Gotha Ost	O		16 18	16 55			17 48			19 32	20 18	*21 31*	
Gotha	605 O		|	17 00			17 57			19 37	|	*21 36*	
Erfurt Hbf	O		16 44	*17 43*			*18 29*			*20 35*	20 44	*22 29*	

Karte 1: Ein Vergleich der damaligen Städteklassifikation SBZ/Westzonen mit der gegenwärtigen stimmt nachdenklich (Ausschnitt einer Karte des Jahres 1945 unbekannter Herkunft

Bleiben wir in diesem Raum und kommen noch einmal zur Tabellensystematik. Daß längere Strecken zerschnitten und auf mehrere Tabellen verteilt wurden, ist ein Ärgernis, aber die vermeidbare Bildung neuer, unechter Strecken ein Übel, verstärkt noch durch Wegfall der Tabellenmarkierung *"Zug fährt über eine andere Strecke"* (s.Tafel 13) und Ersatz durch *"Zug fährt durch"* oder *"hält nicht"*. Effektiv und gemäß Tabelle 604 verkehren von/nach Erfurt über Döllstädt (Nebenbahn) nur zwei tägliche Zugpaare durchgehend von/nach Leinefelde. Das Gros der Züge fährt, wie immer, ab/bis Langensalza über oder von/nach Gotha. Das ganze, 21 km lange Streckenstück Langensalza-Gotha wurde aber zur eigenen Tabelle 607 und in Tabelle 604 Teil der Fußleiste.
Damit sind wir beim Grundelement und schwerwiegendsten Minuspunkt der neuen deutschen Bahnkursbücher angelangt, dem Bruch mit der **Fahrplanwahrheit**,[31] wenn auch indirekt, letztlich doch ein Nebenprodukt des Zeitcharakters.
Der Handlichkeit wegen sind der Formatgröße von Fahrplansammlungen, also Kursbüchern, Grenzen gesetzt, und daher ist die in den Tabellen enthaltene Informationsübermittlung erheblich auf Symbole und Zeichen angewiesen: Zahlen stehen für die Zeit oder die Entfernung oder besondere, meistens am Fuß der Tabelle untergebrachte Erläuterungen. Pfeile, Strich- oder Wellenlinien haben ihre bestimmte Bedeutung, z.T. aus der Plazierung ersichtlich. Aber der Bahnkunde muß mit Hilfe der Zeichenerklärung, bedingt auch gestützt auf das traditionell Gewohnte, unmißverständlich erkennen, was dieses oder jenes bedeutet bzw. aussagen soll. So ist es dem Gesetz der Fahrplanwahrheit zufolge ein Unding, bei einem wichtigen Symbol zwei ungeklärte und bei gleicher Plazierung unklare Bedeutungen zuzulassen, nämlich ob Durchfahrt oder andere Strecke.

km	*Dir. Kattowitz*	386 2–4	171 2–4					173 2–4		175 2–4					377 a 2–4	177 2–4			115 1–3	179 1–4		183 1–4	49 1–3			181 1–4		331 2–4
49,9	**Dtsch. Wette** ab	—	6 40	☞ Zollrevision *in Ziegenhals*				9 48	—	11 37	—	—	—	—	—	2 44	—	—	5 33	5 59	—	7 58	8 15	—	—	9 40	—	12 38
53,6	Neuwalde . . .	—	6 46					9 54	—	11 45	—	—	—	—	—	│	—	—	│	6 06	—	8 01	│	—	—	9 47	—	12 34
58,7	Schnellewalde .	—	6 54					10 02	—	11 53	—	—	—	—	—	2 56	—	—	│	6 14	—	8 09	│	—	—	9 55	—	12 43
65,9	Neustadt *343 d* .	5 17W	7 07					10 12	—	12 04	—	—	—	—	—	3 05	—	—	5 51	6 24	—	8 21	8 33	—	—	10 07	—	12 52
78,0	Dittersdorf . . .	5 27W	7 16					10 21	—	12 13	—	—	—	—	—	│	—	—	│	6 32	—	8 30	│	—	—	10 17	—	1 02
79,4	**Dtsch. Basselw.** an	5 36W	7 25					10 29	—	12 21	—	—	—	—	—	3 19	—	—	6 05	6 40	—	8 38	8 46	—	—	10 25	—	1 11
km	*Dir. Kattowitz*	2–4	2–4					2–4		2–4						2–4	2–4			2–4			1–3	2–4		2–4		2–4
79,4	**D. Basselw.** ab	5 37	7 30	—	—	—	—	10 35	—	12 30	—	—	—	—	—	3 28	5 14	—	⌇	6 50	—	⌇	8 47	9 17	—	10 41	—	1 28
84,8	Steubendorf .	5 57	7 41	—	—	—	—	10 46	—	12 51	—	—	—	—	—	3 39	5 25	—	⌇	7 01	—	⌇	│	9 28	—	11 00	—	1 50
89,5	Leobschütz Stadt	6 09	7 49	—	—	—	—	10 54	—	1 04	—	—	—	—	—	3 48	5 34	—	⌇	7 10	—	⌇	│	9 37	—	11 13	—	2 08
94,8	**Leobschütz** an	6 20	7 57	—	—	—	—	11 01	—	1 16	—	—	—	—	—	3 56	5 42	—	⌇	7 18	—	⌇	9 05	9 45	—	11 [illegible]	—	2 15
79,4	**D. Basselwitz** ab	5 39	7 29	—	—	—	—	10 31	—	12 24				—	—	3 20	—	—	6 08	6 48	—	8 51	↙	—	—	10 31	—	—
86,5	Oberglogau . .	5 53	7 43	—	—	—	—	10 43	—	12 37	—	—	—	—	—	3 31	337	—	│	6 59	—	9 06	—	—	—	10 45	—	—
97,5	Twardawa . . .	6 05	7 55	—	—	—	—	10 53	—	12 48	—	—	—	—	—	3 42	2–4	—	│	7 11	—	9 19	—	—	—	10 58	—	—
103,8	Nesselwitz . . .	6 14	8 04	—	—	—	—	│	—	12 56	—	—	—	—	—	│	—	—	│	│	—	9 27	—	—	—	11 07	—	—
106,9	Cosel . . . } 379	6 23	8 11	—	—	—	—	11 05	—	1 03	—	—	—	—	3 22	3 53	6 17	—	6 33	7 26	—	9 34	—	—	—	11 14	—	—
108,7	Klodnitz Hafen	6 28	8 16	—	—	—	—	11 10	—	1 08	—	—	—	—	3 27	│	6 23	—	│	7 31	—	9 39	—	—	—	11 20	—	—
112,9	**Kandrzin** 320 an	6 35	8 22	—	—	—	—	11 17	—	1 14	—	—	—	—	3 33	4 00	6 31	—	6 40	7 38	—	9 45	—	—	—	11 27	—	—

aus: HENDSCHELS TELEGRAPH 1913/14, Tabelle 305, Camenz-Kandrzin

Fahrplanwahrheit war ohne Vorschrift Maxime der bahnamtlichen, postalischen sowie privaten Kursbuch- und Fahrplanbearbeiter, sobald sich eine Notwendigkeit für die Unterscheidung der über eine andere Strecke verkehrenden oder nicht haltenden Zugläufe ergab. Es wurde unterschiedlich gehandhabt, im Laufe der Entwicklung geändert oder verbessert, aber schon vor Ausbruch des Ersten Weltkrieges praktizierten die namhafteren Kursbuchwerke wie das RKB oder HENDSCHEL den bis 1990 beibehaltenen Modus.
Die ab Jahresfahrplan 1991/92 ohne Kommentar vorgenommene Ablösung der Tabellenmarkierung *"Zug fährt über eine andere Strecke"*, bei gleichzeitiger Verwendung mit der Durchfahrtmarkierung, verstößt nicht nur gröblichst gegen das alte Wahrheitsgebot, sondern führt zur Vortäuschung unzutreffender Sachverhalte. So weisen die Streckenta-

Service · Zugnummer · Zug fährt über eine andere Strecke · Zug fährt nicht täglich · Gepäck- und Fahrradbeförderung · Hinweis auf Anmerkungen und Zuglauf · Zug führt Kurswagen · Zug führt nur die 1. Klasse

Station	Hinweis	Zug	IC 686 (Ⓣ)	5264	E 3234	IC 526 ♦ ✕	E 3234	IC 16 / 5266
			40		🛅 42			43 (Kurswagen 1. ♀)
BD München								
München Hbf 90	82		8 15		8 34	7 ♦ 9 15		♦ 10 04
München-Pasing	4							
Mering								
Augsburg Hbf	82	O	8 44			9 44		10 37
Augsburg Hbf	81		8 46			9 46		10 38
Augsburg-Oberhausen	81							
Gersthofen								
Gablingen								
Langweid (Lech)								
Herbertshofen								
Meitingen								
Westendorf								
Nordendorf								
Mertingen Bf								
Baumenheim								
Donauwörth 911, 917		O						10 56
Donauwörth								
Otting-Weilheim								
Ingolstadt Hbf 920					73 9 36			
Treuchtlingen	3	O			10 33			▲
Ansbach 920		O						
Würzburg Hbf		O	10 58			11 58		NEU
		Zug		5264 🛅			E 3234 🛅	5266 🛅
BD Nürnberg								
Treuchtlingen				9 35	10 35		10 35	10 46
Weißenburg (Bay)				9 42	→		10 41	10 53
Ellingen (Bay)				9 46				10 57
Pleinfeld 917	3			9 51			10 48	11 02
Muhlstetten				9 56				11 06
Georgensgmünd				10 00			10 54	11 10
Unterheckenhofen				10 04				11 14
Roth 881	80			10 08			11 00	11 18
Schwabach				10 19			11 08	11 30
Nürnberg Hbf	80	O	9 55	10 40		7 10 55	11 21	11 50
Nürnberg Hbf 890			*10 04*	17 *10 45*		*11 04*		19 *11 46*
Erlangen 820		O	*10 20*	17 *11 17*		*11 23*		*12 17*
Bamberg		O	*10 46*			*11 49*		19 *13 00*

7 = ① bis ⑥, auch 19. VI., nicht 18. VI.
43 = **Rheingold**, nach Nördlingen Amsterdam, mit Clubwagen
80 = Gesamtverkehr siehe 896

Anschlußstrecke · Hinweis auf andere Streckentabelle · Zuschlagpflicht · Ankunft · Hinweis auf Gesamtverkehr · Verkehrszeitbeschränkungen · Übergangszeit zum Umsteigen · Anschlußverbindungen

Hinweis auf eine abzweigende Streckentabelle · Hinweis auf Gesamtverkehr · Zug fährt an Werktagen Gepäckabteil · Zuggattung Zugnummer · Zug führt Gepäckabteil · Zug führt nur die 2. Klasse · Zug führt Kurswagen

Station	Hinweis	Zug	5239 2. ✕ = 🚲	ICE 595 ♦ ✕	Ⓢ	IR 461 ♦ ✕ 99	E 3417	5241 2. 🚲 1	EC 115 ♦ ✕
		von		Hamburg		Trier			Dortmund
Stuttgart Hbf	80 7			Ⓕ 12 12		12 17	12 35		12 59
Stuttgart Hbf **S** (tief)	9				11 48				
S-Bad Cannstatt 784	3				11 53		12 40		
Esslingen (Neckar)	3				12 05		12 47		
Plochingen 760	80 4	O			12 15	12 30	12 53		
Plochingen			11 49	HOHENSTAUFEN		12 31	12 54	✕ 12 58	BLAUER ENZIAN
Reichenbach (Fils)			11 54					13 03	
Ebersbach (Fils)			11 58				13 00	13 07	
Uhingen			12 02					13 11	
Faurndau			12 05					13 14	
Göppingen	4	O	12 07			12 42	13 07	13 17	
Göppingen			12 08			12 44	13 10	13 25	
Eislingen (Fils)			12 12					13 29	
Salach			12 15					13 32	
Süßen		O	12 18				13 15	✕ 13 35	
Süßen			12 29				13 16		
Gingen (Fils)			12 32						
Kuchen									
Geislingen West			12 36						
Geislingen (Steige)	3	O	12 39			12 55	13 23		
Geislingen (Steige)						12 56	13 24		
Amstetten (Württ) 758	3						13 30		
Urspring									
Lonsee									
Westerstetten									
Beimerstetten									
Ulm Hbf		O		Ⓕ 13 06		13 19	13 49		13 54
		nach		München		Landeck			Klagenfurt
Ulm Hbf 900				Ⓕ 13 08					13 56
München Hbf		O		Ⓕ 14 20					15 12
Ulm Hbf 751				Ⓦ *13 12*		13 28			
Friedrichshafen Stadt		O		Ⓦ *14 23*		14 32			

Ⓐ = ✕ außer ⑥
Ⓕ = ① bis ⑥, nicht 25. XII. bis 1. I., 18. bis 20. IV.
Ⓦ = ✕, nicht 1. XI., 6. I.

1 = nicht 1. XI., 6. I.
80 = Gesamtverkehr siehe 791
99 = Verbundfahrausweise gelten nicht

Anschlußstrecke · Ankunft · erforderliche Zeit zum Umsteigen · Zug fährt nicht täglich · Anschlußzugverbindung · Laufweg des Zuges · Zugname · Zuschlag erforderlich bzw bei *ICE* besonderer Fahrpreis

Tafel 13: links bis 1990 - rechts ab 1991

bellen 771, Heidelberg-Stuttgart, 113 km aus, der Laufweg der ICE, IC, EC und etl. D beträgt jedoch nur 91,6 km, da via Neubaustrecke. 113 oder 112 km Distanz gibt auch *"Ihr FahrPlaner"* an, der für Fahrgäste in den Zügen ausliegt (s. Tafel 14).
Für die Tabellen 800, Würzburg-Fulda, und 610, Kassel-Fulda, gilt prinzipiell das gleiche; nur den Tabellen 600, Kassel-Göttingen/Nordhausen, sind Zusatztabellen der Schnellfahrstrecke angefügt, denen die tatsächliche Distanz Kassel-Göttingen auf dem Neubauabschnitt zu entnehmen ist. Nur hier erfährt der ICE=Fahrgast, Kursbuchleser und eisenbahnhistorisch Interessierte künftiger Zeiten oder die Schüler im Rechenunterricht, zu welchem Zweck die DB gar ein Anleitungsheft herausgab, daß 45 km (statt 67 km via Eichenberg) in den angegebenen Fahrzeiten zurücklegt werden.
Unter den Fahrplantabellen 771, Mannheim-Stuttgart, haben die Kursbuchgestalter eine schematische Darstellung der Neubaustrecke angebracht, nicht uninteressant, aber zu welchem Zweck? Soll das etwa den Fahrgast - sofern er das Kursbuch dabei hat - informieren, wohin die Abzweigungen führen, die er nach Verlassen der Tunnel- oder Einschnittstreckenabschnitte unvermittelt auftauchen sieht? Ob er bei dem Tempo allerdings klar käme, ist zweifelhaft.
Bei Tabelle 800, der "Main-Spessart-Bahn", wurde zur Abwechslung eine dritte und die einfachste Variante gewählt, eine Schiftleiste unter den Tabellen:

ICE-Züge fahren zwischen Fulda und Würzburg über die Schnellfahrstrecke

und bei Tabelle 350, Göttingen-Hannover, eine vierte. Möglicherweise ging es den Kursbuchbearbeitern jedoch nicht um Abwechslung, sondern es ist das Produkt einer Gruppenarbeit, in deren Verlauf der Gruppenchef die Übersicht verlor.

Die Angaben von Ausgangs- und Zielbahnhöfen der Züge in den Kopf- und Fußleisten der Tabellen ist im Rahmen der Gegebenheiten eine gute Lösung. Der vereinfachte Hinweis auf den Durchlauf einer Garnitur unter einer anderen Zugnummer ohne weitere Erklärung als mit "als [Nr.]" in der Zielleiste dürfte jedoch vermeidbare Rückfragen zur Folge haben, und auch sonst gibt es hier noch Unausgegorenes.
Uneinheitlich sind ferner manche Abschnittstabellen zerschnittener Strecken mit den wichtigsten Fortsetzungsbahnhöfen versehen, andere nur in einer Richtung und andere weder noch; außerdem fehlen häufig die Angaben der Nummern der Fortsetzungstabellen oder irgendwelche diesbezüglichen Hinweise. Das sind nicht nur Systematikfehler, es ist auch schlechter Kundendienst. Ein Streckenunkundiger, der sich beim Nachschlagen einer nicht in den Fernverbindungen enthaltenen Station vertan oder sich verblättert hat, muß nun noch einmal im Ortsregister nachschlagen, weil die Teilabschnittstabellen nicht nacheinander oder zusammenhängend angeordnet sind.
Kartographische Systemfehler der im Kursbuch=Vorwort 1991/92 lobend erwähnten neuen Übersichtskarten wären ebenfalls zu nennen. Zwischen der Streckenmarkierung in den Karten und der Zeichenerklärung (s. Tafel 14) hat Übereinstimmung zu bestehen. Der Kartenlegende zufolge wären Strecken mit ausschließlich Zügen des Nahverkehrs mager einzuzeichnen. Mager eingezeichnet sind jedoch auch Linien des Durchgangsverkehrs. So liefert das Kartenbild eine falsche Vorstellung, die noch durch Abweichungen der rückseitigen Europakarte vertieft wird.

Ihr FahrPlaner

IC 513 Annette Kolb

Dortmund - München

Gültig ab September 1993

14.05 **Heidelberg** Hbf
14.07

INTERCITY HOTEL ARCADE — *MODERN PRAKTISCH · PREISWERT* Direkt am Hauptbahnhof Telefon (0 62 21) 91 30

E	14.11	Wiesloch–Waldorf 14.18 Bad Schönborn–Kronau 14.24 Bruchsal 14.31 Bretten 14.45 Mühlacker 14.58 Vaihingen (Enz) 15.04 Bietigheim-Bissingen 15.16	(771)
	14.15	in Richtung Bruchsal – Karlsruhe Hbf	(701)
RB	14.18	– ✕, nicht 10. VI., 1. XI., 6. I. – Neckargemünd 14.30 Meckesheim 14.44 Sinsheim (Elsenz) 14.56 Bad Rappenau 15.21 Bad Friedrichshall-Jagstfeld 15.30 Heilbronn Hbf 15.45	(706)
IR	14.42	Rastatt 15.23 Baden-Baden 15.29 Offenburg 15.51 Hausach 16.12 Hornberg 16.22 Triberg 16.36 St Georgen (Schwarzw) 16.52 Villingen (Schwarzw) 17.01	(701)

112 km

14.51 **Stuttgart** Hbf
14.59

E	15.07	Ludwigsburg 15.20 Lauffen (Neckar) 15.39 Heilbronn Hbf 15.48	(780)
E	15.10	– ⑤, nicht 24. XII., 1. IV. – Böblingen 15.32 Herrenberg 15.42 Bondorf (b Herrenberg) 15.51 Ergenzingen 15.55 Eutingen im Gäu 15.58 Horb 16.07 Sulz (Neckar) 16.22	(740)

Unternehmen Zukunft
Die Deutschen Bahnen

DEUTSCHE REICHSBAHN DR — DB

Zeichenerklärung

⁝ (links neben den Fahrplanzeiten) Kennzeichnung **zuschlagpflichtiger** TEE-, IC-, FD- und **D-Züge**

TEE **Trans-Europ-Express**, nur 1. Klasse, mit besonderem Komfort (TEE-Zuschlag erforderlich. Entgelt für Platzreservierung im Zuschlag enthalten. Für Reisegruppen Platzreservierung erforderlich)

IC **Intercity-Zug** (IC-Zuschlag erforderlich, wenn der Zug links neben den Fahrplanzeiten als zuschlagpflichtig gekennzeichnet ist. Entgelt für Platzreservierung im IC-Zuschlag enthalten. Für Reisegruppen Platzreservierung erforderlich)

FD **Fern-Express,** qualifizierter Schnellzug (zu Fahrausweisen bis 50 km sowie zu Streckenzeitkarten ist Schnellzugzuschlag erforderlich, wenn der Zug links neben den Fahrplanzeiten als zuschlagpflichtig gekennzeichnet ist.)

D **Schnellzug** (zu Fahrausweisen bis 50 km sowie zu Streckenzeitkarten ist Schnellzugzuschlag erforderlich, wenn der Zug links neben den Fahrplanzeiten als zuschlagpflichtig gekennzeichnet ist.)

M **Messe-Schnellzug,** nur 1. Klasse (zu Fahrausweisen bis 50 km sowie zu Streckenzeitkarten ist Schnellzugzuschlag erforderlich, wenn der Zug links neben den Fahrplanzeiten als zuschlagpflichtig gekennzeichnet ist.)

E **Eilzug**

Ⓢ **DB-Schnellbahnzug**

ohne Buchstaben **Zug des Nahverkehrs**

Zeichenerklärung

elektr.

Strecken mit Zügen des Fernverkehrs

Nahverkehrszugstrecken

Nichtbundeseigene Eisenbahnen

Schnellfahrstrecke im Bau

Bus-Linie ehemals Schienenstrecke
(weitere Buslinien siehe im Bus-Kursbuch)

Busanschlüsse

Eisenbahnfähre

Schiffahrts-Linie

Bergbahn

Ⓢ-Verkehr zum Flughafen

Tafel 14 - *links:* Bei den FahrPlanern des IC 616 oder EC 17 z.B. sind 113 km Distanz Heidelberg-Stuttgart angegeben. Die Zusammenstellung der Reproduktion entspricht der Originalvorlage.
rechts, oben: aus Kursbuch 1993/94; *unten*: aus zugehöriger Übersichtskarte. Da die Detailkarten im Kursbuch keine Legende haben, das Kartenbild aber dem der beiliegenden Karte entspricht, gilt die Legende für beide.

Ursächlich für diesen weniger gewichtigen Lapsus könnten wiederholte Änderungen der Bedeutungserklärung für die Streckenmarkierungen sein, wahrscheinlicher ist jedoch, daß die DB=Kartographen sorgfältig primär den hochwertigen Reisezugverkehr beachten und sie durch den Bedeutungsschwund oder -wechsel niederrangiger (schneller) Züge bei diesen Irritationen ausgesetzt sind. Das betrifft insbesondere 'Eilzüge', die speziell im Alt=Bundesgebiet effektiv und überwiegend nur Züge des Nahverkehrs sind. Da sie in ihrem Laufweg z.T. auch den Rang wechseln, was für den Fahrgast mangels tariflicher Bedeutung ohne Wichtigkeit ist, verdiente das Gros dieser Züge kein 'E' vor der Zugnummer und ebensowenig Fettdruck.

Zug			E 7504 🚲	🚌		E 7506 🚲		🚌	E 7510 🚲	[70] 🚌	🚌	E 7514 🚲
Oldenburg (Oldb) 392			✕ *6 00*			*6 41*			: *8 29*		*9 51*	*10 41*
◀ Sande O			✕ *6 36*			*7 18*			: *9 08*		*10 27*	*11 18*
von												
Wilhelmshaven [90]			✕ 6 18			✕ 7 04		Ⓐ 8 05	8 57	9 30		11 04
Sande [90] [89] O			(6 25			(7 11		(|	9 04	|		11 11
Sande ◀ [91]			(6 43	Ⓖ 6 59		(7 23		(|	9 16	|	✕ 10 35	11 23
Sanderbusch			(6 47	(7 07		(7 27		(|	9 20	|	(10 42	11 27
Heidmühle (Oldb)			(6 54	(▲7 15		(7 34		(8 30	9 28	▲ 9 51	(10 50	11 34
Jever [91] O			(6 59	(7 35		(7 39		Ⓐ 8 55	9 33	▲ 9 59	✕ 11 05	11 39
Jever			(7 00	(7 41		(7 40			9 34	▲ 9 59	Ⓐ 11 10	11 40
Wittmund O			(7 11	Ⓖ 7 55		(7 51			9 45	▲10 10	(11 20	11 51
Wittmund			(7 12			(7 57			9 46		(11 20	11 52
Esens (Ostfriesl) [92] [89] O			✕ 7 26			✕ 8 11			10 00		Ⓐ 11 45	12 06

Die Eilzüge der Tabelle 393 sind reine Nahverkehrszüge. Auch ihre Reisegeschwindigkeit (zwischen 35 und 39 km/h) steigt nicht durch Fettdruck und E=Kennzeichnung.

3. "Unternehmen Zukunft"?

Auch wer von Fahrplanarbeit keine Ahnung hat, brauchte nur einmal Kursbücher durchzusehen und sich dabei Gedanken über die Verzahnung von lokalen, regionalen, nationalen und internationalen Fahrplänen zu machen, damit ihm klar wird, daß bei einer totalen Fahrplanumstellung, wie gerade erfolgt, Fehler oder Versehen kaum vermeidbar sind. Diese Mängel werden sicher behoben und mindern die im wesentlichen vorzügliche Leistung nicht. Zu unterscheiden ist aber zwischen der Fahrplanerstellung, d.h. einer rein sachbezogenen Arbeit, und der Kursbuchgestaltung, somit der äußeren Aufmachung, der Systematik einschließlich Tabellenanordnung und dgl. In diesem, dem letztgenannten Aufgabenbereich kann sich der Zeitgeist in erheblichem Maße auswirken, nicht zuletzt deshalb, weil er bei den Auswahlkriterien zur Besetzung verantwortlicher Stellen eine entscheidende Rolle spielt, heute mehr denn je zuvor.
Auf die Auswirkungen des Geistes, besser Ungeistes, unserer Zeit wurde bereits im Zusammenhang mit der Fahrplanwahrheit hingewiesen. In anderer, aber ebenfalls bemerkenswerter Ausprägung zeigt sich der Zeitgeist bereits in der Kursbuch=Titelblattgestaltung, einst prächtig und REICHS=KURSBUCH betitelt oder STORMS KURSBUCH FÜRS REICH

und Reiseabenteuer verheißend. Dann kam das erste bahnamtliche als DEUTSCHES KURSBUCH, schlichter aufgemacht, aber Stolz ausstrahlend über das Gelungene wie über das, was damals in der Bevölkerung *"Unsere Reichsbahn"* hieß.
Nach Konsolidierung der DB präsentierten sich deren Kursbücher bis 1978 modern, doch sinnig: Stilisierte, in der Mitte, wo das DB=Emblem prangte, sich kreuzende Schienenstränge, umrahmt von einem symbolischen Uhrziffernblatt; es war genial erdacht und perfekt gestaltet.
Dann folgte bei wachsender politischer Standortverwirrung, um es dezent zu bezeichnen, die Phase der hübschen bunten Bilder auf dem vorderen und hinteren Kursbuch=Deckelblatt, zunächst mit Bahnmotiven, zuletzt solchen der Fremdenverkehrswerbung, und seit 1992 erscheint das nunmehr DB/DR=Gemeinschaftskursbuch in weiß. Weder den symbolischen[32] noch den praktischen Aspekt haben die 'Designer' offenbar bedacht. Denn wenn man das Buch zur Hand nimmt (oder nicht genau hinsieht), verdeckt der Daumen die wie schamhaft kleinen, nahe der unteren rechten Ecke des vorderen Deckels angebrachten 'Firmen'=Embleme. Sichtbar bleibt das Wort KURSBUCH mit der Jahresangabe in genauso großer Schrift. Allerdings verwendet der Rowohlt=Verlag dasselbe Wort als Reihentitel, und bei anderen Verlagen gibt es das KURSBUCH KINDER / RELIGION / GESUNDHEIT / GELD / ITALIENISCHER WEIN usw.
Mit dem Wort allein wird nichts Konkretes vermittelt, und man weiß nicht, ob das jüngste Kursbuch='Gesicht' der deutschen Bahnen Produkt von Gedankenlosigkeit, einer geistigen Entgleisung oder Absicht ist. Denn die Anonymität und scheinbare Schlichtheit paßt zur Unsicherheit der Lage, wovon auch der bahnuninteressierte Zeitungsleser genügend erfährt.
Im abwechslungsreichen Rhythmus ist die Bahnreform einmal gesichert ein anderes Mal in Frage gestellt oder so gut wie gescheitert, und natürlich dreht es sich stets um Bahnschulden, Finanzleistungen vom Bund und von den Ländern oder dgl. Der Bevölkerungsteil, dem die Deutsche Bahn gleichgültig geworden ist, wird diese Artikel mittlerweile ignorieren oder die Schlagzeilen mit Widerwillen zur Kenntnis nehmen, bei jenem Bevölkerungsteil, dem die Bahn noch etwas bedeutet, verstärkt sich ob der kaum noch durchschaubaren Vorgänge und der unsicheren Bahn=Zukunft durch dieses Hin und Her das Unbehagen. Außerdem dürfte er mittlerweile bezweifeln, ob sich durch die Kompromisse bei der Bahnreform für den Staat die gewünschte finanzielle Entlastung ergibt,[33] und letztlich kommt es für ihn als Steuerzahler auf dasselbe heraus, ob er über Bund, Länder oder welche Gremien auch immer sein Scherflein beiträgt. Von bahnseitigen Verschwendungen abgesehen, wird dieser Bevölkerungsteil aber jede Finanzleistung für die Bahn als gut angelegt empfinden.
Im Moment verfolgt der bahnverbundene Bürger in Sorge die Begleitumstände der Umstellung vom Bedarfs- zum Angebotsprinzip des Zugverkehrs, eine ebenso hervorragende wie aufwendige Angelegenheit. In der Militärsprache ausgedrückt: Die DB hat mit ihrem neuen Konzept ihren Großangriff auf den Verkehrsmarkt gestartet, dem jeder denkende Mensch vollen Erfolg wünschen sollte. Leider helfen Wünsche selten, und was dem Großangriff fehlt, ist Artillerieunterstützung auf der ganzen Linie und mit allen Mitteln.

Zum mindesten wäre eine gezielte, informative, d.h. verständliche Werbung notwendig, womit die DB seit geraumer Zeit schon trotz immensen Aufwandes keine glückliche Hand hat.[34] So verschießt sie immer noch ihre Munition in Richtung BahnCard - ein Billigangebot, das ohnehin hinreichend bekannt ist und letztlich die Rendite schmälert - oder 'ins Gelände'. Nur Anfang November 1993 erschien zwischendurch zweimal im Lokalteil des LANDSBERGER TAGBLATTS (AUGSBURGER ALLGEMEINE) - und vermutlich auch in anderen Ausgaben - ein grüner Kasten, der jeweils die rechte Ecke ausfüllte und sich bei eingehendem Studium als Taktfahrplan=Werbung entpuppte, allerdings wiederum wenig geschickt. Ein Leser, den das DB=Emblem nicht aufmerksam macht, nimmt vermutlich keine Notiz.

Viel wirkungsvoller als jede Art von bezahlter Werbung in den Zeitungen wären presseeigene, regelmäßigere Beiträge, sofern sie sich engagiert und nicht mokant geben, wofür vor Auflösung von DB=Direktionen wie Augsburg oder Münster Pressereferenten sorgten. Deren Ausfall und anderes trugen bei, daß z.B. im Landsberger Raum die o.g. Tageszeitung von sich aus über das im wesentlichen vorzügliche und erheblich verbesserte neue Zugangebot im südbayerischen Raum nur einmal relativ kurz, gleichsam gelangweilt berichtete; der LECH-KURIER brachte im Rahmen öffentlicher Bekanntmachungen, unter einem Aufruf des Oberbürgermeisters wegen seines Planes zur Umgestaltung des Landsberger Hauptplatzes versteckt, einen kürzeren Hinweis; lediglich im KREISBOTEN wurde ein längerer Artikel auffällig abgedruckt: *"Seit 100 Tagen: die Bahn im neuen Takt."*[35]

Der Streit um die soziale Betreuung sowie Übernahme der Kosten bei Eintreffen von Asylbewerbern, die in einer ehemaligen, umgebauten Kaserne untergebracht werden sollen, oder Tagesthemen dieser Art animieren die zeitbeflissenen Journalisten alltäglich. Was auf dem Spiel steht, wenn das Großprojekt der DB zum Fehlschlag wird, beschäftigt sie nicht. Die bahnbezogene Verkehrsproblematik ist für die Presse - im Gegensatz zu manch hochgespielten Scheinproblemen - schon längst kein Schwerpunktthema mehr.[36] Daran, wie an der gestörten Beziehung der Allgemeinheit zur Bahn überhaupt, ist das neue DB=Management nicht unschuldig, und man verscherzt sich durch psychologische Ungeschicklichkeiten oder skurrile Versuche, noch ein paar Mark zusammenzukratzen,[37] weiterhin Sympathien.

Der im Impressum der seit fast einem halben Jahrhundert ersten gesamtdeutschen Kursbücher aufgenommene Vorbehalt *"Nachdruck und Weiterverwendung der Fahrplandaten nur mit Genehmigung des Herausgebers"* befremdet ebenfalls. Die Zeiten, in denen private Kursbuchverleger aktuelle Fahrplandaten auswerteten oder Tageszeitungen die neuen Fahrpläne für ihre Leserschaft abdruckten, sind längst vorbei, und die Illusion, heute dafür abkassieren zu können, war wohl kaum der Vater des Gedankens. Eher könnte es der Versuch einer verschärften Abgrenzung gegenüber "Dritten" sein, zwar auch nicht verständlich, aber wer begreift noch, was in den Köpfen der momentanen DB=Spitzenkräfte vor sich geht.

Unmißverständlich dagegen scheinen die Ziele der "Bahnreform" so weit gesteckt, daß sie schwerlich noch den Begriff 'Reform' gestatten, da eine erfolgreiche Durchführung von der gewachsenen Bahnordnung bestenfalles Rudimente übrig lassen dürfte. Ohne diese Basis wird in einer durch politische Fehler bei wachsender systembedingter Führungsschwäche ausgelösten ernsten Krise das, was schon vor Jahrzehnten nötig und auf vernünftige Weise möglich gewesen wäre, zu einem gefährlichen Unterfangen. Die vorgegebenen Finanzkalamitäten werden letztlich nur scheinbar beseitigt, und für die zur formalen Vereinigung beider deutscher Bahnen erforderliche Verschmelzung der unterschiedlichen Personalstrukturen oder für diese überhaupt hätten sich andere, weniger riskante Wege finden lassen. Wie die Deutsche Bahn das Experiment überstehen wird, ist keine sonderliche hoffnungsvolle Frage.

---

23 Allerdings trieb der Drang nach Perfektionierung auch seine 'Blüten'. So hatte man, wohl versehentlich, die Übersichtskarte Württemberg in den Kursbüchern der ersten sechziger Jahre zweimal aufgenommen, einmal vor dem Teil Rheinisch/Westfälisches Industriegebiet, wo sie zweifellos nicht hingehört. Diese Kuriosität war mit ein Grund, das DB Kursbuch Sommer 1962 nachzudrucken und die überflüssige Karte nicht durch eine der im Nachdruck weggelassenen Umgebungskarten zu ersetzen.
Da sich nach Meinung der Experten auch sonst allerlei Überflüssiges in den DB=Kursbuchausgaben 'eingeschlichen' hatte, wurde um 1970 erwogen, "abzuspecken", ein guter Vorsatz, der sich nicht durchsetzte.

24 Wenngleich unlogisch, da die Besonderheit dieser Zuggattung, in der frühen DB=Zeit auch als F=Fernschnellzug bezeichnet, nicht in der Weite der Fahrstrecke lag. Es gab D=Züge für größere Distanzen. Andererseits beruht das 'D' für Schnellzug auch nur auf einer historischen Überlappung. Von den üblichen Schnellzügen wurden ab 1892 die aus Garnituren mit Durchgangswagen gebildeten mit D gekennzeichnet und das einfach beibehalten, als es keine Wagenunterscheidung dieser Art mehr gab. Wie auch immer, es sind gewohnte und unmißverständliche Begriffe.

25 DIE EISENBAHNSZENE, Band 1, Pürgen 1989, S. 104 ff.

26 Auch unsere Sprach(un)kultur ist ein Zeichen der Zeit. In manchen Bereichen, so der Werbung und Mode, scheint es, als ob wir bereits auf den Status gesunken sind, wie ihn einst Kolonialvölker einnahmen. Deren Sprachmischmasch bezeichnete man u.a. als Pidgin=Englisch, eine für die deutsche Sprache bald auch zutreffende Bezeichnung, und insofern auch für das Denken, wenn beispielsweise DB=Pressesprecher bei Fernsehauftritten ihre Sätze mit Design, Kreativität, Ambiente, Hotline und dgl. mehr spicken und damit ihre leeren Bekundungen kaschieren. Wir erleben anscheinend gerade den Prozeß, der sich im 19. Jahrhundert vollzog (vgl. Anm. 2), allerdings in umgekehrter Reihenfolge bzw. Tendenz.

27 KATASTROPHEN DER DEUTSCHEN BAHNEN - TEIL 2, Pürgen 1993, S. 200 und 203.

28 Man könnte auch sagen, 'Bonn' habe die Herzen der Bundesbürger durch Registrierkassen ersetzt, die entsprechend der jeweiligen politischen Stimmungslage zum Klingen gebracht werden, um durch 'Fürsorge' das Demokratiedefizit auszugleichen; ein gefährliches Spiel, das - wenn in Krisenzeiten mangels zu verteilender Masse der Nachschub ausbleibt - leicht in die Katastrophe führen kann.

29 DIE EISENBAHNSZENE, Band 2, Pürgen 1991 S. 58f.

30 Worin unsere Staatsunternehmen Meister sind, voran die Post, die massive Portoerhöhungen, z.B. durch Streichung der für Postkunden günstigen Gebührenstaffeln, als kundenfreundliche Vereinfachung hinstellt.

31 Nach dem Zusammenstoß zweier Eilzüge bei Warngau am 8.6.1975 wurde auch der 'Blattbearbeiter' verurteilt, weil er gegen die Fahrplanwahrheit verstoßen hatte, derzufolge ein wahrer, d.h. realisierbarer Fahrplan bei Zügen des Reiseverkehrs unabdingbar sei. Das 1966 in der Eisenbahn=Lehrbücherei als Band 211 erschienene Werk FAHRPLANWESEN von Groll/Kayser hatte noch ein eigenes Kapitel *"Wahrheit der Fahrpläne"*, im DB=Fachbuch DER FAHRPLAN, von vier Autoren verfaßt und 1984 erschienen, ist es nicht mehr enthalten.

32 Auch Farben haben Symbolgehalt. Weiß steht gemeinhin für 'Unschuld', ein Bezug, der wohl für die DB unpassend ist. Die zweite Möglichkeit enthält eine sehr unerfreuliche Assoziation.

33 Einer am 24.6.1993 in der Presse veröffentlichten Globus=Graphik *"Der öffentliche Schuldenturm"* Ende 1992 zufolge rangieren die deutschen Bahnen mit 56,5 Milliarden an viertletzter Stelle, erheblich darüber die Post mit DM 96,5 Milliarden und an der Spitze der "Bund" mit DM 611 Milliarden.
Da stellt sich die Frage, welchen Sinn eine Reform am unteren Schuldenstamm hat, wenn ganz oben prak-

tisch nichts geschieht, obwohl dort mit geringeren Risiken möglich, z.B. durch Aufhebung kostspieliger, uneffizienter Ministerien neueren Datums sowie anderer aus parteipolitischen Gründen geschaffenen Einrichtungen bzw. Posten und dgl. mehr, wie es auch von kompetenter Seite gefordert wird.

34 Worauf im Schlußwort "Auf Fahrt ins Ungewisse" in KATASTROPHEN DER DEUTSCHEN BAHNEN - TEIL 1, Pürgen 1992, eingegangen ist; ferner s. KATASTROPHEN DER DEUTSCHEN BAHNEN - TEIL 2, Pürgen 1993, S. 234.

35 Am 16.11.1993 folgte ein lobender Bericht über eine Testfahrt auf siebzehn Strecken des neuen Allgäu-Schwaben-Taktbetriebes. Leider sei der Bekanntheitsgrad mäßig und unverständlich, warum die DB kaum einschlägige Werbung mache. Es wird auch darauf hingewiesen, daß es sich um ein Pilotprojekt handele, das nach Ablauf der Probezeit dem "Rotstift zum Opfer" fallen könne.
Die SÜDDEUTSCHE ZEITUNG brachte zuvor, am 6.9.1993 unter der Schlagzeile *"Werbung fehlt die Zugkraft"* einen Artikel, der sich mit dem mangelhaften Bekanntheitsgrad des neuen DB=Fahrplanangebotes beschäftigte mit Zitierung des Pressesprechers der BD München:

"An einer zugkräftigeren Werbung wird noch gebastelt."

Vermutlich hätte die SÜDDEUTSCHE ZEITUNG aber keine Zeile daran 'verschwendet', wenn nicht das Engagement eines Abgeordneten dahinter steckte.

36 Wenn die Presse derzeit von der Bahn berichtet, dann unter negativen Schlagzeilen wie *"Was hat eigentlich die Bahn gebracht?"*, AUGSBURGER ALLGEMEINE vom 13.10.1993, Rubrik Wirtschaft, über die Nobelpreisverleihung an Robert W. Fogel und dessen "bahnbrechende" Arbeiten. Oder man berichtet über den Streit 'Bonn'/Länder um die Finanzierung der reformierten Bahn oder setzt den Lesern 'Flöhe ins Ohr' mit "Wieder Eilzüge nach Schongau" und sagenhaften Fahrzeiten auf einer mangels Rendite ab Landsberg nicht mehr mit Reisezugverkehr bedienten, ca. 29 km langen Strecke, auf der es geschätzt 30 ungesicherte Bahnüberwege gibt, daher einst sehr unfallträchtig, auch ohne rasanten "Eilzugverkehr".

37 War doch u.a. beabsichtigt, Lizenzgebühren für die Nachbildung des DB=Emblems auf Modellerzeugnissen zu verlangen.

Die Kursbuch- und verkehrsgeschichtlichen Nachdrucke unseres Verlages in historischer Reihung:

Jahrgang	Titel -einschließl. Bemerkungen (*=vergriffen, keine Neuaufl. vorgesehen	Erstauflage
1855	Cours-Buch des Berliner Post=Bureau's *	1986 (Vertrieb)
1856	Hendschel's Telegraph *	1976
1880	Kursbuch der Deutschen Reichs-Postverwaltung	1992
1897	Reichs-Kursbuch 1.-3. Abteilung (Deutsches Reich) *	1979
1906	Nietmann's Eisenbahn-Atlas *	1975
1913/14	Hendschels Telegraph (kleine Ausgabe Deutschl./Österr./Schweiz)*	1981
1914	Reichs-Kursbuch (1987 die 4. Auflage; 5.Aufl. in Vorbereitung	1970
1925	Reichskursbuch - Jubiläumsausgabe	1987
1927	Reichsbahn=Handbuch	1988
1928	Amtliches Kursbuch Bayern rechts d. Rheins, große Ausgabe * (mit Hauptbahnen übriges Deutschland)	1979
1929/30	Storm Kursbuch fürs Reich * (2. Aufl. m. fehlenden Teilen, Fv, Register, aus Hendschels Telegraph ergänzt, in Vorbereitung f. 1994)	1969

1930	Güterkursbuch *	1970
1931	Kursbuch für die Schweiz * (Beilage zwei Karten 1926)	1986 (Ausl.BRD)
1934	Amtliches Kursbuch für das Reich (erstes Reichsbahn=Gesamt-kursbuch, auch für die Öffentlichkeit)	1985
- -	Aushangplan Berliner Fernbahnhöfe (1984 die 2. Auflage)	1975
1935	Amtliches Deutsches Fernkursbuch *	1971
1936	Deutsches Kursbuch - das erste dieses Titels!	1990
1937/38	Deutsches Kursbuch (1993 die 3. Auflage)	1977
- -	Kursbuch der Militär-Urlauberzüge (Muz-Kb) und 14. Verzeichnis der SF-Züge vom 2.11.1942 * (1978 die 2. Auflage)	1975
1938/39	Reichsgüterkursbuch	1991
- -	Zugbildungsplan RBD Berlin D- und Eilzüge	1982
- -	Mitropa Kursbuch In Vorbereitung	1994
1939	Deutsches Kursbuch (1. Aufl. m.d. Streckenfahrplänen i.d. Grenzen von 1937; 1975 die 4. Aufl.; 1981 die 5., auf 1500 S. erweiterte Auflage auch mit Auslandteil 1939, 2 Bde.; 1993 die 8. Auflage); außerdem für die Aufl. 1-4 zwei Ergänzungsbände mit restlichen Streckenfahrplänen, Register und Auslandteil 1938	1968
- -	Fernverbindungen zum DKB (2. Aufl. 1991 erw. mit KOM=Plänen)	1975
- -	Kraftomnibus=Kursbuch*	1983
- -	Buchfahrplan Nürnberg-Probstzella und -Münchberg Reise- und Dienstzüge*	1979
- -	Deutsches Kursbuch vom 1.12.* (erstes Kriegskursbuch auf der Basis der Stammzüge 1935)	1984
1940	Deutsches Kursbuch vom 21.1. (zweites, überarb.Kriegskursbuch)	1988
1940/41	Deutsches Kursbuch (mit ersten SFD-Zügen) In Vorbereitung	1994
1942	14. Verzeichnis der SF=Züge* (s. 1937/38 Muz-Kb)	
1944/45	Deutsches Kursbuch Jahresfahrplan (1993 die 6. Auflage)	1971
1946	Reichsbahnkursbücher aller vier Zonen (1991 die 2. Auflage)	1984
1950	Amtliches Kursbuch westl. Deutschland "Jubiläumskursbuch"*	1974
1953	Amtliches Kursbuch westl. Deutschland (1988 die 2. Auflage)	1980
1959	Amtliches Kursbuch DB*	1984
1960	Kursbuch der DR	1993
1962	Amtliches Kursbuch der DB	1993
	Kursbuch=Schoner (1993 die 2. Serie)	1986

Außerdem Eisenbahn- und Verkehrskarten 1856*, 1880, 1885*, 1914*, Betriebskarte 1921*, 1927*, 1936, Güter 1938, 1939, 1941*, GEA 1943/44*, 1944/45, 1946, 1948 und 1959*.

Auf das unterschiedliche Interesse an unseren, nach kursbuch- und eisenbahngeschichtlicher Bedeutung ausgewählten Nachdrucken weisen die Auflageangaben hin. Unübersehbar hält das Deutsche Kursbuch 1939 die Spitze, gefolgt vom Jahresfahrplan 1944/45 und dem Reichs-Kursbuch 1914. Da DB=Originale ab Mitte der sechziger Jahre zunehmend erhalten sind, wie auch Angebote und entsprechende Preise des Antiquariatsmarktes zeigen, ist eine Fortsetzung über das Jahr 1962 hinaus nicht geplant.

ZWEITER TEIL

LEBEN MIT DER BAHN

von
von Hans-Joachim Ritzau

1. Eine frühe Leidenschaft und ihre Klippen

Wenn ich schon Jahre, bevor ich die Faszination von Kursbüchern entdeckte, der Welt der Eisenbahn verfallen war, ist das sicher nicht allein auf äußere Umstände, auf Bahnreisen von meinem ersten Lebensjahr an, zurückzuführen, sondern auch auf Erbanlagen. Zwar gab es in meiner engeren oder weiteren Familie keinen einzigen Eisenbahner, aber für die männlichen Mitglieder war die Eisenbahn mehr als ein bloßes Transportmittel, und als solches zogen sie es auch dem Auto vor. Mein Großvater mütterlicherseits beispielsweise hielt sich für Privatfahrten und Transporte im Rahmen seiner Betriebe, soweit er nicht die Bahn benutzte, lieber Pferde.

Das Auto war damals - Gott sei Dank! - noch kein Lebensbestandteil oder Faktor der Arbeitsbeschaffungspolitik, sozusagen Szylla und Charybdis (eines von beiden steht für Umweltschädigung). Damals, in den zwanziger und noch in den dreißiger Jahren fuhr 'man' per Bahn, auch ganz reiche Leute. Schauspieler, angehende Bankrotteure, bevor sie sich erschossen oder auf ihre Insel verzogen, und andere weniger 'seriöse' Elemente besaßen ein Auto und hupten, wenn sie damit ab- oder vorbeifuhren. Sie meinten, das seien sie ihrem Kavalierstatus schuldig. Dann gab es noch eine andere Spezies Autobesitzer, zu der einer meiner Onkel zählte. Er schaffte sich ein Auto an, weil er hoffte, damit seine extravagante Gattin halten zu können. Es klappte nicht, woraus ersichtlich ist, daß das Auto auch als Statussymbol keineswegs immer die erwünschte Wirkung zeitigt.

Ein anderer Onkel, Direktor eines Betriebes im nördlichen Rheinland, besaß auch ein Auto, um damit ab und zu einen Ausflug machen zu können - mit Hilfe eines Chauffeurs, denn er selber wollte oder konnte nicht fahren. Wenn wir ihn besuchten, 'kutschierte' er uns viel herum und erwartete gebührende Bewunderung der Schönheiten seiner Wahlheimat oder deren Umgebung. Meine Reaktionen mißfielen ihm des öfteren. Daß ich bei einer Fahrt nach Holland statt irgendwelcher architektonischer Reize ausgerechnet die vergoldet aussehenden Dampfdome der Loks bewunderte, verzieh er mir noch; nach

einer Fahrt den "wunderschönen deutschen Rhein" entlang, grollte er mir jedoch länger. Während er uns erklärte, was es mit dieser oder jener Burgruine, an der wir unten vorbeifuhren, auf sich habe, und er dachte, ich höre andächtig zu, frappierte ich ihn plötzlich mit dem begeisterten Ruf: "*Da, da kommt er wieder!*"
Es handelte sich um einen Personenzug, den ich auf der parallel zur Straße verlaufenden Bahn südlich Bonn schon geraume Zeit beobachtete. Immer wenn der Zug hielt, blieb er zurück, um uns nach einer Weile wieder einzuholen. Als er einmal für längere Zeit ausblieb, dachte ich schon, die gute alte 38 (preuß. P8) habe das Rennen verloren, und ich war glücklich, daß sie dann doch mit einer leichten Rauchfahne in vollem Tempo aus einer Kurve kam und mit ihrem Zug an uns vorbeirollte. Soviel Banausentum oder Unreife gingen meinem Onkel gegen den Strich, so daß er mich fürderhin nicht mehr mitnahm, wogegen ich nichts einzuwenden hatte, da es auch in Dülken, dem Wohnort meines Onkels, Interessantes gab: Eine Straßenbahn nach Viersen und täglich ein D-Zug-Paar von/nach Holland. Was will der Mensch mehr.
Zur Zeit dieser Geschichte war ich immerhin schon 14 oder 15 Jahre alt, vielleicht auch 16. Meine Reise- und sonstigen Bahnerlebnisse beginnen aber schon viel früher. So bin ich seit dem Jahr meiner Geburt im thüringischen Mühlhausen wohl an die hundertmal nach Wolkramshausen bei Nordhausen, der Heimat meiner Mutter, gefahren, und fühlte mich im Alter von fünf oder sechs Jahren schon als versierter Bahnfahrer. Damals wäre mich meine Eisenbahnleidenschaft beinahe sehr teuer, d.h. mit Verlust meines Lebens zu stehen gekommen.
Wir waren wieder einmal in Wolkramshausen zu Besuch, und zur Klärung irgendwelcher Transportfragen für eines der großväterlichen Unternehmen hatte sich mein Vater erboten, den Gang zum 1,5 km entfernten Bahnhof zu erledigen, wobei er mich natürlich mitnehmen mußte, mich und meine vier Jahre ältere Kusine Lotti, die mich beaufsichtigen sollte, während er mit dem Bahnhofsvorsteher verhandelte. Mit dem Versprechen, uns von den Gleisen fern zu halten, trollten wir uns.
Zwischen den sich in Wolkramshausen y=förmig trennenden Gleisanlagen der Kassel-Leinefelder und Erfurter Strecke stand das Wohnhaus der unteren Bahnbediensteten und auf dem Platz davor Kastanienbäume. Es war Herbst und nach einigen Regentagen ein Abwasser=Sickerschacht überflutet, weshalb man einfacherweise die Abdeckung entfernt hatte, so daß die Stelle einer Pfütze glich. Ich kannte zwar die Örtlichkeit, weil sie ohne Bahnsteigkarte betreten werden konnte und man von dort gute Sicht auf die Züge beider Strecken hatte, aber auf den Sickerschacht hatte ich nie geachtet.

Abb. 3/4 nebenstehend - ***oben:*** Blick Richtung Nordhausen. Rechts hinter dem Schwellenstapel besagtes Wohnhaus, links davon die Schrankenbäume, die den dorthin über die Erfurter Gleise führenden Weg sicherten. Von den drei Güterzug=Wartegleisen ist nur noch eines gepflegt und benutzt. Links zwischen den Bäumen und rechts im Hintergrund die Windleite, ein zerklüftetetes Hochplateau, das die Halle-Kasseler Bahn hier vom Helmetal (Goldene Aue) zum Wippertal in einer Art Paß quert.
unten: Blick Richtung Leinefelde vom Anfang einer Straßenbrücke. Im Vordergrund die Gleise der Strecke nach Erfurt mit dem Hausbahnsteig, dahinter in scharfer Krümmung die Gleise der Halle-Kasseler Strecke mit Bahnsteig 2, rechts davon die Gärten mit den Wohnhäusern, einst der Eisenbahner gehobenerer Ränge.
Hinten links im Dreieck zwischen den Gleisen war der Umladeplatz für Zuckerrüben. Von dort führte eine Feldbahn zur Zuckerfabrik Wolkramshausen, die nach dem Ersten Weltkrieg - wie auch der Kalischacht - stillgelegt werden mußte. Rechts vom ehemaligen Umladeplatz in der Bildmitte die Kastanienbäume und das im Text genannte Wohnhaus. Im Hintergrund die Hainleite, östliche Fortsetzung des Dün.

Abb. 5/6 - ***oben*:** Die letzte Variante meines 'Wundertieres', eine 18^6 vor E 689 nördlich Hergatz. Die älteren Typen der bayer S 3/6 ($18^{4\ o.\ 5}$) führten zeitweilig Schnellzüge der Strecke Halle-Kassel / ***unten*:** Was ich noch hätte gelten lassen: eine 17^{10} (pr. S 10^1), die ebenfalls das magische 'S' am Führerstand trug und auf der Halle-Kasseler Strecke zu sehen war, jedoch hier vorbildwidrig vor D 286.

Um mir die Zeit bis zum großen Ereignis des Nachmittages zu vertreiben, der Durchfahrt des D 105, dem - genauer mir - zuliebe mein Vater seinen Gang zeitlich eingerichtet hatte, sammelte ich mit Lotti und Eisenbahnerkindern Kastanien. Um eine besonders schöne aufzuklauben, die mitten in jener Pfütze schwamm, mußte ich mich weit vor beugen, wollte mich dabei mit einer Hand abstützen, und schon war ich verschwunden. Die Kinder samt ihren herumsitzenden Müttern liefen schreiend weg. Nur Kusine Lotti behielt die Nerven, packte meine noch einmal auftauchenden Füße und zog mich heraus.
Von diesem Teil der Geschichte habe ich gar nichts mitbekommen. Lotti erzählte es, bestätigt von einem Eisenbahner, der dienstfrei hatte und durch das Geschrei aufmerksam wurde. Ich nahm die Welt erst wieder mit Bewußtsein wahr, als Lotti und ich schon halb auf dem Weg zum Empfangsgebäude waren und sie mich - ich wassertriefend - kurz vor einem aus dem Wippertal heraufkeuchenden Güterzug unter den geschlossenen Schranken durchzog. Aber was heute Anlaß zu einem strafrechtlichen und disziplinarischen Verfahren wäre, kam damals nicht einmal in die Zeitung. Es endete mit einem kleinen Arrangement zwischen dem äußerst betretenen Herrn Bahnhofsvorsteher und mir.
Die 'große Welt' begann in jenen Jahren für mich beim 'S' am Führerstand einer Dampflok, besonders solcher fremdartigen Maschinen, wie ich sie gelegentlich in Leinefelde vor dem Kasseler Nachmittagsschnellzug, besagtem D 105, gesehen hatte. Wie ich viel später erfuhr, waren es nach Halle 'versetzte' bayerische S 3/6, und brennend wünschte ich mir, eine dieser Exotischen von ganz nah zu erleben, wenn sie sich bei Durchfahrt Wolkramshausen in die Kurve legte.
Als nach meiner Rettung der Herr Bahnhofsvorsteher, erleichtert über die Nachsicht meines Vaters, eine Entschädigung anbot, wagte ich die große Bitte vorzubringen. Leider waren wir vom Pech verfolgt. Wie oft ich, sorgsam begleitet, zum Stellwerk der Kasseler Bahnhofseinfahrt pilgerte, den Schnellzug heranröhren hörte und dann enttäuscht wieder hinabwanderte, weiß ich nicht mehr. Jedenfalls war es mir nicht beschieden, das Wundertier oder wenigstens eine preußische S 10 vorbei fahren zu sehen. Stets kam der Zug mit einer P=Lok, und damals bestand für mich kein Unterschied zwischen einer P 8 oder P 10. Vor einem Schnellzug empfand ich sie beide als stillos und den Wert des Zuges mindernd.
Mein Begleiter verstand meine Enttäuschung nicht und versuchte, mir zu erklären, daß der Zug mit diesen beiden Lokomotivtypen doch genauso schnell führe. Und das war genau das Falsche. Hätte er wenigstens das Gegenteil behauptet. Damals glaubte ich noch an die Hierarchie aller Dinge und den Wert der Etiketten: Danach hatte ein Führerstand 'P' nicht die magische Leistungsberechtigung eines 'S'. Wo blieb sonst die Ordnung der Welt!

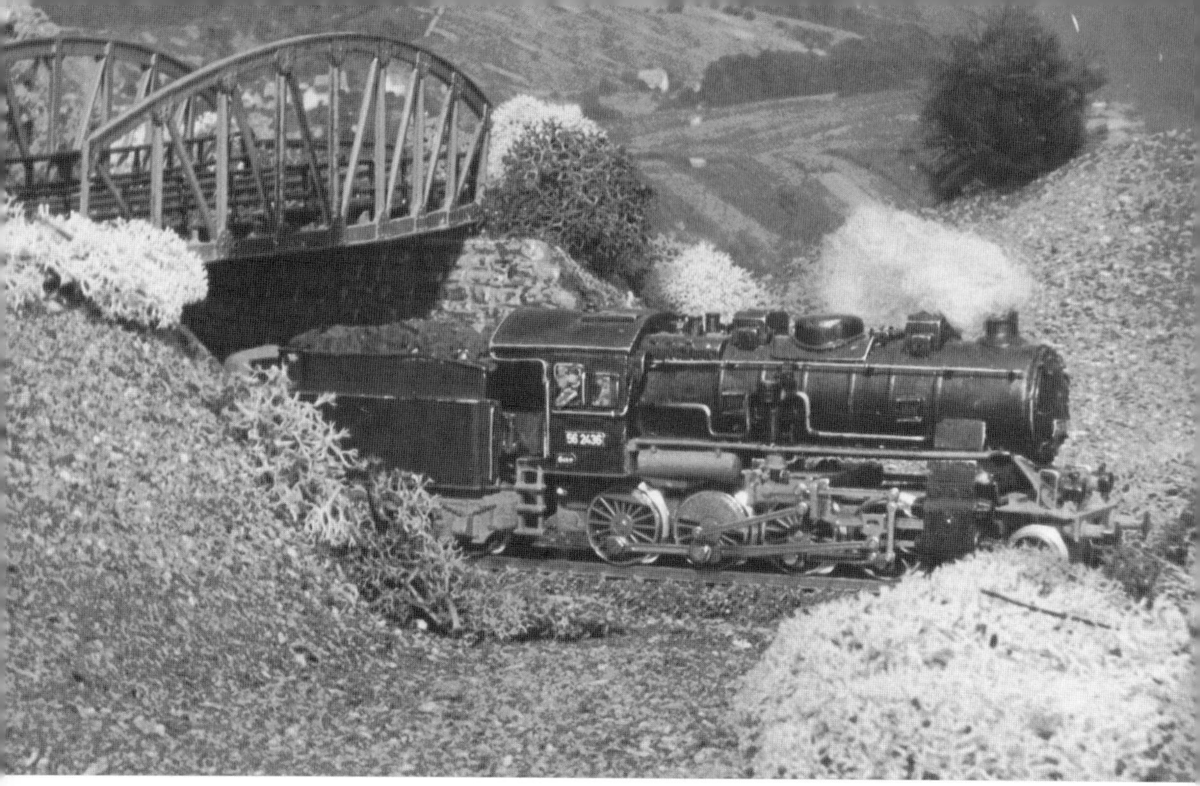

Abb. 7/8 - ***oben***: Lokomotiven dieses Typs, 56^{20} (pr. $G8^{2}$), oder mit einer Treibachse mehr die ähnlich aussehende 58^{10} (pr. G12) waren es, die mir die Berga/Kelbraer Blamage einbrachten. Das im Foto zu sehende Bausatzmodell hat vor einem Güterzug gerade das Kreuzungsbauwerk der 'Kanonenbahn' passiert. Meine Modell=Brückenkonstruktion war die bequemste Lösung, aber eine haarsträubende für einen exzellenten Modellbahner, der auf technische Vorbildtreue Wert legt. / ***unten***: Gesamtansicht der Modell=Südein- bzw. -ausfahrt Silberhausen=Trennungs Bf.

2. Wie ich die Welt der Kursbücher entdeckte und meine ersten Fahrplanlektionen erhielt

Ein paar Jahre später, kurz vor meinem 10. Geburtstag, hatte ich ein weit nachhaltigeres Eisenbahnerlebnis, diesmal in Leinefelde und in Begleitung meiner Mutter. Wie üblich in jenen Flautejahren der Wirtschaftskrise hatte unser Frühnachmittags=Personenzug die mangels angemessenen Bedarfs ausgefallenen Dienste eines Nahgüterzuges zu erledigen gehabt und auf zwei Unterwegsstationen Güterwagen auszusetzen bzw. mitzunehmen. Der Anschlußzug in Leinefelde war dann durch die Lumpensammlertätigkeit unseres Zuges auch nach pflichtgemäßer Wartezeit des Nordhäuser Zuges weg. Mein Vater, dem das, von mir begleitet, ebenfalls passierte, ging selbstredend sich beschweren, und wir durften daraufhin zuschlagfrei jenen Schnellzug benutzen, von dem bereits die Rede war. Da er ja in Wolkramshausen nicht hielt, bekamen wir auch Umweggenehmigung über Nordhausen.

Nun wurden die Züge von Leinefelde infolge der geographisch bedingten engen Verhältnisse des Bahnhofs Wolkramshausen und dadurch ungünstigen Einfädelung der Erfurter Strecke im Einschnitt hinter dem eigentlichen Bahnhofsbereich aus betrieblichen Gründen öfters gestutzt und mußten anhalten. Wir hatten dieses 'Glück'. Da ich unbedingt im Seitengang eines D-Zugwagens stehend die Fahrt genießen mußte, konnte mein Vater mich schnell zur Tür ziehen, auf das Schotterbett zwischen unserem Gleis und dem des Erfurter Gleises springen und mir hinunterhelfen. Im selben Moment fuhr unser D 105 wieder an.

Meine Mutter war ob des leichtsinnigen und verbotswidrigen Handelns meines Vaters entsetzt. Obwohl weder obrigkeitshörig noch besonders vorsichtig, stand sie doch den Regeln des Bahnbetriebes respektvoll gegenüber. Wenn sie aber in Fällen wie verpaßte Anschlußzüge durch bahnseitiges Verschulden sich nicht beschweren ging, hing das mit ihrer Art Erleben des Bahnfahrens zusammen. Hektik dabei schätzte sie überhaupt nicht. Sie fuhr gern Personenzug, weil sie dann mehr sah und länger etwas vom Fahrgeld hatte. Kontaktfreudiger als mein Vater, schätzte sie es auch, im Wartesaal zu sitzen und sich mit anderen Reisenden zu unterhalten.

So sehe ich mich im Rückblick des öfteren in der Leinefelder Bahnhofs 'Restauration I/II Cl.' sitzen, was aber nicht bedeutete, daß wir auch per Polsterklasse reisten! Die Beschilderung hatte, nebenbei bemerkt, Weltkrieg I, Zusammenbruch mit Revolution sowie das folgende Jahrzehnt überstanden und wurde erst bei einer späteren Renovierung des Bahnhofs, als man für zeitgemäße Verschönerungen wieder Geld hatte, geändert.

Bei der damals spärlichen Reisefrequenz fanden wir stets einen Tisch am Fenster mit Blick auf Bahnsteig 1 und 1a. Gab es auf den zugehörigen Gleisen ausnahmsweise einmal nichts zu sehen, beschäftigte ich mich mit einem Spielwarenkatalog und den darin abgebildeten Miniaturzügen als Ersatz für die ausbleibenden großen Realitäten. Meine

Bahnsteig 6

Mutter ihrerseits unterhielt sich, sofern sie keine Gesprächspartner fand, mit Illustrierten und Ragoût fin. Gewiß, das schmeckte mir auch, und Hunger hatte ich immer, aber was war mir Essen angesichts des Bahnbetriebes, von dem Leinefelde vor allem im Güterverkehr eine Menge bot.

Auf die Güterzüge komme ich noch; zunächst ist das STORM=Kursbuch an der Reihe, das vermutlich ein Handelsreisender liegen gelassen hatte, denn zur Unterhaltungs- oder gar Informationsausstattung des Wartesaales gehörte es nicht. Ich fand es bei einem Inspektionsgang durch den zufällig ganz leeren Wartesaal in der Hoffnung, aus herumliegenden Zigarettenschachteln Sammelbildchen kassieren zu können, und zwar solche der Zigarettenfirmen Eckstein-Halpaus, Waldorf-Astoria und Haus Neuerburg. Ich sammelte speziell die Serie *"Die Nachkriegszeit"* und bekam auch alle Bilder bis auf eines zusammen. Das zugehörige textlich und informativ reich ausgestattete Album - ich besitze es noch - kostete eine Kleinigkeit. Dagegen sind ähnliche Werke, die man heute zu kaufen bekommt, teuer, tendenziös und lückenhaft.

Als ich an diesem Nachmittag statt Sammelbildern ein Buch anschleppte, fragte meine Mutter verwundert, was ich denn diesmal erwischt hätte, blätterte den dicken Wälzer kurz durch und reichte ihn mir kopfschüttelnd zurück. *"Was willst Du denn damit? Das ist ja nur ein Kursbuch".*

Mit Zahlenlektüre dieser Art hatte sie es nicht. Ich dagegen war davon fasziniert, und wenn ich mir diese liegen gebliebene Kostbarkeit auch nicht aneignen durfte, vergaß ich sie jedoch nicht. Zu Hause bearbeitete ich meinen Vater, beim bevorstehenden Fahrplanwechsel ein STORM=Kursbuch zu kaufen. Sein Versprechen konnte er zwar nicht halten, er ergatterte bei Bekannten aber eine ältere Ausgabe von HENDSCHELS TELEGRAPH, womit ich auch zufrieden war. Es erinnerte mich sehr an das Kursbuch, das ich gefunden hatte, und ich stellte beruhigt fest, daß die Züge, die ich kannte, alle 'pünktlich' enthalten waren.

Das ist schon lange her, und doch war dieses Erlebniskonglomerat: Bf Leinefelde 'Restauration I/II Cl.', die Bilder einer Miniaturtraumwelt, Ragoût fin und ein STORM=Kursbuch für mich von bleibendem Eindruck.

Nach meiner Leinefelder Kursbuchentdeckung hielt ich gezielt Ausschau, wohin ich auch kam, aber leider ohne sonderliches Finderglück. Es waren die Jahre des Kursbuch=Interregnums, wie ich heute weiß. Vom STORM keine Spur mehr, das DEUTSCHE KURSBUCH noch nicht da, und auf das RKB stieß ich erst Jahre später bei meinem rheinländischen Onkel, von dem ich schon erzählte, und der sich nur Großartiges leistete. Zu diesem Zeitpunkt war ich aber bereits Besitzer der DEUTSCHEN KURSBÜCHER und fand das RKB - na, ja - befremdlich. Inzwischen hatte ich auch schon einige Kursbuch- und fahrplantechnische Lektionen erhalten, worauf ich nun eingehe.

Abb. 9/10 nebenstehend - ***oben*:** Blick auf Empfangsgebäude Leinefelde mit Anbau, in dem sich vorn der Wartesaal "I/II Cl." befand, zwischen diesem und der Drehscheibe ist Zugang zu Bahnsteig 1a / ***unten*:** Entgegengesetzte Blickrichtung mit Drehscheibe, rechts das Gleis der Züge aus/in Richtung Dingelstädt(-Eschwege), Mitte Umsetzgleis für die Lokomotiven, links das Gleis der Züge von/nach Mühlhausen-Gotha, die nur bis/ab Leinefelde verkehrten. Daneben Bahnsteig 1, an dem auf der anderen Seite das Richtungsgleis nach Nordhausen anlag. Das Gegen- und das Überholgleis lagen beidseitig von Bahnsteig 2. Alles noch 1975 - außer der Bahnsteignumerierung - wie einst, auch die beiden Hauptsignale vor der Drehscheibe.

In der Untertertia bekamen wir für die Fächer Latein und Geschichte Studienrat Daßler, von dessen eisenbahnerischem Wirken sogar Fromm, von dem noch die Rede sein wird, berichtet. Da wir uns über Eigenarten unserer Lehrer informierten, wie diese sich auch über unsere Marotten ins Bild setzten, wußten wir beide von unseren verwandten, außerschulischen Neigungen, wodurch sich bald ein engerer Kontakt ergab, als normalerweise zwischen Lehrer und Schüler üblich.

Herr Daßler war nicht das, was man heute einen Eisenbahnfreund nennt, er war ein genialer Fahrplanspezialist und hatte nicht nur die Abfahrts- und Ankunftszeiten der wichtigeren Züge des mitteldeutschen Raumes im Kopf, er stellte auch den beachtlichen Taschenfahrplan für Mühlhausen und Umgebung zusammen, der zweimal jährlich als kostenlose Beilage des MÜHLHÄUSER ANZEIGERS erschien.

Herrn Daßlers Bruder wiederum amtierte als höherer Beamter in der RBD Erfurt, wenn ich mich recht erinnere, im Range eines Direktors, und war überzeugt, daß nur Amt Verstand bringe, wie das Sprichwort lautet. Jedenfalls schätzte er die Ambitionen seines Bruders und Berufspädagogen nicht sonderlich und tat dessen Gedanken oder Vorschläge zu verkehrlichen Verbesserungen als laienhaft ab. Unseren Herrn Daßler ärgerte das natürlich, und es erfüllte ihn mit Triumph, daß seine Projekte eines Tages doch oder stufenweise verwirklicht wurden.

In mir fand er einen dankbaren und wißbegierigen Zuhörer, so daß ich über seine Kontroversen samt fahrplantechnischen Grundlagen und Zielen auf dem laufenden blieb. Ich habe viel von Herrn Daßler gelernt - auch Schulisches, denn meine diesbezüglichen Leistungen bzw. Erfolge hingen weitgehend von meinem Verhältnis zum Lehrer ab.

Da ich also ein 'guter' Schüler und mein Vater - Kollege Herrn Daßlers, allerdings an einer anderen städtischen Schule und anderer Fachrichtung - der Eisenbahn gegenüber ebenfalls aufgeschlossen war, zeigte er sich spendabel. Auf seine Rechnung durfte ich mir unabhängig von meinem Taschengeld, das etappenweise von wöchentlich -,25 auf 1,- Reichsmark anstieg, nicht nur das jeweils neueste DEUTSCHE KURSBUCH kaufen, sondern auch die Fachzeitschrift ORGAN FÜR DIE FORTSCHRITTE DES EISENBAHNWESENS halten und darüber hinaus Fachbücher erwerben, die ich, neben Krimis (diese jedoch heimlich), auch tatsächlich las bei ansonsten noch spärlichem literarischen Interesse.

3. Die Geschichte einer ermogelten FD=Fahrt, von mißratenen Kochkünsten wegen Güterzügen und von abenteuerlichen Kriegsreisen

Bevor ich unter die in mehrfacher Hinsicht förderlichen Fittiche Herrn Daßlers geriet, benutzte ich meine gerade keimenden Fahrplankenntnisse, um meiner Mutter einen Streich zu spielen. Außer ihrer schon erwähnten Vorliebe für Bummelzug- und Wartesaal=Reisen schätzte sie auch den direkten, d.h. kürzesten, weil billigsten Weg. Als nun - es dürfte 1934 gewesen sein - mein Vater erklärte, er habe keine Lust mehr, sich weiterhin bei unserem üblichen Ferienaufenthalt in Brunshaupten, wie das Ostseebad Kühlungsborn seinerzeit hieß, herumzulangweilen - wir sollten allein reisen, er käme uns 'mal besuchen -, kam meiner Mutter ein kühner Entschluß. Statt wiederum hin und zurück über Berlin zu fahren, wollte sie diesmal nur die Rückreise mit einem Verwandtenbesuch in Berlin verbinden, die Hinfahrt jedoch direktenwegs über Leinefelde-Wulften-Herzberg-Seesen, sozusagen querbeet vornehmen.

Für den Beamten am Auskunftschalter im Bf Mühlhausen war das Heraussuchen und Zusammenstellen der Anschlußverbindungen eine Art Diplomarbeit. Wir fuhren den ganzen Tag, stiegen über ein dutzendmal um, immer in Personenzüge, ausgenommen ein kurzes Stück Eilzug. Ich war wütend und schwor Rache.

Für den zweiten Teil der Rückreise erbot ich mich dann, während unseres Aufenthaltes in Berlin den Erkundungsgang im nahen Anhalter Bahnhof zu erledigen. Meine Mutter wollte jetzt schnell nach Hause und mir auch einen Gefallen erweisen. So durfte es ein Schnellzug sein. Mit einem Zettel, auf dem ich die Zugklassifikationen manipuliert hatte, kam ich zurück. Aus dem D 12 hatte ich einen FD gemacht, und den FD 6 zum D degradiert. Mit diesem starteten wir dann anderntags.

Wir waren knapp dran, und es gelang mir, die Aufmerksamkeit meiner Mutter abzulenken und zu verhindern, daß sie sich erkundigte, ob es auch der richtige Zug sei. Nachdem ich sie in den nächsten Wagen mit offener Tür bugsiert hatte, mußte sie erst einmal verschnaufen. Ich zählte die Sekunden, bis ein Schaffner die Tür zuknallte und der Aufsichtsbeamte zur Abfahrt pfiff. Angesichts der Sitzpolsterung wurde meine Mutter stutzig. Meine Beschwichtigung, es sei sicher nur ein Rücklaufwagen der Polsterklasse, hatte nur kurzen Erfolg. Noch in den Vororten tauchte der Zugführer auf, um den Differenzbetrag von der dritten zur zweiten Wagenklasse und gar noch den horrenden FD=Zuschlag in Höhe von 2,-- RM nachzukassieren.

Allzu groß war das Lamento meiner Mutter über die *"Nachlässigkeit des Schalterbeamten"* nicht, und angesichts meiner Begeisterung ob der rasanten Fahrt zahlte sie gar bis Erfurt nach, woraufhin der Zugführer meine Mutter tröstete, wir hätten so auch viel besseren Anschluß als mit dem D 12 und wären gut zweieinhalb Stunden früher in Mühlhausen.

Es war meine letzte oder vorletzte Ferienreise mit meiner Mutter. Man wird schließlich auch älter und selbständiger. So machte ich etwa zwei Jahre nach jener, eben erzählten

Abb. 11/12 - ***oben:*** Ein Kesselwagenzug von Tübingen passiert den aufgelassen Hp Gormaringen in meiner Mittagspause auf einer Foto- und Filmsafari, während ich (***unten***) wie vor 30 Jahre bei Berga/Kelbra beim Erbstwurstsuppekochen bin. Mein einziger Komfortzuwachs ist das provisorisch eingerichtete DKW='Wohnmobil', in dem ich auch an der Strecke, ggfs. zu zweit übernachtete. [Foto unten: M.Minsinger, Ulm]

Linealreise und ermogelten FD=Fahrt mit zwei Freunden eine Radtour durch den Harz in die Lüneburger Heide. Die erste Etappe schafften wir bis zur Goldenen Aue, unterhalb vom Kyffhäuser. Da auch der eine meiner Freunde, Achim Egeler, eisenbahninfiziert war, überstimmten wir Ebs Schäfer, den Dritten im Bunde, und beschlossen, an der Nordhäuser Ausfahrt des im freien Felde gelegenen Bahnhofs Berga=Kelbra Mittagsrast zu halten. Wer zu kochen hatte, bestimmte das Los, nicht die Begabung, die ohnehin bei keinem von uns dreien vorhanden war. Unseligerweise traf es an diesem Tage mich, den Koch zu machen.

Unser reichhaltiger Speisezettel sah im täglichen Wechsel Erbssuppe plus Würstchen oder Ochsenschwanzsuppe mit oder ohne vor. Aber auch das scheinbar einfachste Rezept hat seine Tücken. Schon beim Abstimmen der richtigen Relation Wasser/Erbswurstsuppenwürfel fing es an; denn - bim-bim-bim - schlossen sich die Schranken, und bald darauf keuchte der erste Güterzug, geführt von einer preußischen G 8^5 heran. Als dann das mühsam entfachte Feuer dem darüber befindlichen Wassertopf das bekannte Siedegeräusch zu entlocken begann, schlossen sich - bim-bim-bim - die Schranken abermals. Überstürzt rührte ich den Erbswurstbrei unter, damit mir der nächsten Zug, voran eine G 12, ja nicht entging.

Ohne die vielen Güterzüge, die in kurzen Abständen unseren Rastplatz passierten, hätte ich sicherlich gemerkt, daß meine Suppe die Dicke eines dünnen Kaffees hatte, aber sie rollten so zahlreich, daß ich meinem Koch=Mißerfolg erst gewahr wurde, als mir meine Freunde ihre Blechnäpfe hohnlachend vor die Füße schmissen (nachdem sie die Würstchen herausgefischt hatten).

Wie gesagt, verweilten wir am Fuße des Kyffhäusers, und als bildungsbeflissene Gymnasiasten hätten wir uns eigentlich um Tisch und Bart von Kaiser Friedrich I. kümmern sollen. Jedoch nutzten Achim und ich schamlos unsere demokratische Überlegenheit aus, vertagten den fälligen Barbarossabesuch, beschlossen, den Nachmittag mit 'Zugstudien' zu verbringen und die Tagesetappe schon im nahen Stolberg vorzeitig zu beenden.

Der Tod macht keine Unterschiede. Er holt die Geraden wie die Ungeraden, lautet ein Sprichwort. In unserem Falle holte er sich einen Eisenbahn- und einen Bildungsjünger. Der eine, Ebs, kam als (U=Boot) Leutnant zur See um, der andere, Achim, stürzte als Fliegersoldat ab. Von dieser Warte betrachtet war es ohne Wichtigkeit, ob wir nun Eisenbahn- oder Bildungswege gingen.

Nach Kriegsausbruch hatte ich häufig das Vergnügen - nicht ironisch gemeint -, in Güterwagen zu 'reisen' und im Sinne des Wortes tolle Abenteuer zu erleben. Fahren im Güterwagen - heute in einer gewissen Sorte Schrifttum als im Viehwagen bezeichnet - war im Kriege und auch noch danach eine alltägliche Angelegenheit, keine Schikane, sondern einfach eine Frage der Transportkapazität. Die dafür geeigneten G=Wagen trugen in der Regel auch eine Aufschrift, der zu entnehmen war, wieviel "Mann" darin befördert werden durften.

In meinem Buch ALS EISENBAHNPIONIER IM ZWEITEN WELTKRIEG habe ich von einigen dieser Güterwagen=Fahrten berichtet. Hier will ich zum Abschluß dieses Kapitels von zwei kursbuchgeschichtlich bemerkenswerten Bahnreisen erzählen. Sie fielen in die Fahrplanperiode des letzten DEUTSCHEN KURSBUCHES, neben denen Ausgaben 1939/40 das interessanteste Kriegskursbuch mit neuen Zugläufen, wenn auch zur Zeit seiner Gültigkeit nur

von sehr bedingtem Wert. Jedenfalls garantierten damals griffbereites Gepäck und Aufmerksamkeit häufig bessere Verbindungen, denn der Reisende in Zivil oder Uniform durfte sich im Chaos des bevorstehenden Zusammenbruchs auf allerlei Überraschungen gefaßt machen.
Die Luftflotten der Westalliierten tummelten sich nahezu pausenlos und kaum gestört über Deutschland. Hatte der Jagd=Begleitschutz seine Aufgabe erfüllt, die Bomberströme zum Ziel und bis zum Abflug zu sichern, stand der Heimflug der 'freien Jagd' zur Verfügung. Einzelpersonen, Radfahrer oder Bauern auf den Feldern wurden ersatzweise zusammengeschossen, wenn nichts besseres, etwa Eisenbahnzüge, 'en passent' vor die Kanonen der Spitfire, Hurricane oder was es sonst noch gab, kam. Man muß es erlebt haben, denn im Kursbuch steht es nicht, und ebensowenig in unseren Schul- und Geschichtsbüchern.
Was mich betrifft, blieben mir beide Male, die ich in den letzten beiden Kriegsjahren nach Hause fahren konnte, diese zeitgemäßen Erlebnisse nicht erspart, das erste Mal, Anfang November 1944, auf der Fahrt von Ungarn in meinen Heiratsurlaub. Nur zu zweit, da Urlaubssperre, ein Oberleutnant mit Ritterkreuz und ich, ein Leutnant ohne, lagen wir lang ausgestreckt in einem 2.Klasse=Abteil des Schnellzuges für Fronturlauber, vermutlich des SFR 2047, Wien-Köln, versäumten Schlaf nachholend. In Passau, wo der Zug etwa eine Viertelstunde stand, wurde ich kurz wach, schlief aber gleich wieder ein. Ich würde es schon merken, wenn wir in Nürnberg ankämen, wo ich umsteigen wollte.
Als wir wieder länger hielten, allerdings in totaler Finsternis, bei erkaltender Heizung wegen abgekuppelter Lok und inmitten von Güterzügen, wurde ich richtig wach. Um zu erfahren, daß wir statt in Regensburg oder Nürnberg im Güterbahnhof München Nord standen, mußte ich zum Abteil des Zugbegleitpersonals stolpern, wo man, 'Augenpflege' treibend, gelassen die Weiterentwicklung der Dinge abwartete. *"Eine kleine Umleitung",* weil die Strecke über Nürnberg infolge Bombenschäden unpassierbar geworden war. Kein Grund zur Aufregung damals.
Nach einiger Zeit ging es über die Güterverbindungslinie nach Olching, und via Augsburg der nicht einkalkulierten Umsteigemöglichkeit Würzburg entgegen. Und hier setzt meine Erinnerung für eine Weile aus. Ob und wo ich umgestiegen bin, weiß ich nicht und kann es auch mit Hilfe alter Kursbücher nicht rekonstruieren, zumal in dieser Nacht der Bahnverkehr völlig durcheinander geraten war. Dunkel erinnere ich mich, daß ich irgendwann allein im Abteil saß, der Zug in einem Höllentempo nordwärts fuhr und wir eines Fliegerangriffes wegen irgendwo in einem Tunnel hielten. Lediglich der Halt in Bebra ist mir bewußt, weil ich hier definitiv umsteigen wollte. Aber kaum standen wir am Bahnsteig, brüllte der Lautsprecher auf, die Begleitpersonale rannten wie irr am Zug entlang, knallten die geöffneten Türen wieder zu, und mit Volldampf ging es die Cornberger Rampe hinauf. "Neue Bombergeschwader im Anflug", und wer wußte im voraus, ob es in dieser Nacht nicht auch dem Bahnknoten Bebra galt.
Jetzt wurde es ernst. Mein Ziel hieß ja nicht Hannover oder Hamburg. Also beschloß ich, mich nicht auf Eichenberg zu verlassen, sondern beim Halt in Eschwege-West auf die Kanonenbahn überzuwechseln.
Pünktlich 7.27 Uhr setzte sich ein 'Bubikopf' mit dem Personenzug nach Leinefelde in Bewegung. Pünktlich ließ er alle Stationen hinter sich, und als wir auf die Minute in Din-

gelstädt abgefahren waren, glaubte ich, den Zug nach Mühlhausen, Leinefelde ab 9.14 Uhr, mit Sicherheit erreichen zu können. Was sollte jetzt noch passieren! Nun, es passierte keine drei Minuten nach der Abfahrt. Der Zug bremste scharf ab, und ehe er ganz zum Halten kam, lagen wir paar Fahrgäste mit eingezogenen Köpfen in einem Graben. Für uns hatte der britische Jagdflieger offenbar keine 'Gaben' mehr übrig, für den armen 'Bubikopf' aber hatte es gereicht. Nach dem dritten Anflug zischte Dampf aus dem Kessel, wo er nicht zischen sollte. Die Reise war aus.

Während ich stand und trübsinnig überlegte, ob noch vor Mittag eine Ersatzlok von Leinefelde käme, fiel mein Blick auf den am jenseitigen Hang an der Strecke nach Mühlhausen gelegenen Bahnhof Silberhausen. Ein Güterzug setzte sich drüben gerade mit gewaltigem Auspuff in Bewegung. Da mein Gepäck im Laufe des Krieges sehr leicht geworden war, vertraute ich mich kurz entschlossen dem ältesten und zuverlässigsten Verkehrsmittel an und stiebelte längs der Gleise los. Weit war es ohnehin nicht. Die Brücke des Richtungsgleises der Kanonenbahn nach Leinefelde über das Gleis der Hauptbahn nach Mühlhausen war bald erreicht. Ich kletterte die Böschung hinab und beeilte mich, die restlichen 800 m zurückzulegen. Als sich der Seilzug zum Einfahrhauptsignal rasselnd bewegte, legte ich Tempo vor. Aber trotz bester Form im Laufen überholte mich der Zug, ehe ich die Bahnsteige erreichte.

Es war der Düsseldorfer Schnellzug, eine 41 vor einer langen Schlange Wagen verschiedenen Typs, brauste er mit der geringen Verspätung von 3 1/2 Stunden ohne Halt durch den Bahnhof. Mein Personenzug, geführt von der guten, alten 38, folgte nahezu pünktlich. So endete meine zeitgemäße Rundreise voller 'Extras', zwar restlos fahrplanwidrig, aber immerhin erfolgreich.

Meine letzte Fahrt durch Deutschland, im Frühjahr 1945, war eine Dienstreise von Sopron/Ödenburg über Wien zur Frontleitstelle Berlin zwecks Weiterleitung an meine neue Einheit, mir noch unbekannten Orts. Da ich Umwegerlaubnis hatte, konnte ich im Rahmen einer bestimmten, nicht kleinlichen Frist meine Frau in Wolkramshausen besuchen, ehe es wieder an die Front ging. Mangels der bei Urlaub zugestandenen Reisetage - die Urlaubstage zählten erst ab Ankunft - wollte ich nichts riskieren und fuhr von Wien über Prag-Dresden-Leipzig. Die Reise verlief bis Halle nahezu nach Plan. Dann erwischte es uns im Personenzug vor Oberröblingen, und wir hatten sogar Verletzte. Aber schließlich erreichte ich doch Wolkramshausen, fuhr zurück nach Berlin, von dort nach Stettin und per Schiff nach Kurland. Mit viel Glück, in dieser Zeit weit wichtiger als Kursbuchstudium, kam ich in umgekehrter Reihenfolge auch wieder zurück, zwar nicht nach Berlin, aber in ein Lazarett nach Kiel.

Abb. 13/14 - ***oben***: westliches Widerlager der ehemaligen Überführungsbrücke des Gleises Dingelstädt-Silberhausen=Tennungs Bf / ***unten***: dasselbe mit Gesamtübersicht vom Damm der Fortsetzung des Gleises nach Trennung; rechts das noch in Betrieb befindliche Gleis nach Dingelstädt. Das Ende meiner Zugfahrt ereignete sich wenige 100 m hinter der Kurve rechts. In der Senke vorn das Gleis Richtung Mühlhausen mit Einfahrsignal Silberhausen; hinten im Dunst die Eichsfeldhöhen rund um den Kessel des oberen Unstruttales - links Silberhausen - nicht sichtbar Dingelstädt.

4. Bewahrung und Wiederbegegnung mit der Vergangenheit

Als ich Mitte August 1945 nach Entlassung aus der Kriegsgefangenschaft, einer tagelangen Fahrt in Güterwagen und einem Marsch von Eschwege über die noch 'Grüne Grenze' mehr oder weniger illegal nach Hause kam, fand ich unser Domizil voll belegt. Außer drei Familienangehörigen und einer jungen Frau, die der Wohnungsnot wegen eingewiesen worden war, residierten bei uns zwei Sowjet=Majore mit ihren Burschen. Obwohl sie wußten, daß ich an der Ostfront, also in Rußland gewirkt hatte, verhielten sie sich zu mir fast kameradschaftlich und interessiert, aber nicht an Formalem, ob ich mich anmeldete oder die nötigen Papiere besaß. Einen linksorientierten, unsoldatischen Vetter meiner Stiefmutter, der sie von Leipzig in meiner Abwesenheit besuchte, ließ der eine Major ohne ersichtlichen Grund verhaften und ins GPU=Gefängnis werfen, was er nicht überlebte.
Da die Russen in ihrem Verhalten unberechenbar waren und ich in Wolkramshausen einer weiträumigen Großrazzia auf Männer nur durch Flucht und in einem Heuschober versteckt entging, verwarf ich meine Erwägungen, in der Heimat zu bleiben, nahm aber nach einigen die Situation klärenden Rundreisen durch die Westzonen per Güter-, Personenzug und Fahrrad, Wohnsitz nicht allzu weit von der Grenze entfernt in Spangenberg, wo sich mit dem Bahnhofsvorsteher, Herrn Germershausen, sehr schnell ein engeres Verhältnis anbahnte, teils der Eisenbahn wegen, teils weil wir beide entlassene Soldaten waren, er ein Kp.=Hauptfeldwebel.
Bei der ersten Wahl kandidierte Herr Germershausen als FDP=Mann und wurde Landtagsabgeordneter. Mich wollte er auch in die Reihen der FDP ziehen, aber ein Kuhhandel auf Kreisebene nach jener Wahl machte mich unlustig. Immerhin konnte ich dank seiner Vorrechte als Abgeordneter gelegentlich mit Dienst=D=Zügen fahren, und beinahe wäre ich auch Eisenbahner geworden. Infolge der Entnazifizierungsverfahren und anderen zeitbedingten personellen Engpässen bei Besetzung gehobener und höherer Bahndienststellen verlief mein Vorstellungsgespräch bei der RBD Kassel sehr positiv und dann doch im Sande. Ich entschuldigte mich mit der Begründung, erst mein Studium abschließen zu wollen.
Aufforderungen, mich auf dem Schulamt zu melden, mit dem Hinweis, man würde jeden meiner Wünsche hinsichtlich Übernahme einer der vakanten und mir genehmen Schulstellen berücksichtigen, leistete ich gar nicht Folge. Ich erhielt noch andere Angebote - sogar von der Stadtverwaltung Mühlhausen. Ein reguläres Abiturzeugnis besaß damals, lange bevor man sich in der BRD anschickte, die 'versteckten Bildungsreserven' zu mobilisieren, was eine Abiturentenschwemme mit Bildungsinflation auslöste, noch beträchtlichen Wert.
Meine Spangenberger Lebensetappe werde ich auch nie vergessen, nicht zuletzt der Kanonenbahn wegen, nun zwischen Leinefelde und Treysa aus drei Teilen bestehend, östlich Eschwege durch die Zonengrenze zerschnitten und vor Malsfeld durch die gesprengte Fuldabrücke nur mit einem Stück Fußmarsch zu verknüpfen, aber ansonsten in Hochbetrieb. Die Zuggarnituren bestanden nicht mehr aus wenigen Nebenbahnpersonenwagen

Abb. 15/16 - ***oben:*** Silberhausen Reichs=Bf (oder Ort) von den ehemaligen Kleinbahnanlagen aus gesehen. Die Kleinbahn- und Gütergleise der Hauptbahn füllten einst die planierte Fläche im Vordergrund aus. Der Güterschuppen links im Bild sowie das EG sind nur noch Relikte einer größeren Zeit der Bahn (Aufnahme August 1976). / ***unten:*** Dasselbe von der Straßenseite 'en minature' - meine letzte, im Winter 1975/76 entstandene Konstruktion. Auf je ein Fenster im Mittelteil des Gebäudes mußte verzichtet werden. Am Hausbahnsteig hält der Modellbahnzug von Leinefelde, hinten (links vom EG) der nicht vorbildgerechte Triebwagen der Hüpstedter Kleinbahn.

wie noch im Winter 1944/45, jetzt waren sie lang und aus Abteilwagen preußischer Bauart gebildet, die an sich nur auf Hauptbahnen liefen. Bei beträchtlicher Zugdichte hörte man von früh bis spät weithin die Pfiffe der Lokomotiven durch das Pfieffe=Tal.
In den drei Wintern und zweieinhalb Sommern, die wir - meine Frau und ich - in Spangenberg wohnten, ein paar Monate in einem Zimmer, dann in einer kleinen Wohnung, starteten wir in regelmäßigen Abständen zu Expeditionen nach 'drüben', zu Fuß, mit dem Fahrrad, jeweils gemischt mit Bahnfahrt, und einige Male per Lkw (Holzgaser), um das Nötigste für einen Hausstand, und nicht nur dem unsrigen, wie weiland Robinson Crusoe aus einem untergehenden Schiff zu retten.
Zu den ersten Dingen, die wir 'schwarz' über die Grenze brachten, gehörten meine Kursbücher, worüber man in Spangenberg nur den Kopf schüttelte. Nachdem ich später auch meine Spur 0=Modellbahn herangeschafft und auf dem Dachboden von Freunden aufgebaut hatte, schlug der Spott in Bewunderung um. Etwas in dieser Dimension kannten sie noch nicht, aber daß die Anlage ein teurer 'Spaß' war, begriffen sie, und das imponierte ihnen.
Dann kam die Währungsreform, die Übersiedelung nach München und für mich eine neue Welt. Ich verkaufte meine Modellbahn, warf meine Kursbücher auf den Müll - bis auf das 1939er und einige wenige Standardwerke wie Igels Lokbau=Handbuch - und schwor der Eisenbahn ab - na ja, nicht so ganz. Anteil nahm ich weiterhin, und als ich mich 1962 entschloß, seßhaft zu werden, indem ich im bayerischen Pürgen ein größeres Grundstück mit Haus erwarb, zog die Vergangenheit automatisch mit ein, zunächst in Gestalt einer stilechten Modellbahnanlage: 'Mein Leinefelde'.
Seitdem sind drei Jahrzehnte vergangen, viel Arbeit und noch keine Vollendung, aber das Wichtigste ist fertig: Silberhausen mit der Hüpstedter Kleinbahn, die Trennungsstation mit Einschnitt und Einfädelung der Kanonenbahn, die kurvige Querung des Düns, an dessen Fuß Hp und Blockstelle Birkungen, noch zweigleisig wie einst, und dann natürlich Bahnhof Leinefelde, Kernstück der ca. 70 m^2 Anlage.
Die Gebäude versuchte ich mangels Fotos oder sonstiger Vorlagen aus der Erinnerung so zu gestalten, wie ich meinte, daß sie in etwa aussahen. Mit dem EG Silberhausen kam ich gar nicht zurande. Ich erinnerte mich nur, daß es ein großer 'Kasten' war. Details fielen mir keine ein, weil ich den Bahnhof nur von der Durchfahrt her kannte, dabei meistens auf der Kleinbahnseite saß, und an jenem Morgen im November 1944 (s. Kap. 3), an dem ich erst- und letztmalig einen Zug in Silberhausen bestieg, andere Dinge im Kopf hatte als die Inspektion des Empfangsgebäudes.
Daher wechselte ich die Modelle des EG Silberhausen mindestens dreimal aus, bis ich mich 1975 an Ort und Stelle umsehen und fotografieren konnte. Seitdem ziert das 'richtige' EG den Modellbahnhof, in dem hinten an der Wand unter dem Südfenster auch noch der Kleinbahnzug - wie einst - geduldig wartet, bis auf den vorderen Gleisen der rollende Bote einer größeren Welt an- und weitergedampft ist (Abb. 16). Denn daß in meinem Leinefelde die Dampflok nahezu ausschließlich das Feld beherrscht, dürfte klar sein.
Da ich ja bei meinen zahlreichen Fahrten einen Platz auf der rechten Seite, in Fahrtrichtung Leinefelde gesehen, bevorzugte, blieb das Bild des kleinen Dienstgebäudes von Hp Birkungen, auch Blockstelle, gut in meiner Erinnerung und stellte insofern kein Modellproblem dar. 1975 sah ich es kaum verändert wieder, dgl. schräg gegenüber auf

dem Bahnsteig des ehemaligen Richtungsgleises nach Mühlhausen die hübsche, originelle Wartebude (s. Abb. 22) aus der Zeit des zweigleisigen Betriebes. Inzwischen ist sie abgerissen, das nach der Demontage verbliebene Gleis auf die Trasse des Gegengleises, d.h. der ehemaligen Innenkurve verlegt und der dorfseitige Bahnsteig vor dem Wärterhäuschen wieder hergerichtet.
Mein Gedenk=Birkungen gleicht im wesentlichen dem alten Zustand, nur die Blocksignale fehlen, da sie in Anbetracht der Modelldistanz - je etwa 6 m - zu den signalbestückten Bahnhöfen Leinefelde und Trennung wenig Sinn ergeben, aber auch eine unnötige weitere Komplizierung der Modellbahnelektrik zur Folge gehabt hätten.

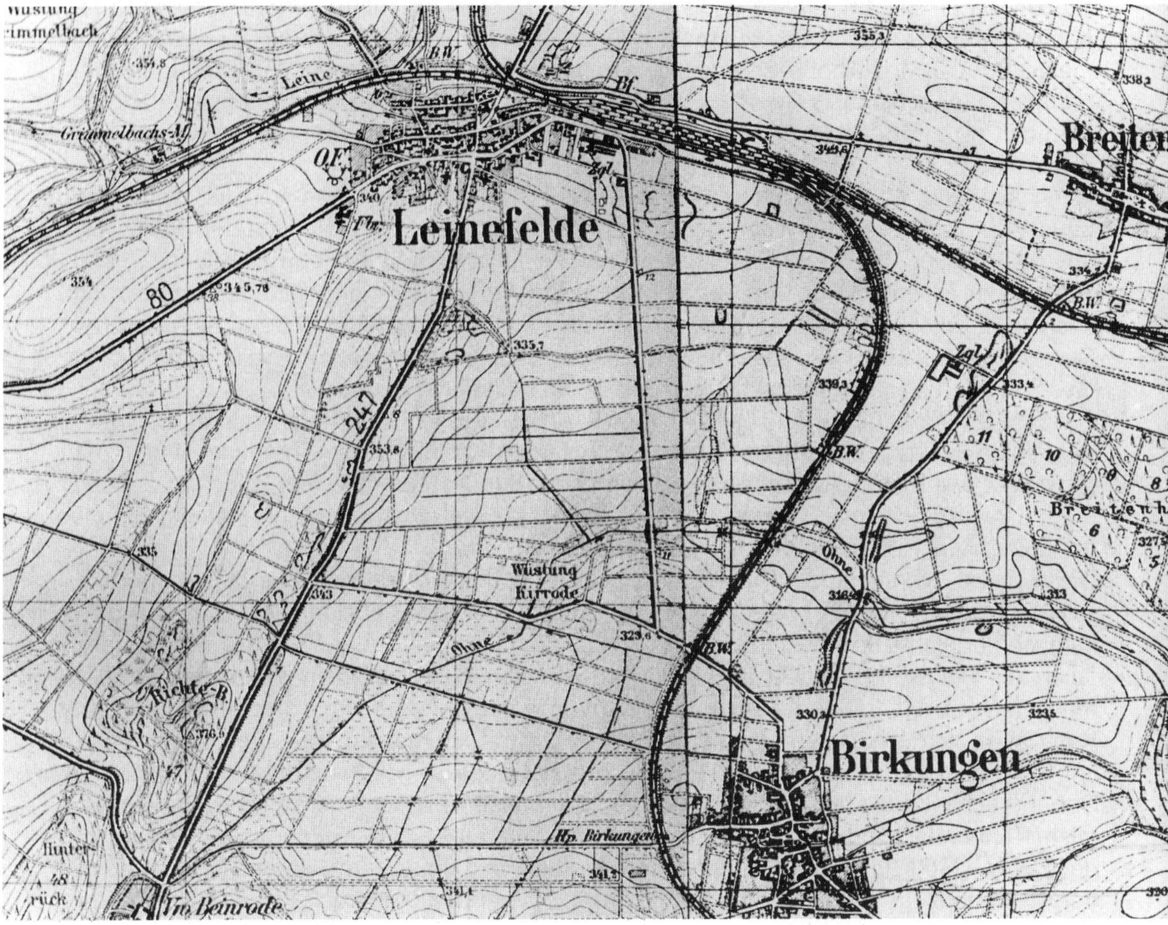

Karte 2: Ausschnitt aus Meßtischblättern Nr. 4627 (1937) und 4628 (1928) - mit Genehmigung des Thüringer Landesvermessungsamtes, Erfurt, Gen.-Nr. 003112/93

Das zuvor genannte Jahr 1975 bezeichnet meine nach genau 27 Jahren erste Wiederbegegnung mit der Heimat, die es als solche für mich bleiben wird. Schon in den Vorjahren hatten Freunde in der DDR mich gedrängt, doch die neue Möglichkeit einer Besuchsreise zu nutzen, aber ich hatte regelrecht Angst, von dem, was ich in wunderbarer Erinnerung

hatte, enttäuscht zu werden. Nun, ich wurde es nicht, und meine Familie, die mich in diesen drei Wochen Urlaube begleitete, auch nicht - bezogen auf das Land und die alte Städteherrlichkeit. Die DDR=Grautöne, zunehmend vom Zerfall angereichert, trachteten wir zu übersehen, ebenso die überall hängenden Plakate und Spruchbänder.
Um nicht sofort als Westdeutsche aufzufallen, ließen wir das Auto meistens stehen und benutzten die öffentlichen Verkehrsmittel, die sich vom System her nahezu als vorbildlich erwiesen. Für unseren ersten Bahnausflug stand selbstverständlich Leinefelde auf dem Programm. Da grenznahes Gebiet, wurden die Züge generell von Mühlhäuser Bahnpolizei begleitet. Durch Ärger schnell klug geworden, fragte ich bei der Paßprüfung im Zug, ob und was ich fotografieren dürfe. Der ungewöhnlich höfliche und freundliche Polizist erklärte mir, erlaubt sei alles, was der Erinnerung diene - nur technische Einzelheiten aufzunehmen, sei verboten. Also fotografierte ich nicht nur vom Zug aus, sondern auch im Bf Leinefelde. Der Polizist sah gelassen zu.
Der Bahnhof entsprach zwar meinem Erinnerungsbild, aber er machte spürbar, daß er am Rande einer abgeschotteten Welt lag, etwas verödet und von spärlichem Verkehr erfüllt. Es fehlten Gleise sowie Bahnsteig 3, Behelfsbahnsteig 2a, und der Fußgängertunnel endete mit Aufgang zum Bahnsteig 2. Der Wartesaal, vormals 'I/II Cl.', schien noch zu existieren, soweit man von außen erkennen konnte. Auf einen Inspektionsgang verzichtete ich, zumal wir vorhatten, Leinefelde ein anderes Mal mit mehr Muße zu erkunden.

Abb. 17: Mein Modellwartesaal "I/II. Cl." aus Modellplatzgründen viel schmaler als das Vorbild, und was die Backsteinbauweise betrifft, s. Text S. 89. Auch für die Drehscheibe war im Modell kein Platz. Der am Bahnsteig 2 haltende Schnellzug könnte dem Schattenwurf nach nur der D 27 nach Berlin sein.

Abb. 18/19 (1975) - ***oben***: Blick vom ehemaligen Mittelbahnsteig Silberhausen=Trennung auf die Bahnhofsbaulichkeiten. Am Bildrand rechts die Wartebude des Seitenbahnsteiges; schräg davor die Abzweigweiche des Gleises nach Dingelstädt; bemerkenswert ist die unmittelbar nach der Weiche schon erkennbare Höhendifferenz der beiden Gleise (vgl. auch Kap. 5). Im kleinen Häuschen vor dem Dienstgebäude befand sich der Warteraum meiner Erinnerung, jetzt umgebaut für andere Zwecke. Die Pumpe davor gehörte zum Selbstbedienungs'service'. Links von den Baulichkeiten die Trasse des ehemaligen Überführungsstranges noch mit Leitungsmasten / ***unten***: Blick Richtung Leinefelde mit ehemaligem Block=, vormals Einfahr=Signal.

Bevor ich auf Silberhausen=Trennungs Bf, kurz auch Trennung genannt, den geschichtlich interessantesten Bahnhof des Eisenbahnraumes Leinefelde komme, vorab die Eindrücke von einer anderen Fahrt - allerdings per Auto - nach Wolkramshausen. Viel hatte sich dort auch nicht verändert, aber man sah es den Nebengleisen an, daß der Verkehr nicht allzu üppig war (Abb. 3/4). In der Zeit, die wir uns dort umsahen, passierte auch kein Zug. Der Bahnhof war nur noch Außenstelle von Nordhausen. Obwohl ohne Bahnpolizei, da keine Grenznähe, fragte ich vorsichtshalber am Schalter wegen Fotoerlaubnis. Erfahrungsgemäß bissen die kleinen 'Pinscher', die man nicht beachtete, 'drüben' am schnellsten zu. Die junge Frau am Schalter sagte, sie wisse es nicht und rief in Nordhausen an. Nach einigem Palaver teilte sie mir mit, daß Fotografieren von Bahngelände jeder Art verboten sei, aber, fügte sie lächelnd hinzu, *"stellen Sie sich halt so auf, daß ich es nicht sehe, und sonst ist niemand da"*.

Diese junge Frau erwies sich als die freundlichste Person, mit der wir dortherum in Berührung kamen. Ansonsten war das Verhalten der Menschen im Nordhäuser Raum - anders als der im Raum Mühlhausen-Leinefelde - überraschenderweise durch Unfreundlichkeit und Mißtrauen geprägt.

Nun zum historischen Problembahnhof Silberhausen=Trennung, den ich im Gegensatz zum Bf Silberhausen=Ort recht gut kennenlernte, da ich dort etliche Male, aber überwiegend bei Dunkelheit umstieg. Der Vater eines meiner Freunde besaß die größte Gastwirtschaft mit dem einzigen Saal des zweieinhalb Tausend Einwohner großen Eichsfeld=Dorfes Küllstedt, in dem es recht hübsche Mädchen gab. Deshalb, aber auch im Hinblick auf mein spärliches Taschengeld, nahm ich die Einladungen meines Freundes zum Wochenend=Schwof des öfteren an. Bei erträglichem Wetter fuhr ich per Rad, bei schlechtem oder viel Schnee hin per Bus und Sonntagabend zurück mit dem Zug, und wenn es nicht zu kalt war, auf der hinteren Plattform des letzten Wagens. Dabei fiel mir auf, daß hinter Bf Küllstedt und vielleicht danach auch noch ein- oder zweimal das Gleis auf die andere Seite der Dammkrone pendelte; an Schotterreste erinnere ich mich ebenfalls.

Diese Praxis war bei Gleisabbau üblich, wie auch Preuß in seinem 1993 erschienenen Buch DER REICHSBAHNREPORT auf S. 12 im Zusammenhang mit Demontagen schreibt. Ich erwähne das hier, weil selbst Koch (vgl. Kap. 5) meint, der Abschnitt Küllstedt-Dingelstädt sei eingleisig geblieben, ich mir dessen aber nicht so sicher bin.

Mein Anschlußzug war der E 65, den man theoretisch trotz knapper Übergangszeit auch in Leinefelde erreichte. Da dieser Umweg nach Aufhebung fast aller Zughalte in Trennung ohne Nachzahlung erlaubt war - an sich nur für nichthaltende Züge, aber wen kümmerte das -, wollte ich das erste Mal in Leinefelde umsteigen, um mehr von der Eilzugfahrt zu haben und mir die Warterei in Trennung zu ersparen. Beim Halt in Birkungen verzögerte sich aber die Fahrt meines Eschweger Zuges geringfügig, und schon bekamen wir in Leinefelde keine Einfahrt.

Der E 65 hatte Vorrang. Sobald er von der Leinefelder Fahrdienstleitung angenommen war, wurde für die Weiterfahrt vorgeblockt, und der Kanonenbahnzug, der die Fahrstraße des (Fern)Eilzuges kreuzte, um zu seinem Gleis am Bahnsteig 1a zu gelangen, mußte warten. Ich ärgerte mich gewaltig, als der E mit kräftigem Auspuff der Lok im Einschnitt vor Leinefelde ohne mich vorbei fuhr, und ich den Personenzug über eine Stunde später nehmen mußte. In der Folge war ich klüger und stieg in Trennung um.

Abb. 20/21 - Silberhausen=Trennung - ***oben:*** aufgenommen 1975 - ***unten:***- 1980

Mir fiel zwar auf, wie wenige außer mir warteten, aber Rentabilitätsfragen von Umsteigehalten beschäftigten mich seinerzeit nicht, während ich auf dem spärlich beleuchteten Mittelbahnsteig herumspazierte (Abb. 18/19) oder bei starkem Frost in dem von einem Kanonenofen beheizten Warteraum neben dem Dienstgebäude saß. Von den Bahnbediensteten ließ sich einer nur blicken, wenn das Feuer im Ofen auszugehen drohte. Abfahrtsauftrag erteilten die Zugführer nach Signalstellung.
Nachdem die Sowjets Thüringen in Besitz genommen hatten und die abgewirtschafteten letzten Lokomotiven braunkohlebefeuert fuhren, diente der Warteraum - wie mir erzählt wurde - gelegentlich Fahrgästen, die vom liegen gebliebenen Zug ihr Ziel nicht durch einen Fußmarsch erreichen konnten, als Nachtquartier. Heizen mußten sie allerdings selber und sich das Brennmaterial aus dem Wald holen.
Über die Baulichkeiten von Trennung machte ich mir bei den Modellgebäuden keine große Gedanken. Hauptsache, das Stellwerk war eine Backsteinnachbildung. Die Backstein- oder Klinkerfassaden von Trennung und Wolkramshausen hatten sich mir übrigens so eingeprägt, daß meiner Erinnerung gemäß das Leinefelder EG keinen Verputz hatte. Den Ablenkungen betrieblicher Art dort kam sicher Mitschuld an dieserm Irrtum zu.
Was die Gleisanlagen Trennung betrifft, hielt ich mich vorsätzlich nicht an die einstige Realität, sondern ich mogelte wie in Leinefelde zugunsten der Modellzweckmäßigkeit und beließ es bei zwei Gleisen mit Inselbahnsteig. Die elektrische Schaltung für automatischen Selbstblockbetrieb zur Steuerung der unterschiedlichen Zugfahrten, einschließlich der Züge der abzweigenden bzw. einmündenden Strecke und für sonstige Finessen kosteten genügend Aufwand an Gehirnakrobatik, Relais, Schaltern, Strippen, SRK's, und ich mußte mehrfach störanfällige Relais auswechseln, bis ich sie durch absolut zuverlässig arbeitendes Material der Bundespost ersetzte.
In den sechs Jahren, die wir unsere Ferien in und um Mühlhausen verbrachten, pilgerten wir mehrfach zum aufgelassenen, einsamen Bf Trennung und erlebten Verfall und Abbruch mit (Abb. 20/21). Diese Gänge waren allerdings nicht der Hauptanlaß unserer zahlreichen Aufenthalte dort. Primär war ich auf der Suche nach Informationen über das Kleinbahnunglück 1920. Wir sprachen mit Eisenbahnern und Anwohnern, schließlich mit Erfolg. Durch einen Hinweis wurden wir in Hüpstedt fündig.
Was die Leute von der Vergangenheit wußten - allgemein und eisenbahnspeziell -, konnte die Katze auf dem Schwanz wegtragen, wie das Sprichwort lautet. Die ohnehin nicht ortsansässigen Eisenbahner wollten nicht einmal glauben, daß hier einst Schnellzüge fuhren, kein Wunder in Anbetracht des Gleiszustandes und der DDR =Ideologien, in denen nur der gegenwärtige 'real existierende Sozialismus' leuchtete, dagegen die deutsche Geschichte primär aus Kämpfen der Arbeiterklasse gegen finstere Zustände bestand. Und wenn ich oben Anwohner schrieb, ist das nicht ganz richtig. Die Bahnanlagen ziehen sich abseits der Ortschaften auf der Höhe dem Paß zu. Die Dörfer, auch Silberhausen und die Stadt Dingelstädt, liegen im Unstruttal, kaum mit Sicht auf die Strecke, unabhängig davon, daß gemeinhin nur auf das geachtet wird, was interessiert, wozu die Bahn nur in Ausnahmen gehört. Hinzu kommt ferner die große Bevölkerungsumschichtung ab 1945 mit Flucht vor den Sowjets, Vertreibung und Umsiedlung. Ich gehe noch einmal in Kapitel 5 darauf ein.

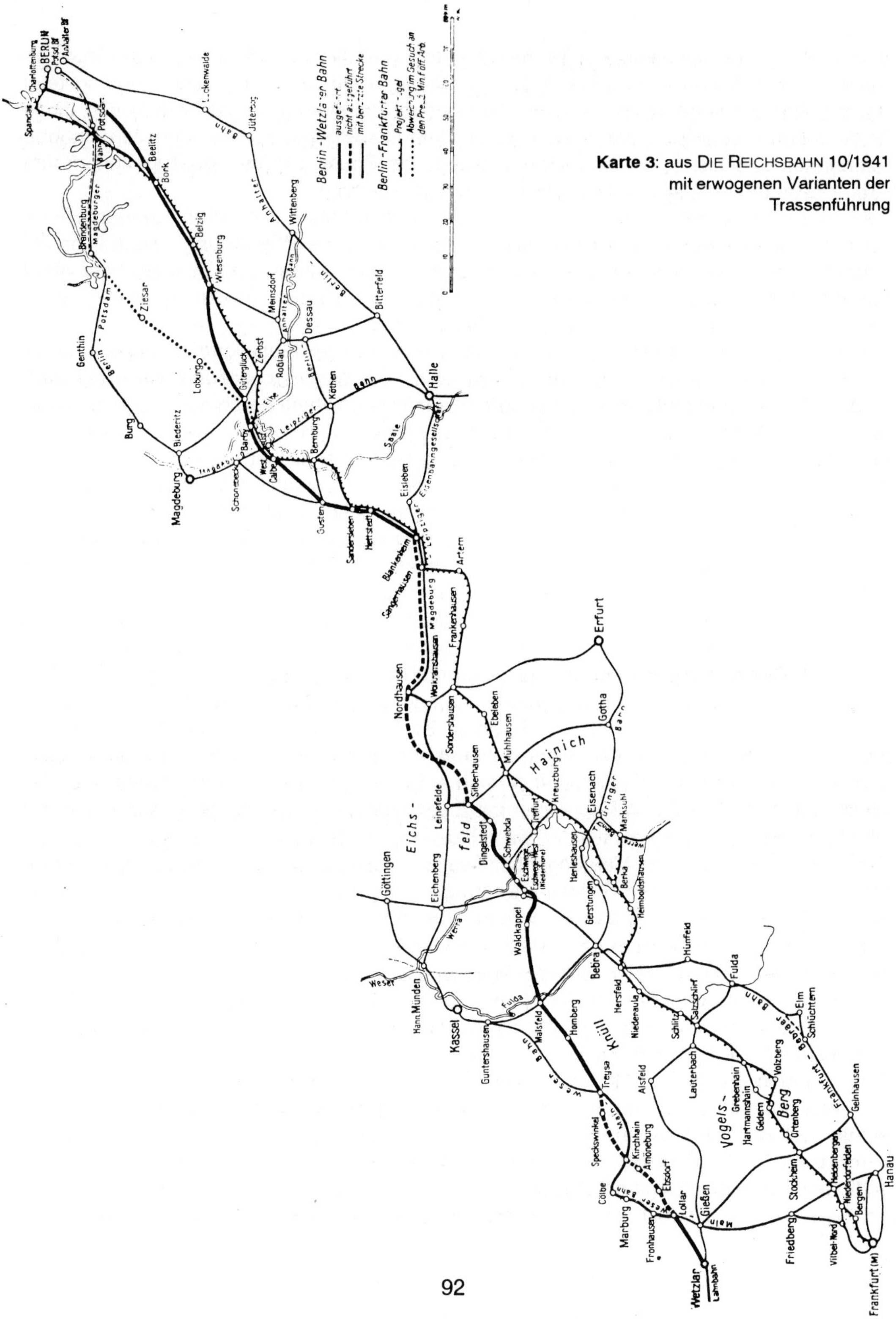

Karte 3: aus DIE REICHSBAHN 10/1941 mit erwogenen Varianten der Trassenführung

Der trotz niedrigerer Geschwindigkeit im Wagen spürbare Zustand der Gleisanlagen, kulminierte 1975 in einem Zwangshalt bei der Rückfahrt auf Höhe des Dorfes Ammern an der Stadtgrenze Mühlhausens. Plötzlich bremste der Zug scharf ab und hielt vor einem zu DDR=Zeiten neu eingerichteten Wärterposten. Nach ein paar Minuten fuhr er im Schritttempo und krachend über einen Schienenbruch. Die Strecke wurde danach gesperrt und einen Tag lang bis Dachrieden, der nächsten Station Richtung Leinefelde, Schienenersatzverkehr durchgeführt.
1980, bei unserem letzten DDR=Besuch war dort gerade der Oberbau komplett erneuert worden und sah bei flüchtigem Hinsehen gut aus. Aber, wie bei fast allen DDR=Arbeiten üblich, steckte - für das Auge unsichtbar - der 'Wurm' drin. So war in Trennung entweder beim Neigungswechsel hinter der Abzweigweiche nach Küllstedt oder in dieser oder beiden etwas nicht in Ordnung, so daß La=Tafeln hier eine Tempodrosselung vorschrieben, und die Züge abgebremst, aber laut schlagend passierten, während wir uns hinter dem noch stehenden Hauptdienstgebäude verbargen, um nicht gesehen zu werden. Denn es war ratsam, Abbruchobjekte auch ohne ausdrückliches Verbot zu meiden und sich beim Fotografieren dieser auf keinen Fall erwischen zu lassen.

5. Das Leinefelde-Eschweger Kanonenbahnteilstück in der neueren Eisenbahnhistoriographie - ein zeitgemäßes Trauerspiel

Das erstaunliche Interesse an dieser, in ihren diesen Namen führenden Streckenteilen weniger oder gar unbedeutenden Bahnlinie schlägt sich in zahlreichen Publikationen nieder, bis 1945 in Fachperiodika, so in der bahnamtlichen Zeitschrift DIE REICHSBAHN. Dann vergingen 22 Jahre, bevor im LOKMAGAZIN ein von Fragezeichen umgebener Streifblick im Rahmen des Aufsatzes *"Wo die Welt zu Ende ist"* von W. Jahn erschien. 1974 folgte ein Beitrag von B. Püschel in GLASERS ANNALEN, im Jahr darauf ein nicht signierter, vermutlich von Brandt stammender ziemlich flacher Kurzartikel im EISENBAHNMAGAZIN, und nachfolgend eine Arbeit von K. Eckert, von der mir nur eine Kopie zugesandt wurde und in der merkwürdige Postulate aufgestellt werden, u.a.:

> *"Ob das Wort von der Kanonenbahn im fern von Berlin gelegenen Abschnitt Leinfelde-Treysa unabhängig vom Berliner Mutterwitz geprägt worden ist, wird sich wohl nicht mehr klären lassen."*

Manche Berliner sind offenbar der Ansicht, Mutterwitz, Schlagfertigkeit oder Erfindungsgabe seien von ihnen gepachtet, wie sie auch den 'Rest' der Welt außerhalb einer großräumig bemessenen Berliner Bannmeile mit einer unfaßbaren Anmaßung desinteressiert betrachten, eine Borniertheit, die nicht einmal einer gewissen Sorte Bayern eigen ist.
1979 erschien in den BERLINER VERKEHRSBLÄTTERN auf DIN A4 eine 56 Seiten lange Arbeit von Peter Bley, hinsichtlich Vor- und Entstehungsgeschichte der Kanonenbahn, ihrer Be-

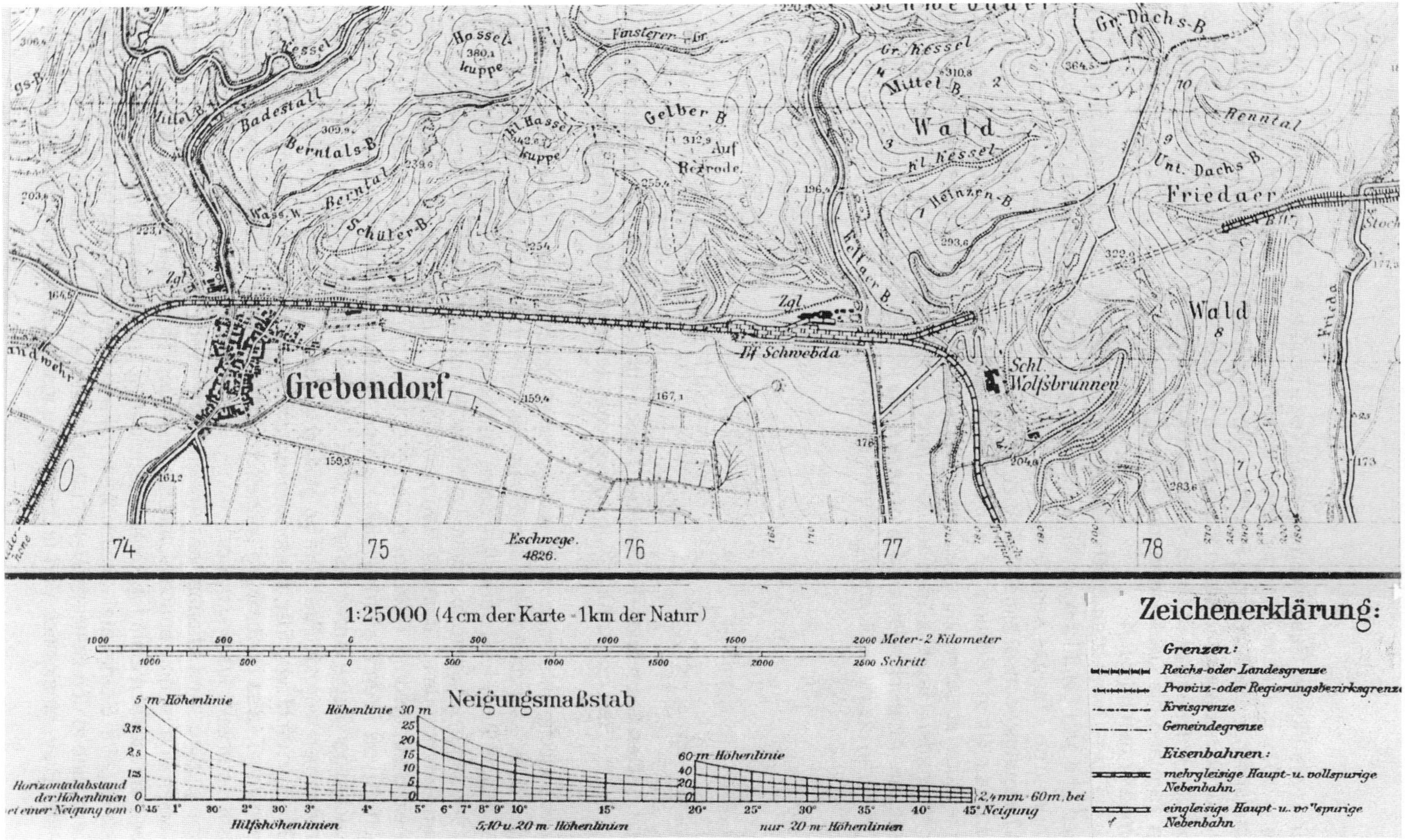

Karte 4: Ausschnitt aus Meßtischblatt Nr. 4726 (1909) - mit Genehmigung des Hessischen Landesvermessungsamtes, Wiesbaden - Verv.-Nr. 93-1-271

deutung und speziell für den Berliner Raum bis Güsten der gründlichste und umfassendste Beitrag der Nachkriegszeit bis heute, aber keinem Autor der späteren, thematisch einschlägigen Abhandlungen deren Text und Quellenangaben nach bekannt. Dabei sind Bleys Literaturhinweise annähernd lückenlos, weder Fahrplanauszüge (ab 1879!) fehlen noch Kartenskizzen und Bahnhofspläne, diese leider nur bis Sangerhausen bzw. zum Berliner Raum. Dennoch wäre für jeden, der sachgerecht über die Kanonenbahn schreiben will, die Kenntnis dieser Niederschrift unerläßlich, schon wegen der Literaturangaben, vor allem aber, weil sie für eine Anschlußergänzung d i e eisenbahngeschichtliche Basis darstellt und keine der gängigen Klischees enthält, wie heute bei Abfassung eisenbahngeschichtlicher Themen vielfach üblich.
Derzeit liegen vier Veröffentlichungen über das mittlere Kanonenbahnstück Leinefelde-Treysa vor, im Westabschnitt bis zu den Bahnhöfen Waldkappel bzw. Eschwege oder nur Geismar, letzteres ohne Autorenangabe in DER SCHIENENBUS, Münster Dezember 1992, 54 Textseiten im Format 14,5x21 cm. Dann, ebenfalls 1992, die bei Haack in Gotha erschienene Schrift von Paul Lauerwald, 46 Textseiten im Format 10,8x23 cm sowie der 1991 in der Reihe HAINICH HEIMATHEFTE, Langensalza, herausgegebene, 59 Textseiten im Format 14,5 x 20,24 cm umfassende Beitrag von Eisenbahnbau=Ing. Günter Fromm, Erfurt, und schließlich das normalformatige Buch von Wolfgang Koch, Hessisch-Lichtenau 1987, Waldkappel mit einschließend.
Die "Quellen" der SCHIENENBUS=Arbeit kann man als beinahe gleich Null bezeichnen, denn außer *"Kursbüchern verschiedener Ausgaben"* werden nur eigene Aufzeichnungen und die eigene Zeitschrift genannt, ferner EICHSFELDER HEIMATSTIMMEN - gemeint ist vermutlich HEIMATHEFTE (s. S. 90) -, sowie die Werke der o.g. Fromm und Lauerwald, eben Literatur. Die anderen drei Autoren geben immerhin von bedeutenderen, älteren Arbeiten u.a. die Lewalds an (bei Fromm und Lauerwald "Lehwald") über Kunstbauten und Tunnels der Strecke, erschienen in der ZEITSCHRIFT FÜR BAUWESEN 1883.
Kochs Buch war der Aufmachung nach wohl primär für heimatkundliche Belange konzipiert. Die Textteile mit Chronik machen etwa 1/3 des 176 Seiten starken Werkes aus, dessen Gewicht in der reichhaltigen Fotodokumentation liegt und in den Angaben, die der Autor Unterlagen Eschweger Bahndienststellen, einst für diesen Streckenabschnitt zuständig, entnehmen konnte. Damit wurde eine Leistung von bleibendem Wert vollbracht.
Bei Fromm fehlen Fotos völlig. Nach seinen zahlreichen Skizzen im Text, auf dem Vorsatzblatt und der Werbeseite, auch auf den äußeren Deckelseiten (vorn mit einer hinter Bergen aufgehenden Sonne zwischen Fichte und Laubbaum) sowie den liebevollen Schriftzügen im Stil altdeutscher Schrifttypen, muß Zeichnen zu Fromms Lieblingsbeschäftigungen gehören. Er wird in der Rezension seiner Kanonenbahn=Schrift im EISENBAHNMAGAZIN 9/92 zum *"...zweifelsohne fundiertesten Kenner thüringischer Eisenbahngeschichte..."* erhoben. Ob er und Koch einander eine produktive Ergänzung gewesen wären, sei dahingestellt, wie es so schön heißt. Immerhin geben sie sich gegenseitig als "Quelle" an, Koch Autor Fromm mit dem Zusatz *"Sammlung 'Eisenbahn-Historie', Erfurt"*.
Hierbei kann es sich nur um die ERFURTER BLÄTTER FÜR MODELLEISENBAHNER UND FREUNDE DER EISENBAHN handeln, die, nur von Verbandsmitgliedern erhältlich, jeweils eine thüringische Strecke zum Thema hatten, verfaßt vorwiegend von Fromm. Ich besitze einige dieser Hefte, aber keines über die Kanonenbahn, was aber nichts besagt, da ich mich nicht

sonderlich um diese Reihe bemühte, nicht der sehr einfachen Aufmachung wegen, sondern weil sie mir an Fakten nichts Unbekanntes bot.
Die 1991 erschienene und, wenn sie einen Vorläufer hatte, sicher verbesserte und erweiterte Kanonenbahn=Schrift Fromms, nennt an weiteren raumspeziellen "Quellen" zwei völlig belanglose heimatkundliche Aufsätze und die Arbeiten seines Nordhäuser Kollegen Lauerwald, wie dieser auch ihn. Daher sind bei beiden bestimmte Fehler deckungsgleich, und manche lassen die Folgerung zu, daß Lauerwald und Fromm ihre Bezugsliteratur nur unaufmerksam oder flüchtig lasen. So schreibt Lauerwald auf S. 18 *"zwischen Schwebda und Eschwege blieb die Strecke eingleisig"* und Fromm auf S. 19:

> *"Zwischen Schwebda und Geismar blieb die Strecke stets eingleisig, vermerkt der Autor in /8/. Daß mit Eröffnung der Nebenbahn nach Heiligenstadt 1914 doch der zweigleisige Ausbau dieses Abschnittes erfolgte, war wohl nicht der Fall. Zumindest von Schwebda aus und im Dachsberg-Tunnel war das zweite Gleis für die seperate Betriebsführung der 'Kanonenbahn' und der Heiligenstädter Strecke verlegt."*

"Autor in /8/" ist Koch, der auf S. 15 seines Buches vermerkt:

> *"Im Bereich der Bahnhöfe Niederhone und Waldkappel sowie Schwebda und Eschwege blieb die Strecke stets eingleisig."*

Was Koch damit sagen wollte, bleibt rätselhaft. Ihn wörtlich genommen, wäre der Verkehr in den genannten Bahnhöfen eingleisig abgewickelt worden, natürlich ein Unding, da diese Bahnhöfe schon vor dem Streckenausbau 1907 zumindest Ausweichgleise für Zugkreuzungen hatten. Vermutlich stützte dieser unglückliche Satz die Behauptungen Lauerwalds und Fromms. Dessen Erwägung, das zweite Gleis durch den Dachsberg=Tunnel sei für die separate Betriebsführung der Heiligenstädter Strecke verlegt worden, ist jedoch völlig absurd, da das Verkehrsaufkommen dieser Linie minimal und deren Rendite selbst bei großzügigster Rechnung für die Bahnanlagen keine Mark mehr als unbedingt nötig gestattete. Aber warum sollte ausgerechnet das Stück Schwebda-Eschwege, ein Streckenabschnitt mit dem Verkehr von drei Linien, nicht zweigleisig ausgebaut worden sein! Die Heiligenstädter Strecke war zwar noch nicht genehmigt, aber in Verhandlung, die Bahn nach Treffurt, seit 1902 eröffnet und im Weiterbau nach Wartha (-Eisenach), fertig 1907, brachte keinen geringen Reisezug- sowie auch Güterverkehr.
Unabhängig von Kochs unpräzisen, mißverständlichen Formulierungen bringt er auf S. 102 ein Foto von der Werrabrücke nordöstlich Eschwege, das den zweigleisigen Ausbaustand zeigt mit glänzenden Schienenköpfen, wonach beide Gleise rege befahren wurden. Außerdem bestätigt die Markierung in Karte 4, Ausschnitt eines in meinem Besitz befindlichen Meßtischblattes des Jahres 1909, die Zweigleisigkeit.
Wie gesagt, bietet Fromm zahlreiche Skizzen, auch von alten Lokomotiven, Tunnelbaugerüsten und -portalen, Brücken - letztere nach Lewald, aber wohl in eigener Fertigung - sowie von Bahnhofs- und Stationsanlagen, diese für eine eisenbahngeschichtliche Arbeit allerdings nicht befriedigend. Beispielsweise zeigt seine Skizze zu Birkungen, *"Stand 1971"*, das Gleis am Hausbahnsteig anliegend wie nach einem Umbau ca. 1980. Das nebenstehende Foto, 1975 aus dem letzten Wagen des abfahrenden Zuges aufgenommen, beweist, daß in diesem Jahr und somit 1971 das Gegengleis mit dem Außenbahnsteig in Benutzung war, das Innengleisbett und der Hausbahnsteig wüst.

Abb. 22 - Birkungen, Aufnahme aus Zug 8911, August 1975

Historischer Gleisabbau mit Gleisverlegung gehören in die Stations- oder sonstigen Lageskizzen eines eisenbahngeschichtlichen Werkes eingezeichnet, dgl. die richtige Position des Überweges, des Bahnsteiges und des Blocksignales. In der Fromm=Skizze ist das alles falsch enthalten, und es stimmt auch nicht mit dem Zustand nach dem Umbau überein, ausgenommen die Lage des Gleises. Durch Fehler oder Ungenauigkeiten dieser Art und solcher im Text entwertet Fromm seine Arbeit, zumal er im Verkehrsgeschichtlichen völlig schwimmt.

Auf S. 17 meditiert er über den Streckenabschnitt Leinefelde-Eschwege:

> *"Als Durchgangsbahn konnte er diese zu keiner Zeit erfüllen, hätten doch beispielsweise aus Richtung Nordhausen kommende Züge in Leinefelde Kopf machen, d.h. die Zuglokomotive umspannen müssen. Dabei drängt sich die Frage auf, warum man nicht östlich des Bahnhofs Leinefelde eine Verbindungskurve zwischen der Halle-Kasseler und der Gotha-Leinefelder Bahn gebaut hat, sodaß durchgehende Züge ohne den Bf Leinefelde zu berühren durchfahren konnten."*

Was die Verbindungskurve angeht, entbehrt diese Spekulation jedes verkehrlichen Bedürfnisses und wurde auch nie ernsthaft oder überhaupt ventiliert. Das Kopfmachen in Leinefelde stand einem Durchgangsverkehr auf der Gesamtrelation auch nicht im Wege, insbesondere nicht im 19. Jahrhundert. Lokwechsel war ohnehin öfters erforderlich, und der vollzog sich beim Kopfmachen schneller. Hinsichtlich Durchgangsverkehr hielten an-

dererseits einsichtige Kreise die Trassenführungen der Kanonenbahn=Neubauabschnitte, speziell des hier anstehenden, bei der Planung, während der Entstehung und danach für verfehlt, worauf auch Bley eingeht und worüber schon genügend Zutreffendes publiziert wurde. Die auftretenden hydrogeologischen Probleme mit Unfallfolgen hätten mit beträchtlichem Aufwand gelöst werden können, da jedoch westlich Nordhausen bei Umfahrung Kassels keine größeren Orte berührt wurden - auch Eschwege war nur eine Kleinstadt, noch 1939 mit nur 16 705 Einwohnern -, rentierte sich hier ein hochwertigerer Zugverkehr nicht, für den die kostspieligen Ausbaumaßnahmen nötig gewesen wären.
Nun präzisiert Fromm auf S. 40 seine vorstehend zitierte Äußerung:

> *"Es wurde bereits ausgesagt, daß ein durchgehender Zugverkehr über die gesamte 'Kanonenbahn' von Berlin bis Koblenz zu keiner Zeit stattgefunden hat. Die Züge durchfuhren immer nur Teilstrecken. Auf dem betrachteten Streckenabschnitt erfolgte der Zuglauf in den Relationen Leinefelde-Eschwege/Niederhone oder Leinefelde-Eschwege-Malsfeld-Treysa.*
> *Ein Fahrplan aus dem Eröffnungsjahr 1880 konnte noch nicht aufgefunden werden. Der älteste bisher bekannte datiert vom 1.6.1886 und ist dem 'Fahrplanbuch' des Betriebsamtes Nordhausen entnommen. Auf dem Abschnitt Leinefelde-Treysa wird nur 1 Zugpaar täglich ausgewiesen,..."*

So natürlich prompt auch in DER SCHIENENBUS mit Reproduktion einer Seite des Fahrplanbuches 1886 wiedergegeben. Der Text beginnt mit dem Satz:

> *"Ein tägliches Zugpaar zwischen Leinefelde und Treysa weist der älteste bislang bekannte Fahrplan - entnommen dem Fahrplanbuch des Betriebsamtes Nordhausen - vom 1. Juni 1886 aus."*

Das Fahrplanbuch jener Jahre entspricht bekanntlich dem späteren Buchfahrplan und gibt für die Belegung einer Strecke keinerlei Auskunft. In normalen Zeiten verkehrten zwischen Leinefelde und Eschwege als Minimum stets drei Zugpaare. Außerdem wäre es zur Spezifizierung der Verkehrsgeschichte angebracht gewesen, wenn Fromm darauf hingewiesen hätte, daß ab Beginn der Reichsbahnzeit die Reisezüge von/nach Leinefelde nominell in Eschwege endeten oder begannen, daß es aber andererseits während der ersten Verkehrsjahre ein durchgehendes Zugpaar Berlin Frankfurt/M. über Eschwege-Bebra gab. Demnach wurde immerhin der Versuch unternommen, diesen Streckenabschnitt in das Fernverkehrsnetz einzubeziehen.
Einen Fahrplan aus dem Jahr der Streckeneröffnung im Mai 1880 hätte sich Fromm in der Bücherei des Verkehrsmuseums Dresden ausleihen können. Ich wußte von den dort befindlichen Schätzen lange vor der Wende, war jedoch als Besucher aus einem 'kapitalistisch/faschistischen Staat' nicht zur Benutzung zugelassen, ein DDR=Bürger, gehobener Eisenbahner und Buchautor hatte aber die Möglichkeit. Da sich Fromm wahrscheinlich nicht besonders mit Quellensuche befaßte, kam er zu weiteren Fehlschlüssen bzw. -angaben, nicht allein in dieser Schrift, und nicht nur bei Verkehrlichem.
Diese Mängel sind besonders bedauerlich, weil Fromm spürbar ein persönlich engagierter Autor ist, und seine Beiträge in den ERFURTER BLÄTTERN bezeugen, daß er keiner der ideologiegeschwängerten Steigbügelhalter des DDR=Systems war. Das Fehlen jeglicher politischer Phrasen bei ihm berührt angenehm und hebt sich wohltuend von anderen, inzwischen gewendeten, aber weiterhin aktiven Autoren ab.

Da man bei DDR=Besuchen außer im Rahmen des Zwangsumtausches auch mit Bekannten und Freunden zu tauschen hatte, aber zum kommoden Kurs 1:3 - geboten wurde 1:5 und mehr -, damit diese auch die Intershops nutzen konnten, blieb immer die Frage: Was mit dem DDR=Geld anfangen bei den strengen Ausfuhrbestimmungen und -kontrollen. Von den vorzüglichen thüringischen Wurstwaren riskierten wir nie, allzuviel mitzunehmen. *Nordhäuser Korn* oder Qualitätsgarderobe war umgerechnet teurer als im Westen. Guten Unstrutwein gab es nur in den ersten Besuchsjahren, und davon mehr als ein Dutzend Flaschen einzupacken, trauten wir uns auch nicht. Aber bei der Ausfuhr von Gedrucktem brauchten wir uns keinen Zwang anzulegen.

So besitze ich den ATLAS DDR, ein 2000=Mark=Objekt und wahrscheinlich das ausgefeilteste deutsche Atlaswerk, das es je gab - eine hervorragende Leistung. Ich besitze dicke, kiloschwere Schwarten wie DIE ILLUSTRIERTE GESCHICHTE DER DEUTSCHEN NOVEMBERREVOLUTION und alle der zum großen Teil inhaltlich interessanten Ausgaben der MÜHLHÄUSER BEITRÄGE. Von den EICHSFELDER HEIMATHEFTEN, deren Inhalt mehr in Richtung ideologischer Aufpäppelung tendiert, hob ich mir nur jene auf, in denen Paul Lauerwald, Ingenieur oder Dipl. Gesellschaftswissenschaftler und einer der fleißigsten wie systemverbundensten DDR=Autoren vertreten ist.

Lauerwalds Themen sind, soweit mir bekannt, eisenbahngeschichtlicher Art, und man muß ihm zugestehen, daß er schreiben kann, sogar 'höhere' Gedankengänge pflegt, wenngleich auch er sich nicht das nötige Rüstzeug - z.B. Kursbücher - beschaffte. Daher entging auch ihm Bemerkenswertes, beispielsweise daß vor Ausbruch des Ersten Weltkrieges ein nicht unerheblicher Reiseverkehr zwischen Eschwege und Mühlhausen über die Kanonenbahn bestanden haben muß, worauf Pendelzüge Mühlhausen-Trennung hinweisen - eine Zugkuriosität, für deren Tenderlokomotiven es möglicherweise in Trennung sogar einen Gleisstumpf hinter den Dienstgebäuden gab. Spuren für eine eisenbahnarchäologische Forschung sind vorhanden.

11. Gotha-Leinefelde.

km	Zug-Nr. Kl.	T 2013	1051 2-4	521 2-4	537 2-4	T 2017	523 2-4	525 2-4	530 2-4	527 2-4	21 1-3	533a 2-4	533 2-4	529 2-4	610 2-4	535 2-4	535 2-4
	Erfurt 2 . . . ab	3-4 4 50		6 06	6 56	3-4 6 56	7 56 8 36	9 22 10 15	11 40	1 36 2 07	4 06	4 06 4 16	6 20	7 20	8 42	9 45	10 48
—	**Gotha** 2, 36 . . ab	5 35	. .	7 02	7 40	8 22	9 14	11 05	12 31	2 58	4 56	6 25	7 05	8 04	{9 40	10 20	{11 40
3	Gotha Ost . . .	5 40	. .	7 08	7 47			9 20	11 12	12 36	3 07			6 32	7 11	8 10	{9 47	10 26	{11 45
8	**Bufleben** 17 . . an	5 46	. .	7 14	7 55	8 31	9 26	11 19	12 41	3 12		6 37	7 17	8 15	{9 54	10 31	{11 50
	Grossenbehr. an	6 45	. .	. .	. .	. .	. .	12 04	. .	4 37	. .	7 19	. W	{9 25	11 01	. .	S
8	**Bufleben** . . . ab	5 49	. .	7 15	7 58	8 31	9 27	11 21	12 42	3 14		6 38	7 18	8 18	S	10 32	{11 53
12	**Ballstädt S.G.** 12 an	5 57	. .	7 21	8 07	8 39	9 33	11 27	12 48	3 20		6 46	7 25	8 24	. .	10 37	{11 59
12	**Ballstädt S. G.** ab	5 58	. .	7 22	8 12	8 45	9 35	11 29	12 49	3 22		. .	7 26	8 27	. .	10 39	{11 59
16	Eckardtsleben .	6 05	. .	7 29	nach Straussft.	8 51	9 41	11 36	12 55	3 28		. .	7 33	8 32	. .	10 45	{12 05
21	**Langensalza** 10 an	6 12	. .	7 35		8 59	9 47	11 43	1 01	3 34	5 15	. .	7 39	8 38	. .	10 51	{12 11
21	**Langensalza** . ab	. .	6 15	7 40		. .	9 50	11 50	1 05	3 37	5 16	. .	7 41	8 41	. .	10 53	{12 12
26	Schönstedt . . .	. .	6 22	7 47		. .	9 57	11 56	1 12	3 43		. .	7 45	8 47	. .	11 00	{12 18
29	Grossengottern .	. .	6 29	7 53		. .	10 03	12 02	1 18	3 49		. .	7 51	8 54	. .	11 06	{12 23
33	Seebach (Kr. Lgs.)	631	6 35	7 59	1053	. .	10 09	12 08	1 24	3 54		1057	8 03	8 59	1059	11 13	{12 29
40	**Mühl-** 37 . . an	2-4	6 44	8 07	2-4	. .	10 15	12 16	1 32	4 02	5 33	2-4	8 11	9 07	2-4	11 21	{12 37
40	**hausen (Th.)** ab	4 43	6 56	8 27	9 22	. .	10 32	12 22	1 35	4 07	5 34	5 48	. .	9 22	11 37	. .	. .
48	Dachrieden . . .	4 59	7 09	8 42	9 37	. .	10 47	12 37	1 46	4 21			6 04	. .	9 33	12 14	. .	. .
53	Breitenbich . . .	5 08			8 52			. .	10 56	12 46	1 53	4 29		6 12	. .	9 40			. .	. .
58	Silberhausen . .	5 18	7 24	9 02	9 53	. .	11 05	12 58	2 04	4 38		6 22	. .	9 45	12 46	. .	. .
59	Silberh. Trenngsb.	5 22					9 58	. .					2 07	4 42		6 25	. .	9 51			. .	. .
64	Birkungen . . .	5 30	7 32	9 10	10 08	. .	11 14	1 07	an	4 50		an	. .	9 58	1 01	. .	. .
67	**Leinefelde** 13, 39 an	5 37	7 38	9 16	10 14	. .	11 20	1 13	. .	4 56	6 05	. .	. .	10 04	1 10	. .	. .
	Göttingen . . an	. .	9 10	10 46	. .	. .	1 12	2 53	. .	. .	7 17	. .	. .	12 24	. .	. .	. .
	Hannover . . „	. .	12 23	12 23	. .	. .	. .	5 06	. .	. .	11 30	. .	. .	3 35	. .	. .	. .

aus: THÜRINGER REISEBUCH, Erfurter Allgemeiner Anzeiger Sommer 1912; Zug 1055 (Mühhausen ab 1.35 Uhr, in den Fahrplantabellen ohne Nummer) fuhr als Zug 1056 erst 3.29 Uhr zurück.

1) = Reisenden in und aus Richtung Kühlstädt ist bei in Silberhausen Tr. durchfahr. Zügen Umweg über Leinefelde ohne Nachzahlung gestattet

Vermerke in Fahrplantab. 171 ⇑ und 178 ⇓

■ Reisenden aus oder nach Richtung Mühlhausen ist bei den in Silberhausen Tr.Bf durchfahrenden Zügen der Umweg über Leinefelde ohne Nachzahlung gestattet

Der Pendelverkehr endete mit Kriegsausbruch 1914 und wurde nicht wieder aufgenommen; auch die Umsteigebedeutung von Trennung sank, und den Reisenden wurde die Berechtigung eines kostenlosen Umweges über Leinefelde (vgl. auch Kap. 4) zugestanden. Das, schreibt Lauerwald auf S. 28,

> *"...war nur so lange begründet, als einzelne Eil- und Schnellzüge zwischen Mühlhausen und Leinefelde nicht hielten und der Anschluß nur über Leinefelde möglich war."*

Umgekehrt wird 'ein Schuh' daraus. Einzelne Eil- und Schnellzüge sowie Personenzüge hielten, w e n n Anschluß bestand, sofern nicht, fuhren sie durch. Die zahlenmäßig geringeren Züge der Kanonenbahn hielten bis zu einem bestimmten Zeitpunkt alle.
In Anbetracht der vorerwähnten engen (Verkehrs=)Beziehung dieser benachbarten hessischen und thüringischen Gebiete rentierten sich bis 1914 auf dem Kanonenbahnteilstück Leinefelde-Eschwege sechs tägliche Zugpaare, alle in Trennung haltend und auf die Züge von/nach Mühlhausen abgestimmt, ggfs. durch Einlegen jener Hauptbahn=Pendelzüge. Der allgemeine Verkehrswandel nach dem Ersten Weltkrieg halbierte das Kanonenbahn=Zugaufkommen, aber vorerst hielten noch alle drei Zugpaare in Trennung sowie dieselbe Zahl der Hauptbahnzüge mit einigermaßen passenden Anschlußzeiten.
Durch die Errichtung von Kraftpostlinien Mühlhausen-Effelder, -Küllstedt und -Dingelstädt schrumpfte der Umsteigeverkehr in Trennung weiter, dgl. das Lokalaufkommen, so daß nach und nach auch die Teilstreckenzüge Mühlhausen-Leinefelde entfielen, und für die bis/ab Gotha durchlaufenden Personenzüge waren die Fernanschlüsse dort wie in Leinefelde wichtiger. Die Berücksichtigung der Umsteigemöglichkeit in Trennung wurde zum Korsett, weshalb die DRG 1932 die Tarifbestimmung der generellen Umwegerlaubnis für Reisende der in Trennung durchfahrenden Züge einführte und 1935 alle Hauptbahnhalte strich bis auf drei beider Richtungen, von denen schließlich nur einer übrig blieb, ebenso auf der Kanonenbahn plus dem eines bis 1945 'auf besondere Anordnung' verkehrenden Zuges, den man bei der RBD Kassel vergessen hatte - der Umsteigehalt des Hauptbahnzuges in Tennung war ab 1938 entfallen. (s.a. Anm. 17)
Verflechtungen dieser Art mit verkehrlichen Entwicklungen runden das Portrait einer Strecke ab und dürfen in geschichtlichen Arbeiten auch nicht fehlen. Ein Autor, dem sie nicht bekannt sind, erhält in Kursbüchern die nötigen Hinweise und kann dem dann in der einschlägigen Literatur oder dgl. nachgehen, will er mit seinen Ausführungen nicht an der Oberfläche bleiben.
Lauerwald scheint sich der Lücken in manchen seiner Abhandlungen bewußt gewesen zu sein, nur begibt er sich auf gefährliches Terrain, wenn er das indirekt damit begründet, die innerdeutsche Entwicklung nach dem Zweiten Weltkrieg habe vieles verschüttet, womit er u.a. die jenseits der DDR=Grenze befindlichen Kasseler Archivalien meint, die mit Auflösung der BD Kassel z.T. verschwanden. Da Lauerwald viel von Zeitzeugen hält, worauf noch eingegangen wird, wäre in diesem Zusammenhang ebenso ein menschlicher Aspekt von Gewicht, nämlich die mit der Besetzung Thüringens durch die Sowjets einsetzenden Fluchtwellen Evakuierter u.a. aus dem Ruhrgebiet, eingewiesener Vertriebener aus dem Osten des Reiches und Einheimischer. Von letzteren flohen zwischen 1945 und dem 1.1.1948 allein aus Mühlhausen 3706 Einwohner bei 53787 insgesamt, Stand 1.1.1945 - also ohne Vertriebene!

Die Zahlen sind dem letzten, 1949 erschienenen Wohnungsanzeiger, Adreßbuch für den Stadtkreis Mühlhausen, entnommen und insofern nicht vollständig, als Heimkehrer wie ich, die wegen Wehrdienst oder dgl. abgemeldet waren, wegblieben, bei anderen Verhältnissen jedoch wieder Einwohner geworden wären. Ich habe sogar den Flüchtlingsstatus, allerdings nur Klasse C (SBZ).
Unter diesen Flüchtlingen waren außer mir noch andere, die auf verkehrliche Fragen präzise Antworten hätten geben können. Für Lauerwald waren aber alle jene, die sich den sowjetischen "Befreiern" und ihren SED=Satrapen entzogen, einer seiner Polittiraden nach *"verbrecherische Elemente"* und *"Feinde der neuen Ordnung"*. Ich zitierte diese, auf Neudeutsch 'Diskriminierung' in einer Anmerkung unseres Buches DIE INNERDEUTSCHE GRENZE UND DER SCHIENENVERKEHR, was er anscheinend übelnahm, und er deshalb in seiner Kanonenbahn=Schrift auf S. 19 konterte:

> *"Wahrscheinlich wurde zu diesem Zeitpunkt auch das Kreuzungsbauwerk in Silberhausen Trennung seiner stählernen Überbauten beraubt. Das geschah nicht erst, wie Fricke/Ritzau 1990 schreiben, im Gefolge sowjetischer Gleisdemontagen 1945/46, sondern wohl schon um 1920. Zumindest liegen dem Autor Aussagen von Eisenbahnern und deren Angehörigen vor, die in der Nähe des Kreuzungsbauwerkes wohnten oder arbeiteten, denen zu entnehmen ist, daß die stählernen Überbauten mindestens seit den dreißiger Jahren nicht mehr vorhanden sind."*

Sich auf solche vagen Angaben zu stützen ist bestenfalls erheiternd, und über das Wissen der Anwohner um Vergangenes ist bereits das Nötigste gesagt. Unverständlich ist Lauerwalds Behauptung auch insofern, weil seine Literaturangaben die Werke von Fromm und Koch enthalten. Ersterer stellt die Existenz des Richtungsstranges Dingelstädt-Trennung bis 1945 nicht in Frage, Koch bringt auf S. 132 zwei Lageskizzen, die eine "1905-1945" mit Richtungsstrang und Überführungsbrücke, die andere "Stand 1985" ohne diese, die abgebauten Gleise in gestrichelter Markierung. Das ignoriert Lauerwald einfach.
Zur Sache vorab eine betriebliche Erwägung. Mit Abbau der Fahrbahnträger des Überführungsbauwerkes und niveaugleicher Einfädelung der Kanonenbahn in die Gotha-Leinefelder Strecke wäre der räumlichen Enge von Trennung und der Höhenverhältnisse der südlichen Einfahrgleise wegen (s. Abb. 23) auch das zweite Gleis zwischen Birkungen und Trennung überflüssig geworden. Für die Züge von Eschwege war dann entweder nördlich der Bahnsteige von Trennung eine Weichenüberleitung zum Süd-Nordstrang möglich, oder die neu anzulegende Weichenverbindung in der Südein- bzw. Ausfahrt würde sich etwa bis zur Bahnsteigmitte erstreckt haben. Aber es gab weder die eine noch die andere, sondern nur Weichenverbindungen vom Nord-Süd=Strang zum Gegengleis.
Schon aus diesen betrieblichen Gründen ist die Hypothese Lauerwalds unsinnig, noch unsinniger anzunehmen, man hätte die Fahrbahnträger nach 1937, der letzten Berichtigung des auszugsweise in Karte 4 wiedergegebenen Meßtischblattes und im Zeichen des allgemeinen Verkehrsaufschwunges abgebaut. Außerdem, was mich betrifft, war ich zu keiner Zeit meines Lebens ein Traumtänzer, der unzählige Male unter einer Brücke durch oder darüber fuhr und sich deren Existenz nur einbildete.
Auf S. 35 gibt Lauerwald an:

> *"Die eisernen Überbauten wurden nach 1919 zurückgebaut, die Träger und Widerlager sind noch gut erkennbar."*

Abb. 23: Zur Höhenlage der Streckengleise bei der Südein- und Ausfahrt Silberhausen=Trennung.
Karte 5: Ausschnitt aus Meßtischblättern Nr. 4627 (1937) und 4628 (1928) - mit Genehmigung des Thüringer Landesvermessungsamtes, Erfurt, Gen.-Nr. 003112/93

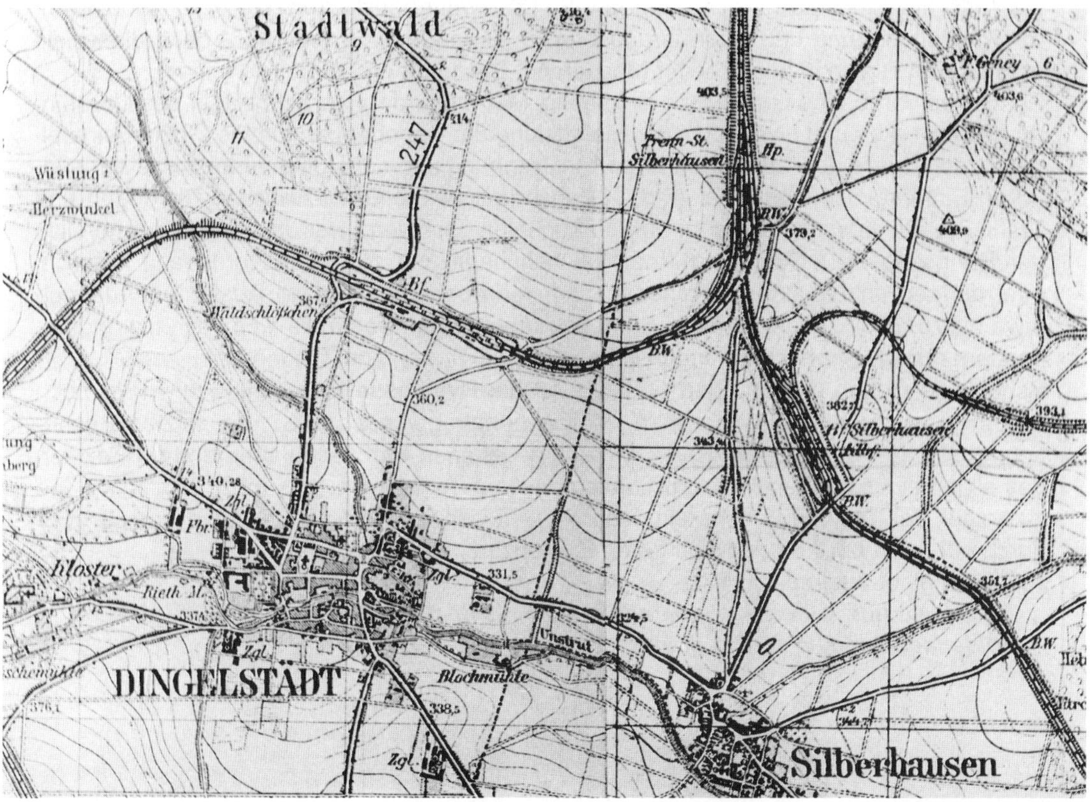

Der zweite Teil des Satzes läßt den Schluß zu, daß er es nicht für nötig befand, sich die Lokalität einmal aus der Nähe anzusehen. Denn es steht nur noch eines der Widerlager, ein technisches Kulturdenkmal, das östliche und der Zwischenpfeiler, den er wohl mit "Träger" meint, fehlen.

Belegt ist, daß eine Einheit der deutschen Wehrmacht beim Vordringen der US=Truppen die Viadukte über die Frieda und südlich Küllstedt über eine Schlucht mit der Straße von Mühlhausen zerstörten, in beiden Fällen nur durch Sprengung der Fahrbahnträgerstützen bzw. Pfeiler, ein Verfahren, das angewandt wurde unter Feinddruck oder wenn die Sperrung nicht nachhaltig sein sollte. Daher wurde mit größter Wahrscheinlichkeit im Zuge dieser Aktion auch das Überführungsbauwerk zwischen Silberhausen und Trennung unbefahrbar gemacht, wodurch man gleichzeitig die wichtigere Stecke Leinefelde-Mühlhausen sperrte.

Ob sich das noch beweisen läßt, ist nicht so wichtig. Es gibt keine andere Erklärung, und auch der in Heft 5/83 der ERFURTER BLÄTTER abgedruckte Leserbrief eines Mannes aus Borna, der seine Kindheit in Beberstedt, einem Dorf zwischen Silberhausen und Hüpstedt, verbrachte, liefert indirekt die Bestätigung:

> *"Die Widerlager der Überführungsbauwerke der 'Kanonenbahn' wurden 1947 demontiert und dienten zur Straßenbefestigung der nördlich von Silberhausen liegenden Verbindungsstraße zwisschen Bahnhofstraße und Beberstedter Straße. Es handelt sich um Buntsandstein oder Porphyr. ..."*

In meiner Zeit als Eisenbahnpionier habe ich einige praktische Erfahrung im Umgang mit und Zerstören von Brückenmauerwerk aus Natursteinen gesammelt. Selbst mit nicht so solidem, festgefügten wie dem des noch vorhandenen Widerlagers Silberhausen=Trennung wären wir ohne Preßlufthammer oder Sprengmittel kaum damit fertig geworden. Beides dürfte 1947 für lokale Belange dort nicht zur Verfügung gestanden haben. Ferner ist an den Zugverkehr zu denken, außer Reisezügen solche mit sowjetischem Beutegut. Es liegt auf der Hand, daß 1947 im Falle eines Abbruchs - und egal auf welche Weise - mit d e m Widerlager begonnen worden wäre, an dem einigermaßen ohne Störung oder Gefährdung des Zugverkehrs gearbeitet werden konnte, nämlich dem noch stehenden westlichen. Zwischen diesem und dem Gleis war Platz gelassen worden für einen Feldweg, über dem ein eigener Fahrbahnträger zum Mittelpfeiler lag - ebenfalls aus Natursteinen - und an dem auf der anderen Seite das Hauptbahngleis vorbeiführte, getrennt vom östlichen Widerlager lediglich durch den Streifen der 'blinden Trasse'. Alles in allem kann der Leserbriefschreiber mit "demontierten" nur das Wegräumen und Abfahren der seitlich des Gleises deponierten Trümmerhaufen gemeint haben.

Die abgestürzten und das Hauptbahngleis blockierenden Fahrbahnträger wurden vermutlich bereits im Frühsommer 1945, noch zur Zeit der US=Besetzung Thüringens beseitigt. Eine Passage bei Koch läßt sich dahingehend auslegen, daß im Bf Mühlhausen ein Brückenbauzug stand, der zum Wiederaufbau der gleichfalls zerstörten Werrabrücke auf Umwegen nach Eschwege geholt wurde. Nehmen wir an, daß er (oder eine US=Pioniereinheit) zuvor die Aufgabe erhielt, die Strecke nach Leinefelde frei zu machen, dabei die Fahrbahnträger des Überführungsbauwerkes Silberhausen zu bergen und den Schutt, der auch das Gleis bedeckte, beiseite zu schaffen.

Abb. 24/25: Beide Aufnahme 1975 - ***oben*** aus Zug Ri Leinefelde, zwischen Gleis und Widerlager der für den Feldweg vorgesehene Platz. Vom Mittelpfeiler gibt es kaum noch Reste, da er vermutlich am Sockel gesprengt wurde. ***unten:*** dito Ri Mühlhausen, rechts die bis auf das Planum der blinden Trasse abgerutschte Stirnseite des Dammes vom ehemaligen Überführungsstrang, noch ohne Sicherung gegen weiteres Nachrutschen (vgl. Abb. 26).

Beschließe ich damit diese wenig befriedigende Exkursion in das Gefilde eisenbahngeschichtlicher Aufarbeitung und fasse zusammen: Bei Koch fehlt es vor allem an Lektoratshilfe, insbesondere an einer Gliederung mit Inhaltsverzeichnis, Präzisierung einiger Textstellen und einer fachgerechten Gestaltung einschließlich Anhang. Abgesehen von Bemängelung ebenfalls fehlender Inhaltsverzeichnisse bei den anderen drei Publikationen, und Anerkennung, daß die des Haack=Verlages als einzige eine professionelle Aufmachung hat, wäre ein Resümee zu diesen nicht so knapp zu fassen.
Aber welch ein Trauerspiel, wenn Chronisten in ihren Abhandlungen zu einer Bahnstrecke, über die es Material gibt und Literatur vorliegt, davon sowie voneinander abweichende Thesen aufstellen, ohne das zu begründen oder sich zur Klärung des Sachverhaltes damit auseinanderzusetzen! Ein Leser aller dieser Veröffentlichungen muß irre werden, und falls er glaubt, er könne sich auf das Urteil des Rezensenten einer angesehenen Zeitschrift verlassen und dessen Kandidaten als "Kenner" und somit zuverlässig nehmen, greift er vollends daneben. Rezensionen solcher Art sind wie der passende Punkt auf einem mißratenen 'i'. Statt wesentlicher Angaben über das besprochene Opus erhält man emotional inspirierte, kaum auf Sachkenntnis beruhende Bewertungen.

Abb. 26: Auch dieses Bild mit dem Zug Richtung Dingelstädt (1992) wird bald Geschichte sein. Interessant ist, daß am Fuße der mangels Steinbewehrung abgerutschten Dammfront ein Steinpodest (rechts im Bild) errichtet wurde, wohl um ein weiteres Abrutschen und Einsickern in die Gleisbettung zu verhindern. Bemerkenswert ferner die Betonschicht auf dem Ecksockel zum Schutz des Bauwerkes gegen witterungsbedingten Zerfall. [Foto: Ive Ritzau]

Karte 6: Aus POSTAS von Tobias Conrad Lotter, Augsburg 1769. Der Kartenausschnitt zeigt die Postkurse und die urbane Situation jener Zeit und des hier zu Betracht stehenden Raumes.

DRITTER TEIL

ZUR MYTHOLOGIE DER EISENBAHNGESCHICHTE

von
Franz Garrecht

I. "Wenn der Senator erzählt ..." oder Eisenbahnfabeln und Städte='Blüten' in kommunaler Selbstdarstellung

> *"Nun liegt sie da, unsere Stadt Einbeck, in öder Abgeschiedenheit von der großen Welt; die große Straße von Norden nach Süden, welche bisher unsere Stadt durchschnitt und einigermaßen Leben und Verkehr in die Stille brachte, sie ist nun verödet..."*

Das Klagelied des EINBECKER WOCHENBLATTS vom August 1854 war nicht das erste und sollte nicht das letzte bleiben, das vom Chronisten manch altehrwürdiger Reichs-, Bischofs- oder Handelsstadt sich vernehmen ließ, der seine Kommune durch den fehlenden oder nur unzulänglichen Anschluß an die großen Eisenbahnlinien unversehens ins Abseits gedrängt sah. In Peine aber fand ein simpler Lokalbarde in einem von der Begeisterung der Stunde inspirierten Hymnus auf die gerade eröffnete Hannover-Braunschweigische Eisenbahn nicht nur ein Leitmotiv zum dröhnenden Sang eines ganzen Jahrhunderts samt seines unbegrenzten Fortschrittsglaubens, er lieferte auch gleich den Cantus firmus für ungezählte, meist von pensionierten Schulmeistern, Pfarrern, Amts- oder Stadträten in musischen Nebenstunden zusammengestoppelte Orts- und Regionalgeschichten.
Mit Eifer, aber selten ohne "Zorn" und einer Geschichtsphilosopie, die in schöner Regelmäßigkeit zeitliche Aufeinanderfolgen mit kausalen Zusammenhängen verwechselt, werden da seit eh und je Vergangenheit und Zukunft selbst des kleinsten Fleckens mit seiner mehr oder weniger glücklichen Lage im Netz der Eisenbahn verknüpft. Warnende oder aufmunternde Beispiele aus der Vergangenheit werden stets in Reserve gehalten; ein unerschütterlicher Glaube an die Magie des Schienenstrangs scheint Erbgut selbst noch jener, die ihn längst nicht mehr benutzen, und er heftet sich an die Paniere, ganz gleich, ob es sich um die Entscheidungsschlacht um die Trasse einer neuen Schnellbahn oder das letzte Gefecht um eine längst dem Tode geweihte Kleinbahn handelt.

Um die Schlüssigkeit historischer Exempel ist es meist ein eigen Ding, und Geschichtskonstruktionen nach dem Muster "Wenn Hannibal Kanonen gehabt hätte" sind nicht gerade die verläßlichste Kondition, zumal wenn man die Eisenbahn ins Spiel bringt. Auch längst nicht alles, was "danach" kam, ist darum gleich "deshalb" gewesen, und das beliebte und gern geübte Spiel mit "Wachstumsprozenten" in Relation zum Bahnanschluß zeigt am Ende meistens nur, daß sich - aufs Ganze gesehen - in der Hierarchie der Städte und Gemeinden nicht allzuviel geändert hat. Wer schon das legendäre Wachstum Lehrtes - und sicherlich zu Recht - vor allem "seiner" Eisenbahn zuschreibt, der wird sich trotzdem fragen lassen müssen, warum dann ähnliches nicht auch mit Altenbeken, Kreiensen und Eichenberg geschah. Und folgt man nur dem äußeren Schein, haben selbst die 'Grandes Lignes' über weite Räume hin, die sie durchzogen, kaum andere Spuren hinterlassen als die vom Winde verwehten Rauchschwaden ihrer Lokomotiven.

Selbst der Umweg einer frühen Magistrale und später nicht einmal ein "direkter Wagen" nach Paris haben die einstige Reichsstadt Nördlingen aus ihrem Dornröschenschlaf wecken können; das Blühen und Gedeihen der alten Klingenschmiede Solingen dagegen ist auch durch ihre offenkundige Abseitslage im Netz der großen Durchgangslinien kaum beeinträchtigt worden. Großstädte des Mittelalters aber und der frühen Neuzeit - etwa wie Ulm - hat auch ein zum Teil noch so glänzender Bahnanschluß nicht auf eine ihrer früheren Rangordnung entsprechende Position wieder hinaufsetzen können, Augsburg, die "Weltstadt des Mittelalters", oder Braunschweig, beide im ersten Dritteil des vergangenen Jahrhunderts München und Hannover in der Größenordnung durchaus noch ebenbürtig, vermochten ihren Platz nicht zu halten. Sie wurden eingeholt und überrundet, selbst von Orten, die jahrhundertelang nur ein Schattendasein geführt, dann aber kometengleich am Städtehimmel erschienen und manch frühen Stern erster Größe mit ihrem Glanz verdunkelten.

All diese Einwände, gleichsam aus der Position eines 'Advocatus diaboli', beweisen am Ende natürlich kaum mehr, als daß eine These nicht schon deshalb falsch sein muß, weil man am falschen Ort noch obendrein mit falschen Argumenten für sie streitet; denn wer wird andererseits im Ernst bestreiten wollen, daß ohne Eisenbahnen die technisch-ökonomische Entwicklung einer ganzen Epoche und mit ihr auch der ungeahnte Aufstieg zahlloser städtischer und ländlicher Kommunen überhaupt zu denken wären!

Mit zeitweiliger Verspätung hat der nie auszuschöpfende Stoff dann doch die Wissenschaft auf den Plan gerufen und schließlich die "besondere Berücksichtigung" ganzer Scharen von Doktoranden gefunden. Was macht es, daß viele bei steriler "Abgrenzung des Themas" jene Farbe und Fülle vermissen lassen, welche die "Notizen aus der Provinz" manch eines Kleinstadtlogographen wenigstens zur amüsanten, erfrischenden und nicht selten sogar anregenden Lektüre erheben. Sie verhalfen immerhin zur elementaren Erkenntnis, daß nicht der erstbeste Patentschlüssel schon die Tür zum Einblick öffnet oder gar das Tor der Einsicht in das höchst komplizierte Wechselspiel zwischen Wachstum und Prosperität einer Gemeinde auf der einen Seite und ihrer spezifischen Verkehrsanbindung auf der anderen, einen Prozeß mit einer Vielzahl von Einwirkungen und Rückwirkungen unterschiedlichster Art, dem mit dem Kleinen Einmaleins von Ursache und Wirkung ebenso schwer noch beizukommen ist wie er in einem simplen Parallelogramm der Kräfte darstellbar erscheint.

Wie und warum nun aber Kassel und Hannover - und die Reihe ließe sich beliebig fortsetzen - zu am Ende 'Kassel' und 'Hannover' aufstiegen, und Kreiensen eben nur Kreiensen geblieben ist, aus der Sicht der Etablierten und in der Rückschau der Saturierten erscheint das Ganze simplifiziert als eine Art 'Spiel ohne Grenzen', das natürlich stets der 'Bessere' gewann. Hinzu kommt, wenn der "Senator erzählt" und zahllose Lokalschreiber es getreulich repetieren, gleichsam als Zugabe einer freundlichen dea ex machina, als Geschenk einer gütigen Fee aus dem Märchen, dann stets noch die "einmalige Gunst der Lage" (zumindest seit den Tagen der Römer, wenn nicht gleich der jüngeren Steinzeit an "uralten Handelswegen", versteht sich!), die in geheimnisvoller Symbiose mit einer offenbar nur ihren Bewohnern eigenen "besonderen Tüchtigkeit und Intelligenz" die heimische Kommune unweigerlich zum Sammelbecken der "großen Verkehrsströme" und damit auch zu einem Fixpunkt im künftigen Straßen- und Eisenbahnnetz prädestinierte.

Im Eisenbahnhof

Hört ihr den Pfiff, den wilden, grellen?
Es schnaubt, es rüstet sich das Thier,
Das eiserne, zum Zug, dem schnellen,
Herbraus't's, wie ein Gewitter schier.

In seinem Bauche schafft ein Feuer,
Das schwarzen Qualm zum Himmel treibt;
Ein Bild scheint's von dem Ungeheuer,
Von dem die Offenbarung schreibt.

Jetzt welch ein Rennen! welch Getümmel,
Bis sich gefüllt der Wagen Raum!
D'rauf »fertig« schreit's, und Erd' und Himmel
Hinfliegen, ein dämon'scher Traum!

Dampfschnaubend Thier! seit du geboren,
Die Poesie des Reisens flieht;
Zu Roß mit Mantelsack und Sporen
Kein Kaufherr mehr zur Messe zieht.

Kein Handwerksbursche bald die Straße
Mehr wandert froh im Regen, Wind,
Legt müd' sich hin und träumt im Grase
Von seiner Heimath schönem Kind.

Kein Postzug nimmt mit lust'gem Knallen
Bald durch die Stadt mehr seinen Lauf
Und wecket mit des Posthorns Schallen
Zum Mondenschein den Städter auf.

Auch bald kein trautes Paar die Straße
Gemüthlich fährt im Wagen mehr,
Aus dem der Mann steigt und vom Grase
Der Frau holt eine Blume her.

Kein Wand'rer bald auf hoher Stelle,
Zu schauen Gottes Welt, mehr weilt;
Bald Alles mit des Blitzes Schnelle
An der Natur vorübereilt.

Fahr' zu, o Mensch! treib's auf die Spitze,
Vom Dampfschiff bis zum Schiff der Luft,
Flieg' mit dem Aar, flieg' mit dem Blitze!
Kommst weiter nicht als bis zur – Gruft.

Beispiel einer eher skeptischen, rückwärtsgewandt-romantischen Eisenbahnpoesie
[aus EINBECKSCHEN WOCHENBLATT vom 10. September 1853]

Karte 7 -: W. Logemann, Die Eisenbahnen im Wesergebiet

[aus: DIE BUNDESBAHN 1. Beiheft, Darmstadt o.J.]

II. Die Relativität von Prosperität und Eisenbahnanbindung

1. Der Fall Einbeck

"Normalerweise beginnt ein Bericht über eine Stadt mit einer globalen Überschau, verbunden mit einer Darstellung der zentralen Lage, von der aus London und Berlin gleich gut und schnell zu erreichen sind..."

Ein solches Zeugnis aus dem an großen Traditionen wirklich nicht armen Hildesheim[1] verdient hier schon deshalb einen Platz, weil es in seinem leisen Anflug von Selbstironie zu den absoluten Raritäten unter den auf dem Jahrmarkt der Eitelkeiten sonst üblichen kommunalen Eigenbespiegelungen gehört. Oder spricht auch aus ihm letztlich nur der Galgenhumor all jener, die beim großen Gerangel um den Eisenbahnkuchen des vergangenen Jahrhunderts nicht gerade ein Rosinenstück erhielten?

Dieser Kuchen hatte in der Tat die fatale Eigenschaft, daß er sich nicht in gleiche Teile zerlegen ließ. Obendrein war seine Größe nun einmal von der Menge der vorgegebenen Ingredienzien abhängig, die sich nicht ins Unendliche vermehren ließen. In die Dezernentensprache übertragen, bedeutete das: Zahl und Rangordnung von Orten "mittlerer, höherer und höchster Zentralität" waren - selbst durch gravierende Veränderungen im Verkehrssektor - nicht beliebig auszuweiten, und auch der beste Bahnanschluß hätte "unserer Stadt Einbeck" kaum eine andere Rolle zugewiesen als sie dann Elze, Alfeld oder Northeim trotz ihrer Vorzugslage an der großen Magistrale zu spielen imstande waren. Denn wie kaum anders zu erwarten, zeigte es sich nur zu bald, daß die Würfel für die wahren Hauptgewinner längst und auf einer ganz anderen Ebene schon gefallen waren, noch ehe die ersten Lokomotiven überhaupt zu dampfen begannen und die Glocke zur Abfahrt der festlich geschmückten Einweihungszüge ertönte.

Daß der Stadt Einbeck allerdings eine engere Anbindung an die Hannoversche Südbahn wegen "nicht näher geklärter" Machenschaften oder aus rigoroser Mißachtung all dessen, was "links und rechts" der einmal vorgegebenen Linie lag, versagt geblieben sei, dürfte kaum noch ernsthaft zu vertreten sein. Allein daß man die Stadt zunächst mit Hilfe eines Kopfbahnhofs berücksichtigen wollte, spricht dafür, daß die schließlich unter übergeordneten Gesichtspunkten zu Recht erfolgte Umgehung wegen "Terrainschwierigkeiten" kein bloßer Vorwand war. Für die Weiterführung der Südbahn hatte es ab Nörten auch eine Alternativplanung westlich an Göttingen vorbei über Adelebsen-Dransfeld nach Hann. Münden gegeben. Aber am Ende gaben dann doch die wirtschaftlichen Belange der durch die 1734 gegründete Universität und einige eng mit ihr verflochtene Gewerbe (Druckerei-, Verlags- und Zeitschriftenwesen u.a.m.) nach langem Siechtum wiederaufblühenden Stadt den Ausschlag für die endgültige Trassenführung.

oben - Karte 8a/b: Verbreitung des "Eimbecker Bieres" im 15. und 16. Jahrhundert [aus: W. Feise, Das Brauwesen der Stadt Eimbeck. Berlin 1928] / **unten Abb. 27**: "Terrainschwierigkeiten" waren sicher kein bloßer Vorwand, als man die "Hannoversche Südbahn" schließlich an Einbeck vorbeiplante. Blick auf die 1828-31 errichtete Straßenbrücke bei Kuventhal. [Stahlstich von C. Diedrich, ca. 1860]

Die Umgehung Einbecks beim Bau der Strecke Holzminden-Kreiensen bleibt allerdings ein nicht wegzuleugnender Skandal und ein trauriges Relikt der Spätzeit deutscher Kleinstaaterei. Die bei anderer Trassierung obendrein günstigeren Geländebedingungen hätten dieser in ihrer endgültigen Ausführung ohnehin wenig effektiven "Gebirgsbahn" und in der Folge wohl auch der Stadt Einbeck einige neue Impulse geben können. Doch sollte man sich hüten, auch daran im nachhinein allzu hohe hypothetische Erwartungen zu hängen. Selbst das zum bedeutenden Knotenpunkt aufgestiegene Northeim hat das "sträflich vernachlässigte" Einbeck nie ernsthaft überrunden oder gefährden können, und die Sollingbahn Ottbergen-Northeim entwickelte sich trotz ihres Gebirgsbahncharakters zwischen Bodenfelde und Northeim zu einer der wichtigsten Ost-West=Achsen im innerdeutschen Güterverkehr - eben weil hier, und das war das Entscheidende, letztlich die 'Richtung' stimmte.

Im Dreieck zwischen den beiden großen Residenzen Kassel und Hannover sowie der Universitätsstadt Göttingen war aber schon im beginnenden Eisenbahnzeitalter für ein weiteres größeres 'Mittelzentrum' oder gar ein kleines 'Oberzentrum' kaum noch Platz - Ordnungsbegriffe übrigens, die sich in diesem Sinn auf eine mittelalterliche Stadt überhaupt nicht anwenden lassen (vgl. auch Anm. 17). Denn jede wichtigere Kommune vereinte damals für sich und ihr Umland alle denkbaren städtischen Funktionen in ihren eigenen Mauern, und die Beziehungen der Städte untereinander beruhten nicht auf den sich erst aus dem absolutistischen Verwaltungsstaat entwickelnden Prinzipien der Unterordnung oder des 'Zugeordnetseins', sondern auf dem der Gleichberechtigung, was vereinzelt den städtischen Status eines primus inter pares nicht ausschloß. Die Konzentration auf relativ wenige Fixpunkte und Linien war dagegen der Bahn in hohem Grade systemimmanent, und zwangsläufig mußte auch sie den Rudimenten altdeutscher Vielfalt und Vielgestaltigkeit entgegenwirken. Unter den Zeichen der Zeit aber konnte es keine Frage mehr sein, wer bei diesem Ausleseprozeß am Ende 'auf der Strecke' blieb.[2] Anzufügen wäre, daß diese Gegebenheiten recht komplex und ausschließlich aus heutiger Sicht nicht faßbar sind.

In seinen Glanztagen hatte Einbeck mit etwa 7000 Einwohnern die spätere Residenz Hannover zeitweilig um einige tausend hinter sich gelassen. Der Aufstieg, die Hochblüte und schließlich auch der in jahrhundertelange Stagnation mündende Niedergang der ehrwürdigen Handels- und Hansestadt[3] war aufs engste mit ihrem eigentlichen 'Exportschlager', dem Bier, verknüpft. Bevor sich Bayern allmählich zum Bierland mauserte, bezogen selbst einige seiner Herzoge 'Ainpockisches Bier'. Eimbeck, wie Einbeck früher genannt wurde, gab dem Münchner 'Bock' seinen Namen, und stellte einen eigens vom Hofbräuhaus angeforderten Braumeister als Berater. Nebenstehende Karte 8a/b zeigt, daß das Hauptverbreitungsgebiet des 'Einpöcker Biers' im engeren und weiteren Einzugsbereich vornehmlich der Handelsströme der alten 'Reichsstraße' lag. Und wie sein Überlandtransport in mächtigen Fässern, der in der Relation durchaus dem heutigen 'schweren Güterverkehr' entsprach, vonstattenging, zeigt in eindrucksvoller Weise die Holzschnitzerei eines 'Weinfuders' am einstigen Gasthof "Zum goldenen Engel" in Hildesheim.

Daß Einbecks Bierexport für zwei Jahrhunderte dann fast ganz zum Erliegen kam, dürfte allerdings weniger in den die Stadt heimsuchenden Brandkatastrophen oder den Nachwehen des Dreißigjährigen Krieges begründet gewesen sein, als in der zunehmenden

'Selbstversorgung' mit Bier und Branntwein zahlreicher städtischer und ländlicher Gemeinden seit dem 17. Jahrhundert.[4]
Wenn Einbeck, von der Biermetropole und wichtigem Versandort weiterer Spezialitäten zur schlichten Kleinstadt abgesunken, selbst aus seiner Vorzugslage an der früh chaussierten großen Hannoverschen Fernstraße nach Göttingen - schon damals Glied einer der wichtigsten Nord-Süd=Achsen in Deutschland - so wenig machen konnte, daß es in erster Linie nur aus den simplen Dienstleistungen für den durchziehenden Fuhr- und Postbetrieb noch Nutzen zog, läßt das ernsthafte Zweifel aufkommen, ob seine Entwicklung auch bei besserem Bahnanschluß grundsätzlich anders verlaufen wäre.[5] Wer nichts mehr zu versenden und entsprechend nichts mehr zu empfangen hat (und das waren zu Einbecks Blütezeit immerhin orientalische Gewürze, italienische Samt-, Gold- und Silberwaren sowie Weine aus Spanien und Portugal gewesen), dem wird auch der schönste Bahnhof nicht viel nützen. Wie es aber um die oft beschworene Neubelebung oder Neuansiedlung von Handel und Gewerbe einzig infolge besserer Verkehrsanbindung, sei es auf der Schiene, der Straße oder auch zu Wasser [6] (neuerlich erstrebt ja jedes Mittelzentrum schon seinen eigenen 'Regionalflughafen'! [7]), in Wahrheit bestellt ist, dafür gibt es - keineswegs nur positive - Zeugnisse in Fülle. Ganz abgesehen davon, daß zu jener Zeit, als die Eisenbahnen das Beförderungsmonopol besaßen, ein gut funktionierender und wohlabgestimmter Zweig- oder Nebenbahnanschluß sich für manche Gemeinde, im Personen- und erst recht im Güterverkehr, kaum nachteiliger auszuwirken brauchte als für andere die 'direkte' Lage an einer noch so renommierten Linie, wenn deren 'große Züge' am Ende doch nur ohne Halt vorüberrauschten.
Auch dafür liefert das "ins Abseits gedrängte" Einbeck ein klassisches Beispiel. Denn mit seinem Namen ist der des ersten großen deutschen Versandhausunternehmens Stukenbrok auf das engste verknüpft. Das aus der Fahrradproduktion und deren Direktversand sowie dem von Nähmaschinen der Marke 'Deutschland' hervorgegangene Unternehmen verfügte schon 1911 über mehr als 600 000 ständige Kunden. Das sich immer mehr ausweitende Warenangebot wurde schließlich durch über eine Million Kataloge alljährlich in der Welt verbreitet - zum Großteil mit der Eisenbahn und einem Nebenanschluß, versteht sich![8]

2. Nördlingens Dornröschenschlaf

Das Dilemma der Stadt Einbeck in ihrer durch die politische Konstellation der Zeit von vornherein festgelegten Rolle als Zaungast in der nicht mehr zu sprengenden Städteriege Kassel/Göttingen/Hannover - letztlich auch Hildesheim/Braunschweig - findet, wie sich noch zeigen wird, eine gewisse Parallele im Schicksal der alten Reichsstadt Nördlingen. Doch bei genauerer Betrachtung erweist sich der 'Fall Nördlingen' schon bald als weit diffiziler und reduziert sich keineswegs auf die unmittelbar ins Auge springenden Ähnlichkeiten.

Vorab bleibt festzuhalten, daß Einbeck aus den gegebenen Umständen noch das Beste machte und sein bescheidener Bahnanschluß einer gedeihlichen wirtschaftlichen Entwicklung offenbar nicht ernstlich im Wege stand. Nördlingen dagegen hat selbst durch seine Vorzugslage an einer der frühen Hauptbahnen - bis zur Eröffnung der Direktverbindung über den Jura und Treuchtlingen (1906) führte die Magistrale Augsburg-Nürnberg-Hof-Leipzig ein halbes Jahrhundert lang im weiten Bogenlauf ab Donauwörth über Nördlingen - keine entscheidenden Impulse zu ziehen vermocht.

Abb. 28: Bahnhofsidylle Nördlingens im Jahre 1849 von Johann Michael Voltz, aquareller Druck - nach dem Original im Stadtarchiv Nördlingen

Der Bruch in der Entwicklungsgeschichte Nördlingens dürfte also schon früher eingetreten sein. Vergegenwärtigen wir uns einmal die einstige Lage der Stadt im Schnittpunkt der alten Fernhandelsstraßen Nürnberg-Ulm-Bodensee und Frankfurt/M.-Würzburg-Augsburg-Brenner bzw. im Zuge der römischen Via Claudia über Füssen nach Italien, dazu ihre Funktion als Relaisstation in der Kette der 'Königsstädte' Regensburg, Donauwörth, Bopfingen, Aalen, Schwäbisch Gmünd, mit Anschluß in Cannstatt an die bedeutsame Diagonalverbindung durch den Kraichgau nach Speyer und weiter zu den mittelalterlichen Handelsmetropolen am Rhein und in Flandern! Bei so hoch angelegter Meßlatte schwindet allerdings der vordergründige Eindruck, verschiebt sich das vertraute Bild einer scheinbar glänzenden, und daher um so unverständlicher versäumten Startchance in die Eisenbahnzeit, ja dann will sich das aus Rudimenten früher Fehlplanungen schließlich zusammengestoppelte 'Eisenbahnzentrum' Nördlingen eher wie das Paradebeispiel eines Verkehrsknotens der falsch verknüpften und obendrein noch falsch genutzten Verbindungen ausnehmen.
Zwei der wichtigsten Richtungsweiser - die Leitlinien nach Ulm und Würzburg -, die das Drehkreuz Nördlingen einmal neben Frankfurt/M. zum bedeutendsten Meßplatz Süddeutschlands, aber auch zum unwillkommenen Treffpunkt zahlreicher Heere im Dreißigjährigen Krieg gemacht hatten, gerieten bei Ausgestaltung der Eisenbahnlandschaft so

ins Abseits, daß man im Hinblick auf den großen Durchgangsverkehr praktisch von einer Negation sprechen kann. Das mag und wird durchaus topographische (Alb=Übergänge) und besonders auch politische Gründe, wie die veränderte Lage der Stadt in der Grenzregion Bayern/Württemberg, gehabt haben. Aber die tieferen Ursachen lagen zweifellos in den erloschenen Verkehrsbeziehungen zu dem einst sprichwörtlich reichen, aber ebenso tief herabgesunkenen Ulm. Ferner waren die Gewerbe, vor allem Lodenweberei und Färberei - darin unübertroffen in Rot- und Schwarztönen -, die den Nördlinger Handel einmal bis nach Italien, Spanien und Mazedonien ausgeweitet hatten und an die allein eine zukunftweisende industrielle Entwicklung hätte anknüpfen können, längst abgestorben, als durch das Ries die ersten Züge rollten. Ähnlich, wenn auch in ungleich bescheideneren Dimensionen wie das poetisch verklärte Brügge ("Bruges, la morte") war auch Nördlingen schon eine "tote Stadt", als mit der Ära der Dampfmaschine für andere Kommunen eine erfolgreiche Wiedergeburt oder gar ein neuer Anfang begann.
Vielleicht aber hätte im Schatten der erneut und nun im bayerischen Staatsverband aufblühenden einstigen Reichsstädte Augsburg und Nürnberg sowie des neuen, aus der ehemaligen Residenz erwachsenen Bezirksverwaltungssitzes Ansbach, mit einem durch das Wirken Anselm Feuerbachs und den Fall Kaspar Hauser weithin berühmt gewordenen Appelationsgericht, auch der idealste Schienenweg aus Nördlingen kaum mehr zu machen vermocht als jenes behäbig=behagliche Klein- oder, so man will, auch Mittelzentrum im Ries, das es, wenn schon nicht immer zum vermeintlich eigenen Glück, so doch zu dem seiner Besucher bis heute geblieben ist.
Jedoch der Fall Nördlingen birgt, im Verein mit Ansbach, noch weitere Zwischenfragen, die der Beantwortung sowie noch andere Aspekte der 'Eisenbahnmythologie', die der näheren Durchleuchtung bedürfen.
So gehört die immer wieder kolportierte und bei entsprechender Interpretation zeitgenössischer Quellen scheinbar auch belegbare Version, man habe einzig oder doch in erster Linie um Nördlingens willen den weiten Umweg durch das Ries in Kauf genommen, als hätten hier nicht ausschließlich technisch-sachliche Erwägungen ihre Rolle gespielt, wohl auch ins Reich der Eisenbahnlegende. Jedenfalls sind nach einer weitgehend auf Archivalien sich stützenden Studie U.O. Ringsdorfs über den EISENBAHNBAU SÜDLICH NÜRNBERGS 1841-1949 (Nürnberg 1978) schon im frühen Planungsstadium Alternativlinien über den Hahnenkamm und sogar die Jahrzehnte später dann ausgeführte Route Donauwörth-Fünfstetten-Treuchtlingen-Weißenburg-Pleinfeld ernsthaft geprüft und erst nach (damaligem Wissensstand) schwerwiegenden technischen Bedenken wieder aufgegeben worden. Daneben versprach man sich von Nördlingen aus offenbar auch einen günstigeren Anschluß ins benachbarte Württemberg, wenn auch diese Linie später stets im Schatten der Magistrale über Ulm und die Geislinger Steige stand, deren über anderthalb Jahrhunderte währende absolute Vorherrschaft erst jetzt durch einige Planspiele für eine Neubaustrecke Stuttgart-Augsburg ernsthaft gefährdet schien.
Besonders intensiv hatte sich für die Trassenführung über Nördlingen die Stadt Ansbach eingesetzt, die dann auch 1859 in Eigeninitiative einen Privatbahnanschluß an die 'Ludwigs-Süd-Nord-Bahn' in Gunzenhausen erstellte. Aber zum gewichtigen Eisenbahnknotenpunkt stieg das neue bayerische Verwaltungszentrum erst in den folgenden zwei

Jahrzehnten, nach Eröffnung der Staatsbahn nach Würzburg und der Querverbindung Stuttgart-Nürnberg, auf.

Nun wäre es ein allzu naheliegender Fehlschluß, vor allem Ansbachs Funktion als Regierungssitz für seine am Ende doch beachtliche Stellung im Eisenbahnnetz verantwortlich zu machen. Denn eine unvoreingenommene Analyse gleich oder ähnlich gelagerter Fälle würde unweigerlich zu dem Ergebnis führen, daß die ausschließliche Funktion einer Stadt als administratives, aber auch als geistliches (Bischofssitz)[9] oder geistig-kulturelles Zentrum (Hoch- und Höhere Schulen, Lehrer- und Priesterseminare) bei der Herausbildung der frühen Eisenbahnhierarchie allenfalls einen Wechsel darstellte, der durchaus nicht immer und manchmal erst in ferner Zukunft eingelöst werden konnte. Mit der Ausstrahlungskraft einer Residenz, mit der Sogkraft einer gewachsenen Handelsmetropole oder selbst schon einer neuen Industriestadt (Elberfeld!) läßt sie sich in keiner Weise vergleichen. Daß man etwa bei der direkten Verknüpfung der Residenzen Kassel und Hannover ernsthaft erwägen konnte, an der Universitätsstadt Göttingen einfach vorbei zu bauen, paßt ebenso in dieses eisenbahngeschichtliche Bild wie die tragikomische Statistenrolle des Regierungssitzes Aurich.

So dürfte auch das Gewicht Arnsbergs, immerhin Hauptstadt des volk- und gewerbereichsten westfälischen Regierungsbezirks, an der Mitgestaltung seines eigenen Eisenbahnschicksals nahe Null anzusetzen sein. Bei einer 'echten' [10] Residenz hätte das hier vorgeschobene Argument der "ungünstigen Lage" bestimmt nicht so leicht verfangen. Erst 1870 erhielt Arnsberg mit dem Bau der Ruhrtalstrecke seinen Bahnanschluß - für das wahre Verkehrsbedürfnis einer Regierungshauptstadt gerade kein überzeugender Beleg! Desungeachtet hatte schon Georg von Viebahn in einer Denkschrift aus dem Jahre 1848 erwogen, den Regierungssitz in den neu erstehenden Eisenbahnknoten Hamm zu verlegen. Daß das *"trotz aller politischen und wirtschaftlichen Umwälzungen"* bis heute noch immer nicht geschehen ist, beweist sicher auch die *"Stärke der beharrenden Kräfte, die festgefahrenen Raumstrukturen eigen ist"*.[11] Vor allem aber ist es ein Beweis, daß in verkehrlicher Hinsicht zumindest für das 19. Jahrhundert, also das eigentliche Eisenbahnzeitalter, die rein administrative Zentralfunktion einer Stadt meist überbewertet wird und, was Personalvolumen und Besucherfrequenz anbelangt, etwa der juristischen (Landes-, Land- und Amtsgerichte, Anwaltspraxen) in der Regel nicht die Waage halten kann. Daß aber Ansbach beide Funktionen in sich vereinte und dazu noch mit der Tradition der einstigen Residenz verband, dürfte am Ende für seine 'gehobene Position' auch im Eisenbahnnetz mitentscheidend gewesen sein.

Abb. 29: *"Es gehört bestimmt Verstand zum Reisen - keineswegs Poesie"*, bekannte ausgerechnet einer der größten Poeten und frühesten Künder der Eisenbahn, der Märchendichter Hans Christian Andersen. Doch gerade darin sind ihm die meisten Eisenbahnhistoriographen bei ihren "Reisen in die Vergangenheit" am wenigsten gefolgt.

3. Burgdorf

Nach Einbeck, das als atypisches Beispiel für die abgenutzten Schablonen herkömmlicher Eisenbahngeschichtsschreibung trotz eines bescheidenen Nebenanschlusses das Abenteuer des ersten deutschen Großversandhauses erfolgreich bestand, und Nördlingen, das auch die frühe Anbindung an eine Hauptbahn nicht mehr aus seiner Lethargie zu rütteln vermochte, ersteht im Schicksal der Gemeinde Burgdorf - nachgezeichnet von Detlev Lüder in seinen FORSCHUNGEN ZUM EISENBAHNWESEN DES KÖNIGREICHS HANNOVER [12] - eines der zahllosen Exempel für die, trotz redlichsten Bemühens, letztlich doch zerronnenen Träume einer kleinen Stadt an einer großen Magistrale - hier der berühmt-berüchtigten 'Kreuzbahn', auf der sich bis zum späten Bau der 'Hasenbahn' [13] der gesamte Nord-Süd-Verkehr aus dem Hamburg/Lübecker Raum auf Hannover, Braunschweig und Hildesheim zu vorüberwälzte.

Deshalb hatte man 1836 dort mit kaum zu überbietendem Enthusiasmus den unmittelbar bevorstehenden Bau der damals so genannten 'Kreuzbahn' [14] begrüßt:

> *"... unsere unnennbare Freude auszudrücken, die alle unsere Herzen durchbebt hat, bei der ungehofften Nachricht, daß unsere Stadt ausersehen sei, unmittelbar durch die Anlage einer Eisenbahn Theil zu nehmen an den großen Ereignißen des menschlichen Verkehrs ... und werden wir den Tag als den glücklichsten betrachten, welchen je die Bewohner unserer Stadt erlebt haben, und welchen unsere spätesten Nachkommen noch als den glücklichsten preisen werden."*

Nach diesem emphatischen Prolog erhoffte man sich im Detail *"weite Aussichten auf vermehrten Wohlstand durch Verkehr"*, indem durch den *"Zudrang Auswärtiger"* der *"Werth der Grundstücke erhöht"* und die *"Seelen-Zahl"* sich vermehren werde. Man freute sich, daß *"alle Gewerbe sich heben und vervollkommnen, und besonders auch die Gastwirthe und die Branndteweinbrenner große Vortheile beziehen"* würden. Außerdem könnten die *"neuen Verhälthniße"* noch *"ungewöhnliche Veränderungen hervorbringen, Speditionsgeschäfte erforderlich machen, und die Anlage von Fabrikanstalten am hiesigen Orte begünstigen"*. *"Viehstand"* und Holzhandel würden sich heben und große Überschüsse an Getreide aus dem weiten Umland könnten bei *"künftig geringen Fuhrpreisen weiter über Celle hinaus und bis zur Elbe verführt"*, desgleichen der *"Überfluß an Steinobst und Kernobst"* weithin *"verfahren"* werden, vom Burgdorfer Honigkuchen ganz zu schweigen, mit dessen *"Herstellung gegenwärtig drei Bäcker umfassend beschäftigt"* seien und der *"bis ins Mecklenburgische und Holsteinsche"* ginge.

Für das Jahr 1875, in dem Burgdorf sich seit 28 Jahren seiner Eisenbahn erfreute, zieht Lüder die ernüchternde Bilanz, daß sich im Orte zusätzlich nur eine Stärkefabrik "etabliert" hatte, und den - aus diesem Beispiel allein - wohl ein wenig zu verallgemeinernden Schluß, daß die Eisenbahn *"in ihrem Einfluß auf die Förderung von Handel und Gewerbe und speziell von Industrieansiedlungen erheblich überschätzt wurde."*

Als dann der Kraftwagen immer stärker in die Entwicklung einzugreifen begann und mancher Lokalpolitiker glaubte, nun durch eine neue Straße oder gar einen Autobahnanschluß für seine Kommune nachholen zu können, was beim Bau der Eisenbahnen einst versäumt, begann wieder einmal für viele die große Zeit der Erwartungen und Hoffnungen, für nicht wenige freilich auch nach einer Phase der Täuschungen und Selbsttäuschungen die der verlorenen Illusionen.
Andererseits, wer fragt gleich eingangs im Schlaraffenland danach, woher die Tauben wirklich kommen, die ihm schon vorgebraten in den Mund fliegen. Und so wurde in den Jahren des scheinbaren Überflusses und der allgemeinen Verschwendung auch manchem 'Kleinen' der glatte Selbstbetrug zu leicht gemacht, die so mühelos und reichlich unter den überquellenden Tischen der 'Großen' aufgesammelten Brosamen am Ende für ein hausgemachtes Menü zu halten.
Denn ebensowenig wie einst die Lage an einer Magistrale oder im Geflecht eines noch so wichtigen Eisenbahnknotens schon allein die Gewähr dafür bot, aus den Niederungen der Bedeutungslosigkeit emporzusteigen, so mußte auch jetzt manch übercleverer 'Schultes' bald erfahren, daß durchaus nicht allerorten gleich die Zeit des Heils begann, wenn nur in angemessener Entfernung die Autobahn vorüberführte.[15]
Dem 'Mythos der Straße' konnte und kann das freilich genausowenig Abbruch tun wie die Entzauberung so mancher Eisenbahnlegende dem Glauben an die durch sein bloßes Vorhandensein schon geschichtsprägende und wohlstandschaffende Macht des Schienenstranges. Daß aber auf den neuen oder erneut mit Leben erfüllten Straßen letztlich auch wieder nur bereits vorhandene Impulse nur verstärkt, daß allzu oft auch hier die einmal vorgegebene Startposition Sieg oder Niederlage schon vorausbestimmte - gespürt haben es viele sicher längst einmal, wahrhaben wollen hat es bisher kaum einer.
Ein Wettlauf unter den ungleichen, ja tragikomischen Voraussetzungen ähnlich dem der "drei gerechten Kammmacher" fand und findet, entgegen der listig vorgeschützten Meinung ihres Schöpfers Gottfried Keller, nicht nur auf der Ebene von Seldwyla statt, und Heinrich Heines zynische Interpretation des "Weltlaufs", daß meist nur die, die etwas haben, am Ende noch hinzubekommen, scheint sich auch hier zu bewahrheiten - was immer auch mancher 'Senator' erzählt.

Abb. 30: Bilder aus der Postkutschenzeit (vgl. auch S. 151)

III. Städte, Strecken und Stationen oder vom Geheimnis der richtigen Lage zur rechten Zeit

1. Das "Erbe am Rhein"

Der Anteil kommunalen Einflusses bei der endgültigen Fixierung von Straßen- und Eisenbahnlinien ist unschwer auf ein geziemendes Maß zurückzuschrauben, und mit Proben historischer Falschmünzereien in eigener Sache ließe sich leicht eine ganze 'Blüten'lese zusammenstellen. Andererseits: Wer mag es einem profilierungssüchtigen Lokalpolitiker oder einem heimatstolzen Imagepfleger schon sonderlich ankreiden, wenn er im Wunschdenken oder in der Hektik alltäglicher Konflikte mit nicht gerade wählerischer Hand zweifelhafte Argumente von heute mit schiefen Beispielen von gestern garniert. Vermag doch auch der einfühlsamste und phantasievollste Historiker allenfalls in seltenen Sternstunden die Vergangenheit nicht letztlich doch nur mit den Augen der Gegenwart zu sehen - wie umgekehrt die Futurologen vom Amt und die Science Fiction=Produzenten vom Band selbst in der fernsten Zukunft meist nicht mehr als die fortgeschriebenen Banalitäten und die fortgeschrittenen Kalamitäten ihrer eigenen Zeit ausmachen.
Auch eine vermeintlich unabänderliche Tatsache wie die oft und gern beschworene Gunst der geographischen oder topographischen Lage erwies und erweist sich gar nicht selten ebenfalls nur als eine variable Größe. So erscheint die Lage mancher Stadt gleich einem unverrückbaren Angel- oder Fixpunkt des Verkehrs. Das gilt vor allem für die Brückenstädte an den großen Strömen, und die dominierende Rolle Kölns und Frankfurts, Straßburgs, Magdeburgs und Breslaus scheint dafür Beweis genug. Doch auch die Vergangenheit der scheinbar für die Ewigkeit Privilegierten zeigt, wie sich selbst bei diesen im Lauf der Zeit die Gewichte nicht unerheblich verschieben konnten.
Wie schnell eine Brückenstadt, durch politische oder militärische Umwälzungen ihrer eigentlichen Funktion entfremdet, zum Grenzort von nur sekundärer Bedeutung absinken kann, mußte bereits in der Spätantike Köln erfahren, als das heute seinerseits an die Peripherie gedrängte Trier[16] zum 'zweiten Rom', zur Weltstadt der Cäsaren und zur größten Kommune nördlich der Alpen aufstieg. In ähnlicher, wenn auch abgeschwächter Form wiederholte sich dieser Vorgang im 19. Jahrhundert, als Napoleon aus durchsichtigen Gründen die Tradition der alten Kaiserstadt Aachen auf Kosten der Rheinmetropole neu zu beleben suchte.
Die Reichsstadt Straßburg, einst eine der sechs größten Städte des Reiches und Mittelpunkt des deutschen Humanismus, sank nach der Annexion durch Ludwig XIV. auf die Stufe einer, wenn auch gehobenen französischen 'Provinz'stadt ab, woran selbst die ihm aufgepfropften 'europäischen' Funktionen im Grunde nichts geändert haben.

Mannheims zeitweilig glänzender wirtschaftlicher Aufschwung, verbunden mit einer nicht minder schwungvollen Eigenpropaganda (*"Faszinierendes Spektakulum ... strahlend jung, dynamisch-offen ..."*) kann knapp darüber hinwegtäuschen, daß eben auch dieser Stadt durch kleinräumiges politisches Denken eine weitaus bedeutungsvollere geschichtliche Rolle letztlich verwehrt worden ist. Der Abstieg Mannheims, einer der gewichtigsten deutschen Residenzen des 18. Jahrhunderts, mit beachtlicher künstlerischer und auch wissenschaftlicher Ausstrahlungskraft, von der Hauptstadt der Kurpfalz zum badischen Grenzort, ist Hauptursache der bis in die Gegenwart nachwirkenden politischen Zersplitterung am Oberrhein. Darüber hinaus aber haben ausgerechnet die Wittelsbacher, denen nach dem Wiener Kongreß lediglich die linksrheinische Pfalz geblieben war, ihrer einstigen Metropole - die mit Worms und Speyer selbst einmal zwei urbane Glanzlichter des alten Reiches an den Rand gerückt hatte - mit der Stadterhebung Ludwigshafens nun ihrerseits eine Laus in den Pelz gesetzt. Diese unter übergeordneten Gesichtspunkten völlig überflüssige Gegengründung mit ihren oft grotesken verkehrs- und verwaltungstechnischen Konsequenzen ist ebenso ein Relikt kleinstaatlicher Borniertheit wie auf der anderen Seite der Fall Ulm/Neu-Ulm im württembergisch-bayerischen Grenzbereich. Als gespenstisches Monument einer jahrhundertelangen Fehlentwicklung erhebt sich über alldem das Millionengrab des neuen Ludwigshafener Hauptbahnhofs, der statt zum Eckstein und Angelpunkt einer neuen Ära des Schienenverkehrs in der Rhein/Neckar=Region und in der Vorderpfalz am Ende zum verödeten Geisterbahnhof wurde.

2. Magdeburg und Berlin

Ein ähnliches Schicksal wie Straßburg, wenn auch weniger augenfällig und im Rahmen einer ganz anderen politischen Bühne, erfuhr eine andere Metropole des alten Reiches: Magdeburg. Dank ihrer einzigartigen Lage und nicht zuletzt einer über Jahrhunderte währenden ökonomisch-politischen und geistig-kulturellen Führungsrolle schien der Rang dieser Stadt unanfechtbar.

Die Besetzung Straßburgs (1681) durch französische Truppen mitten im Frieden galt und gilt für die gängige Geschichtsschreibung als eines der markantesten Daten der deutschen und der europäischen Geschichte. Die nur wenige Monate zuvor erfolgte "endgültige Inbesitznahme" Magdeburgs (1680) durch den Großen Kurfürsten und den brandenburgischen Staat nimmt sich dagegen aus wie ein 'interner' Verwaltungsakt, und kaum einer käme auf die Idee, beide Ereignisse zueinander in Parallele zu stellen. Und doch gehören sie untrennbar zusammen, denn sie werfen ein grelles Licht auf einen schon längst angelaufenen, im Anfang freilich kaum merklichen Prozeß, an dessen Ende einmal der Triumph des absolutistisch-dirigistischen Obrigkeitsstaates mit seinem "Primat der Resi-

denzen" über die im Rahmen des mittelalterlichen Feudalismus sich einst großartig entfaltende "freie" Stadtkultur stehen sollte.[17]
Aber so sehr man einer solchen Entwicklung auch nachtrauern mochte und so groteske Formen sie im zersplitterten Deutschland annahm - sie lag im Sog der Geschichte, und nicht wenigen der zu 'Territorialstädten' abgesunkenen Kommunen brachte sie neue Entfaltungsmöglichkeiten, die ihnen aus eigener Kraft kaum noch zu Gebot standen; so auch dem nach der Katastrophe des Dreißigjährigen Krieges völlig ausgebluteten Magdeburg durch gezielte merkantilistische Wirtschaftsförderung Preußens.
Während aber Straßburg nur von der Vorzugsstellung einer Departements=Hauptstadt profitieren konnte, hatte Magdeburg ab 1815 die Vorteile eines Regierungssitzes der neu gegründeten preußischen Provinz Sachsen. Nun war damals - und das noch fast eineinhalb Jahrhunderte lang - der Verwaltungsapparat relativ bescheiden und auch der Zuzug Ortsfremder hielt sich in beiden Städten zwischen dem Beginn der Eisenbahnfrühzeit und 1871 in Grenzen. Straßburg wuchs in diesem Zeitraum von rd. 58 000 E auf rd. 86 000 E (= +48,27%), Magdeburg von 47 000 E auf rd. 84 000 E (= +78,72%). In der Folgezeit bewirkte der industrielle Aufschwung ein zwar unterschiedliches, jedoch erhebliches Wachstum beider Städte, ein proportional größeres hatte Magdeburg zu verzeichnen, z.T. auf weitgehende Eingemeindungen zurückzuführen, in der Hauptsache auf stärkere Industrialisierung. Die Verkehrslage der Städte kann bedingt als gleichwertig bezeichnet werden, die Straßburgs im internationalen Verkehr als besser, da es unabhängig von politischen Entwicklungen Schnittpunkt der Ost-West= und Nord-Süd=Magistralen blieb, im Gegensatz zu Magdeburg, das mit Eröffnung der Linie Hannover-Stendal -Berlin von den Zügen des großen Ost-West=Transits abseits gelassen wurde - ursächlich auch hierfür die deutsche Kleinstaaterei. Das Gebiet westlich Magdeburgs war braunschweigisch, und die Planungsfehler in diesem Land hatte Magdeburg mit zu bezahlen, umso gewichtiger, da die Hauptverkehrsader von Berlin in den Süden und Südwesten des Reiches über Halle/Leipzig führte und Magdeburg ebenfalls im Abseits ließ.
In einem Nachsatz zu seinem 1933 auch als Buch erschienenen EISENBAHNNETZ NIEDERSACHSENS verweist Otto Blum auf die Schriften des seinerzeit von List arg gebeutelten "Elberfelder Kaufmanns" J.W. Schmitz, den er offenbar durch eine Arbeit von "Reichsbahnrat Dr.-Ing. Uhlig"[18] in der VERKEHRSTECHNISCHEN WOCHE (Jahrgang 1925) entdeckte, und dessen "mit den Augen des Kaufmanns" entworfenen Programm eines künftigen deutschen Eisenbahnnetzes er völlige Selbständigkeit neben dem von List und Grote zubilligt. Gerade Schmitz aber räumt in seinem Entwurf der "alten Handelsstadt Magdeburg" eine zentrale Stellung ein: Der Großteil des Verkehrs aus Sachsen und Süddeutschland sollte dort zusammenfließen und zur Nordsee, Ostsee und nach Berlin weitergeleitet werden.
Auch in einem von Blum nachträglich selbst entworfenen *"Schema zu einem Ideal-Gleisnetz"* führt der Weg von Hannover nach Berlin an Magdeburg wie schon an Braunschweig nicht vorbei, und in diesem *"Programm"* kommen dann auch *"sehr bezeichnenderweise die Linie Hannover-Stendal-Berlin und die Knotenpunkte Wunstorf und Lehrte überhaupt nicht vor!"*. Bei seiner selbstgestellten *"Aufgabe"*, optimal im *"Rahmen eines einheitlichen deutschen Eisenbahnnetzes das niedersächsische Netz zu entwerfen"*, betont Blum andererseits, wie bei jeder Gelegenheit, die *"natürliche verkehrsgeographische*

S t ä r k e des Raums H a n n o v e r, von dem f ü n f Linien ausstrahlen", dagegen um so mehr die *"S c h w ä c h e K a s s e l s "*, das für ihn in der ersten Planungsphase *"überhaupt noch keine Eisenbahn erhält, da die Kraft des Leinetals und des Raumes Bebra den Verkehr östlich an Kassel vorbeigleiten läßt."* [19]

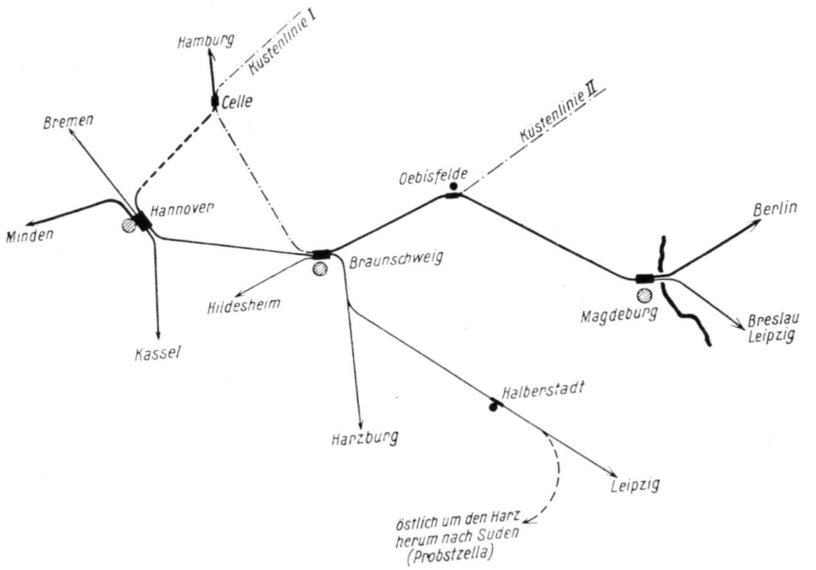

Karte 9: Otto Blums Schema vereinigt die Vorzüge und Schwächen aller auf bestimmte Fixpunkte bezogenen "Idealvorstellungen". Die überflüssigen Knoten Lehrte und Wunstorf sind durch Direktverbindungen mit Hamburg und Bremen beseitigt und auch die große Ost-West=Verbindung unter Einbeziehung von Braunschweig und Magdeburg auf e i n e Magistrale konzentriert. Aus der geplanten Führung über Oebisfelde spricht die überzogene 'Flachland'=Ideologie der Bauzeit des Mittellandkanals und verwandter Wasserstraßen=Großprojekte. Hannover durch gleich z w e i direkte "Küstenlinien" mit der Ostsee zu verbinden, dürfte selbst unter Einbeziehung aller potentieller 'Mitprofiteure' sogar heute noch nicht verkehrlichen Notwendigkeiten entsprechen. Einer ergänzten und verbesserten Nord-Süd-Magistrale Sachsen/Südostdeutschland-Thüringen über Magdeburg an die Nord- und Ostsee z u g l e i c h , könnten sie ebensowenig das Wasser reichen wie derem Pendant im Westen, der 'Rollbahn' über Münster-Bremen-Hamburg an die Ostküste. Ihre Vorläuferin, die unter Napoleon bereit 1811 begonnene große Chaussee Wesel-Münster-Osnabrück-Bremen-Hamburg-Lübeck, Teilstück eines "von Paris radial ausgehenden Fernstraßensystems", hatte Hannover nach den Befreiungskriegen bezeichnenderweise zerstören lassen wollen, als "ernsthafte Konkurrenz" für die Nord-Süd=Verbindung über die eigene Metropole mit den Nordseehäfen. [O. Blum, *Das Eisenbahnnetz Niedersachsens,* 1933, ARCHIV FÜR EISENBAHNWESEN]

Daß Magdeburg nicht nur mit den "Augen des Kaufmanns" (Schmitz) eigentlich eine ganze andere Stellung gebührte, wird indirekt auch deutlich aus Blums überraschender Kritik an der allüberragenden Rolle Berlins, die es nicht nur de facto spiele, sondern die ihm obendrein auch noch im Eisenbahnverkehr ganz unangefochten zugebilligt werde. Denn bei *"unbefangener Prüfung"* ließe es sich schlechterdings nicht abstreiten, daß bei der Fahrplangestaltung die Reichshauptstadt in unangemessener Weise

> *"bevorzugt, die 'Provinz' aber vernachlässigt werde, indem die von Berlin ausgehenden Verbindungen reichlich gut, die an Berlin vorbeiführenden ... 'Querver-*

bindungen'.... aber stiefmütterlich behandelt werden ... Die meisten empfinden die ungleiche Behandlung aber nicht, weil sich alle Welt an diesen schon seit Jahrzehnten währenden Zustand gewöhnt hat..."

"Es besteht nämlich in weitesten Kreisen (auch von Geographen und Eisenbahnern) der Wahn, daß Berlin seiner Lage nach der natürliche Mittelpunkt des deutschen oder wenigstens des norddeutschen Eisenbahnnetzes wäre. Dies ist aber tatsächlich nicht der Fall, vielmehr verdankt Berlin seine Ausbildung zum größten Eisenbahnknotenpunkt Deutschlands und hierdurch zur Viermillionen-Riesenstadt neben gewissen Vorzügen seiner Lage, die aber nicht stärker sind als bei Magdeburg und Leipzig, vor allem p o l i t i s c h e n Kräften: Preußen konnte bis 1866 für seinen östlichen Teil tatsächlich keine andere Eisenbahnpolitik betreiben, als aus seiner Hauptstadt heraus die Eisenbahnlinien wie früher die Wasserstraßen strahlenförmig ... vorzutreiben."

Berlin war aber auch in der *"zwischen Magdeburg und Sachsen so stark eingeschnürten 'Taille' Preußens der einzige Punkt, von dem aus man das Eisenbahnnetz planmäßig entwickeln konnte."* Später

"hätte man aber doch wohl eine etwas andere Eisenbahnbaupolitik treiben können ... Es waren aber bis in unsere Tage hinein starke Kräfte am Werk, die Landes- und Reichshauptstadt ... zur 'W e l t stadt' emporzutreiben, denn man mußte sich doch gegenüber den 'Metropolen' Paris und London sehen lassen können. Es waren die Zeiten, in denen man vor der 'großen Zahl' in Anbetung auf den Knien lag und alle verspottete, die vor den so gefährlichen politischen, völkischen, wirtschaftlichen und seelischen Folgen dieser unnatürlichen Entwicklung des Siedlungswesens warnten. Welche Blüten dieser Wahn getrieben hat, geht daraus hervor, daß noch vor wenigen Jahren gewisse Lokalgrößen von der Zehnmillionenstadt Berlin träumten und Berlin als die 'westliche Hauptstadt des Slawentums' feierten. Heute sind diese Träume ausgeträumt, das deutsche Volk wendet sich von dem Götzen der großen Zahl ab, es besinnt sich auf seine wahren Kräfte und es hat vor allem die Gefahren der übergroßen Städte erkannt."

Im Grunde ist dem sicher nicht mehr allzuviel hinzuzufügen. Leicht erheiternd wirkt es allerdings, wenn Blum, der den "Parvenü" Berlin mit so spitzem Griffel zeichnet, die Vorrangstellung eines anderen dann fast ausschließlich auf seine "natürlichen" Vorzüge zurückführt; denn ein 'Parvenü', wenn auch viel kleineren Formats, war - namentlich in Relation zu den alten Metropolen Magdeburg und Braunschweig - auch Blums langjähriges Domizil[20] Hannover, und ausgerechnet dieses, als "Dreh- und Angelpunkt des Verkehrs des gesamten nordwestdeutschen Raumes" kaum mehr fortzudenken, verdankt seiner Lage in der p o l i t i s c h e n Landschaft letztlich weit mehr als der geographisch und topographisch augenscheinlich noch so glänzenden am "Hohen Ufer", das der künftigen Metropole an der Leine am Ende sogar den Namen lieh (vgl. Anm. 32).

3. Hannover oder Hildesheim?

Nun kann es aus der Rückschau einer abgeschlossenen geschichtlichen Entwicklung natürlich keine Frage mehr sein, daß Hannover als Hauptstadt des größten nordwestdeutschen Territorialstaates auch die wichtigsten Eisenbahnlinien an sich ziehen und auf sich vereinigen mußte. Obendrein kann es nicht den geringsten Zweifel geben, daß bei ihm auch die geographisch-topographischen Vorbedingungen ungleich günstiger waren als bei anderen großen Residenzen, wie erwähnt Kassel, aber auch Dresden oder Stuttgart. Mußte jedoch Hannover ganz unabhängig von seiner damaligen politischen Funktion - und Blum wird nicht müde, das bis zum Überdruß immer wieder zu konstatieren - einzig um des Vorzugs seiner Lage willen zu dieser einmaligen Vorrangstellung aufsteigen?

Zwar ist es richtig, daß die großen norddeutschen Ost-West=Verbindungen im Zeitalter der Lokomotive zwangsläufig oder möglichst vom Bergland weg in die Ebene gelegt wurden, aber war es aus rein topographischen Gründen wirklich notwendig, so weit nach Norden auszuweichen, damit in jedem Fall auch noch Hannover einbezogen wurde? Gesetzt den Fall, die Calenberger Welfen hätten anno 1636 ihre Residenz nicht an die Leine, sondern an die Innerste nach Hildesheim verlegt. An Versuchen, das Bistum Hildesheim vor der allgemeinen Säkularisation von 1803 zu vereinnahmen, hat es wahrlich nicht gefehlt. Zunächst kam Hildesheim allerdings für kurze Zeit zu Preußen. Wäre es dabei geblieben, hätten sich der Entwicklung des norddeutschen Eisenbahnnetzes ganz andere Perspektiven eröffnet! Genügend Raum für die Entfaltung einer 'Hauptstadt' von einigen Hunderttausend Einwohnern ist auch im dortigem Umfeld zweifellos vorhanden, und es wäre sicherlich nicht ohne Reiz, sich auszumalen, wie in einem solchen Falle sich Blums "ideales Gleisnetz" im nachhinein dargestellt hätte.

Ganz am Rande spricht er selbst einmal von der *"theoretisch 'durchgehenden' Linie Holland-Osnabrück-Löhne-Hameln-Hildesheim"*, ohne den Faden freilich fortzuspinnen. Nun, diese "durchgehende" Linie hat es, zumindest in Varianten, in der Voreisenbahnzeit auch in der Praxis stets gegeben, vom "Hellweg up den Sandforde" angefangen bis hin zur 1692 eröffneten großen brandenburgischen Postroute von Magdeburg/Halberstadt über Hildesheim und Minden an den Niederrhein, wie sie einst Peter der Große schon als "Zar und Zimmermann" auf seiner von der Legende verklärten Holland=Fahrt gezogen.

Die "Geländeschwierigkeiten", die einer Ost-West=Eisenbahnmagistrale Berlin-Magdeburg-Braunschweig-Köln/Niederlande bei direkter Führung über Hildesheim in Richtung Bielefelder Paß entgegengestanden hätten, sind so gravierend nicht, daß damit allein schon der 'Umweg' über Hannover zu rechtfertigen wäre. Auch die später ausgeführte "Hilfslinie" Braunschweig-Hildesheim-Löhne pauschal mit den südlicheren "Gebirgsbahnen" über Kreiensen und Northeim in einen Topf zu werfen, um damit die Vorzüge der nördlichen "Flachlandstrecke" herauszukehren, wird den wirklichen Gegebenheiten keineswegs gerecht. Bei geschickterer Trassierung, ohne kleinkarierte Vorbehalte und

Rücksichtnahmen hätte sich auch die Linienführung, etwa zwischen Nordstemmen und Hameln sowie bei der Einmündung in den Weserraum, wesentlich effektiver gestalten lassen.[21]

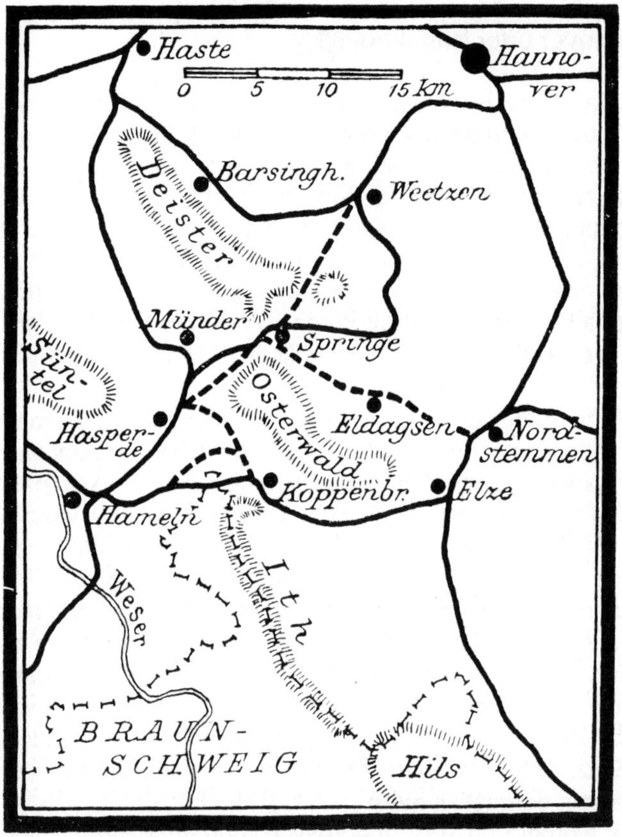

Karte 10: Eine großzügig geplante Magistrale Magdeburg-Braunschweig über Hildesheim in den Weserraum hätte sich gegenüber der später ausgeführten "Hilfslinie" Hildesheim-Hameln-Löhne noch wesentlich verbessern lassen. Nebenstehend frühe Alternativpläne für den Abschnitt Nordstemmen-Hameln.
[aus: H. Müller, Die Eisenbahnen im Gebiet der Oberweser. Stalling Vlg., Oldenburg i.O. 1936]

→ Hildesheim

Geplante / Ausgeführte } Bahnlinien.

Der Verkehr der Hansestädte mit dem Süden wäre im Vorfeld Hildesheims ebensogut zu bündeln und zu verteilen gewesen wie im Raum Hannover. Namentlich im Hinblick auf Braunschweig und Magdeburg aber hätten sich wohl weit bessere und die Zukunft weniger belastende Kompromisse finden lassen, ganz abgesehen davon, daß eine 'Hauptstadt' Hildesheim nicht unbedingt den gesamten Bremer Verkehr mit dem Süden an sich ziehen mußte. Dieser urhannöversche Drang hatte wiederum zur Folge, daß Knotenbildungen in den Räumen Minden oder Hameln (bis zur Annexion Hannovers durch Preußen noch ohne jegliche Eisenbahnen!) mit allen Mitteln hintertrieben und damit auch das Entstehen einer mehr oder weniger 'echten' Weserbahn letztlich verhindert wurden. Für traditionsreiche Mittelzentren wie Minden, Hameln, Holzminden oder Höxter hätten sich zweifellos bessere Zukunftschancen ergeben. Selbst Hannover wäre in diesem Rahmen nicht schlecht weggekommen, und wäre Dr. Strousbergs Vision einer Magistrale ab Grauhof über Quedlinburg nach dem Südosten gar noch Wirklichkeit geworden, stellte sich in der Tat die Frage, wer von solch idealer 'Landeshauptstadt' am Ende nicht profitiert hätte.[22]

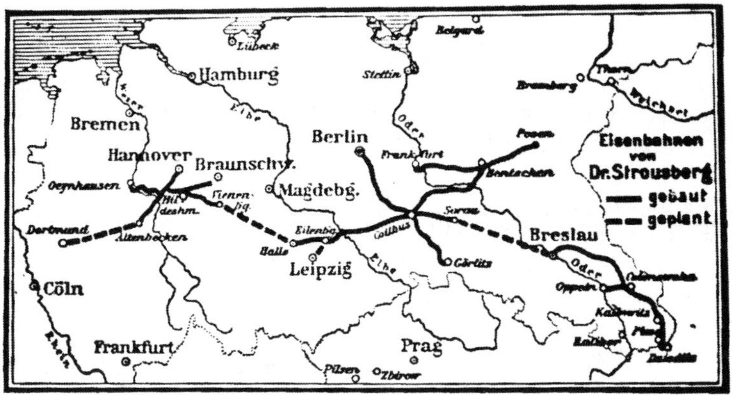

Karte 11: Die von Strousberg geplante Direktverbindung Vienenburg-Quedlinburg-Halle hätte nicht nur der Eisenbahnlandschaft des Vorharzes ein anderes Gesicht, sondern der Stadt Hildesheim im großen Durchgangsverkehr auch ein ganz anderes Gewicht verleihen können.

Mit den "Gesetzen des Raumes" allein läßt es sich jedenfalls nicht begründen, was eine flinke Feder von der Hannoverschen Industrie- und Handelskammer dann aus der real abgelaufenen Entwicklung folgert:

> *"In der Niedersächsischen Tiefebene ist Hannover die einzige Stadt, die nach Lage der Verhältnisse zur führenden Großstadt und zum beherrschenden geistigen* (sic!; d. Verf.) *und wirtschaftlichen Mittelpunkt des Raumes vorherbestimmt war."*

Nun läßt dieser geheimnisvolle Satz auch eine Deutung zu, die - vielleicht gar nicht im Sinne des Verfassers - etwa dahin gehen könnte, daß am Ende doch die "Lage der Verhältnisse" den Ausschlag gab, die Stadt zu ihrer Vorrangstellung zu bestimmen. Aber eben diese "Verhältnisse" waren letztlich das Ergebnis einer geschichtlichen Entwicklung, und ganz gleich, ob man nun auch diese für determiniert hält oder nicht - anders denkbar wäre sie allemal. So wirft selbst das müßige 'Denkspiel' um eine fiktive Hauptstadt Hildesheim noch ein bezeichnendes Licht auf das allzu behende Bemühen manch eines 'Senators' und seines publizistischen und 'wissenschaftlichen' Stabes, alles Gewordene und Bestehende von vorneherein als das einzig Mögliche, alles Wirkliche als das schlechterdings Vernünftige hinzustellen - solange jedenfalls, wie es in den eigenen Kram oder ins eigene Konzept paßt.

Unsinnig wäre es natürlich, Männer von der Weltläufigkeit und Großzügigkeit Blums oder Grotes, in dessen frühem und teilweise glänzend ausgedachtem System ja ebenfalls Hannover eine dominierende Rolle zugemessen ist, auch nur in Nähe von Lokalmatadoren zu rücken. Aber gegen Gefühle, die heimatliche Herkunft und heimisches Milieu nicht unterschwellig doch zur Bemessungsgrundlage wenn schon nicht aller, so eben doch (zu) vieler Dinge machen, ist niemand gefeit.

Im vergangenen Jahrhundert kursierte die hübsche Geschichte vom Bäuerlein, in dessen Vorstellung alle Wege in die große Welt und selbst zwischen den entferntesten Punkten innerhalb der großen Welt immer über Kreiensen führen mußten. Und beim Gerangel, vorwiegend zwischen Bonn und Frankfurt, 'vorläufige' Bundeshauptstadt zu werden, soll ein Eisenbahner (wobei bis heute nicht geklärt wurde, ob im Scherz oder Ernst) Kreiensen als Alternative vorgeschlagen haben. Dann - aber auch nur dann - wäre Kreiensen am Ende doch nicht nur Kreiensen geblieben, und im Hinblick auf Deutschland, sein Schicksal und seine Interessen, wahrscheinlich sogar die bessere Lösung als ausgerechnet Bonn gewesen.

IV. Vom Wandel der Bedeutung: Zeiten-Räume-Wege

1. Die Eisenbahn in einer sich ändernden Welt

Eher noch gewichtiger als die Lage im R a u m will in dem nie endenden Drama vom Auf- und Niedergang der Städte die in der richtigen Z e i t erscheinen, und nur beide gemeinsam ergeben jene Konstellation, die Bedingung und Voraussetzung für Vorrang und Blüte innerhalb einer bestimmten Epoche ist. Diese Konstellation stand, auch das offenbarte sich mehr und mehr, als das moderne Schienennetz - zumindest in Deutschland - seine grundlegende Ausprägung erfuhr, eindeutig im Zeichen des "Primats der Residenzen".

Selbst ein winziger Hofstaat wie der von Lippe-Detmold gab den Ausschlag, daß die "wunderschöne Stadt" den Sieg errang und wenn auch spät, so doch zuerst ihre Eisenbahn bekam, noch vor der alten Hanse- und Handelsstadt Lemgo - als Verlagsort einst das "westfälische Leipzig" genannt und einem als Wirtschaftsfaktor seinerzeit kaum minder gewichtigen Monopol in der Herstellung von Meerschaumpfeifenköpfen.

Was wie ein kurioses Exempel aus einem Historienbuch anmutet, ist en miniature ein geradezu klassisches Modell für die frühe und selbst noch mittlere Phase des Eisenbahnzeitalters in deutschen Landen. Denn in einer Epoche, in der dynastische und strategische Erwägungen den rein 'ökonomischen' zumindest gleich-, zumeist sogar übergeordnet waren, erscheinen der Luxus der Höfe, der aufgeblähte Kultur- und Verwaltungsapparat der Residenzen, der Aufwand für Offiziere und Soldaten in den Garnisonen doch wiederum als wirtschaftliche Faktoren, denen der gewachsenen "freien" Städte in anderer Form gleichwertig. In der entscheidenden Frage der Verkehrsanbindung überwog jedoch fast durchweg das Gewicht der Residenzen - eine Vorgabe, die beim großen Sprung ins eigentliche Industriezeitalter allenfalls noch durch die Kapitalkraft einer Handvoll großer Handelszentren und später durch die Eigendynamik der an der Ruhr und in Oberschlesien zu Großstädten eines "neuen Typs" sich formierenden Agglomerationen wettgemacht werden konnte.

Unter solchem Aspekt aber gewinnt das oft und gern als Anachronismus belächelte Denkmal manches Landesvaters im Schatten seines "Centralbahnhofs" wahrhaft symbolische Bedeutung, mochte er persönlich - eine List der Geschichte - ihn gewollt haben oder nicht. Doch ob Hannover oder München (im Hinblick auf Augsburg nach dem Schwedenkönig Gustav Adolf noch ein "goldener Sattel auf einer dürren Mähre"), Kassel, Dresden oder Stuttgart[23] - zu Verkehrssternen erster Ordnung sind sie alle aufgestiegen, selbst wenn sich, wie im Stuttgarter Talkessel, schier unüberwindlich scheinende Hindernisse in den Weg stellten.

Nun wäre es ein - allerdings naheliegender - Trugschluß, in der Bahn auch gleich den direkten Auslöser jenes großen Umbruchs zu sehen, der vom "Feudalismus mit kapitalistischen Elementen" schließlich zum "entfalteten Kapitalismus" führte. Als "größte produktive Tat nicht nur des 19. Jahrhunderts" (Werner Sombart) hat sie - die Eisenbahn - allerdings mit solcher Vehemenz in seinen Ablauf eingegriffen, daß man sie am Ende schon mit dem Initiator selbst verwechseln konnte, um entsprechend alle Wunder von ihr zu erwarten. Wunder aus dem Nichts vollbringen konnte aber weder ein neues Verkehrsmittel allein, noch - wie vordem schon - auch der vollkommendste Verkehrsweg, selbst dann, wenn er von der Natur für alle Zeiten vorgezeichnet schien.

2. Verkehrswege im Wandel

Karl-Geert Kuchenbecker, der in seiner 1969 in Braunschweig herausgebrachten Dissertation DIE GESCHICHTLICHE ENTWICKLUNG DER FERNWEGE IM SÜDÖSTLICHEN NIEDERSACHSEN die historische Straßen- und Wegeforschung *"unter Berücksichtigung ingenieurmäßiger Gesichtspunkte"* auf eine festere Grundlage zu stellen sucht, weist in seiner Kritik bisheriger, in der Regel *"auf der Grundlage der Siedlungskunde und archivalischen Quellen"* basierenden Arbeiten mit Recht darauf hin, daß es sich bei den nachweisbaren historischen Wegen zwar durchaus um fixe, was den Grad ihrer jeweiligen Nutzung anbelangt aber keineswegs auch um konstante Größen handele. Und die offenkundigen Diskrepanzen nicht zuletzt bei der graphischen Darstellung geschichtlicher Wegenetze beruhten somit vor allem darauf, daß Momentaufnahmen verallgemeinernd in eine ferne Vergangenheit oder auch in die Zukunft hineinprojiziert würden.
Allein die Wandlungen und Gewichtsverlagerungen schon im Voreisenbahnzeitalter in dem von ihm untersuchen Raum faßt Kuchenbecker wie folgt zusammen:

> *"Die ältesten Fernwege werden im 8. Jahrhundert mit der Eroberung des Raumes durch die Franken greifbar. Es waren zunächst nur wenige Linien, die aber geländemäßig überaus günstig verliefen ... In der West-Ost-Richtung waren es die Linien über Ohrum und Schöningen nach Magdeburg und über Osterwieck und Halberstadt am nördlichen Harzrand entlang ... Unter dem Einfluß der Bistümer Hildesheim und Halberstadt und der Reichspfalzen Werla und Goslar wurde dieses Wegenetz bis zum Ende der sächsischen und salischen Kaiserzeit wesentlich erweitert. - Mit dem stärkeren Aufkommen des Handelsverkehrs seit dem 11. Jahrhundert... spielten die Wege zwischen den Handelsstädten die überragende Rolle. Besonders Braunschweig*[24] *zog den Fernverkehr auf sich und stieg zum Mittelpunkt des norddeutschen Raumes auf.- Dieses Netz der Handelsstraßen behielt seine Bedeutung, bis es am Ende des 18. Jahrhunderts von den Chausseen abgelöst wurde."*[25]

Doch dann verfällt der Autor selbst unhistorischem Denken, wenn er den Niedergang oder besser das Zurückbleiben Braunschweigs und den damit einhergehenden unaufhaltsamen Aufstieg Hannovers einseitig auf den frühen Chausseebau zurückführt, der den *"großen Fernverkehr in der Nord-Süd-Richtung"* von Braunschweig *"abgezogen"* habe.

Hier aber verwechselt Kuchenbecker weitgehend die Ursache mit den Folgen. Denn die besondere, im 18. Jahrhundert immer deutlicher in Erscheinung tretende Westverlagerung des innerdeutschen Nord-Süd-Verkehrs hat ihren tieferen Grund in der zunehmend 'atlantischen' Ausrichtung des europäischen Handels insgesamt. Der einstige "Stern des Nordens" als Fix- und Angelpunkt der mittleren deutschen Nord-Süd=Achse, Lübeck, fing mehr und mehr zu verblassen an, zugleich begannen nun die Nordseehäfen Bremen und Hamburg als Doppelgestirn ihre Siegesbahn.
Daß im Zuge dieser Ost-Westverschiebung mit Lübeck auch dessen einst wichtigster Satellit und Zwischenträger im deutschen Binnenhandel, Braunschweig, unweigerlich ins Abseits geraten mußte, war nur noch eine Frage der Zeit. Wenn an seiner Statt dann das westlicher gelegene Hannover als die Hauptstadt des größeren Territoriums, dessen Herrscher zugleich auch noch die Könige der führenden Industrie- und Handelsmacht England waren, schließlich alle wichtigen Adern des Verkehrs im Nordwesten auf sich leitete und bündelte, war das die Folge der geschichtlichen Entwicklung.
Daß man im "Hannover Grotes" die gerade erreichte (Macht-)Position, und wahrscheinlich nicht einmal wider besseren Wissen, sogleich als schon "für immer gegeben" in die fernste Vergangenheit hineingeheimniste, um daraus womöglich Ansprüche für die Gegenwart und für die Zukunft herzuleiten, macht eine Denkschrift deutlich, die, am Vorabend des Baus der großen Nord-Süd=Eisenbahn konzipiert, 1848 zu Göttingen erschien:

"Diesen Weg hat nicht erst die Eisenbahnbaukunde aufgefunden; er ist mindestens so alt als das Handelsfuhrwesen, als der Hansabund ... Der Frachter jener Vorzeit nahm keinen anderen Weg von der Nordsee nach Nürnberg ... als den über Hannover und (!) Braunschweig nach Northeim oder über Seesen nach Catlenburg, dann über Duderstadt ... Mühlhausen ... Coburg ... und von Nürnberg fuhr er über München nach Venedig."

Was über den nördlichen Teil dieser imaginären Routen und vor allem über ihre zeitliche Eingliederung zu sagen war, ist bereits gesagt, und ihre vermeintliche südliche Fortsetzung ab Nürnberg "über München nach Venedig" - unter völliger Ignorierung der über Jahrhunderte dominierenden Direktverbindung über Augsburg - hinwiederum entpuppt sich als typische Gedanken- oder besser Glaubensfrucht aus dem Dunstkreis deutscher Residenzen.
Aber auch die Burgundische Pforte, als "Belforter Loch" nach den Tagen von 1870/71 noch wichtiger Streitpunkt zwischen Politikern und Generalstäblern und eine Zeitlang sogar Zündstoff für alle Bier- und Stammtischstrategen, hat als 'natürlicher' Verkehrs- und Handelsweg schon seit dem Altertum nicht entfernt mehr jene überragende Rolle gespielt, die ihr in der Phantasie ungezählter Geographen und Geopolitiker eigentlich hätte zufallen müssen. So fuhr man nach den Rhonehäfen und zu den berühmten Lyoner Messen, seit 1419 zeitweilig die bedeutendsten in Europa, nachweislich in der Regel durch das Schweizer Mittelland und über Genf.[26] Umgekehrt scheute der florierende Handel Augsburgs und Nürnbergs mit Venedig auch die mühseligsten Alpenpässe nicht, und die Kauffahrer von Ulm oder Ravensburg machten auch vor den gefahrvollsten Gebirgsschluchten nicht Halt. Lockerten sich dagegen die Bindungen zwischen Handelszentren oder Wirtschaftsräumen, wurden sie durch politische Umpolungen oder kriegerische Verwicklungen in eine andere Bahn gelenkt oder unterbrochen, dann verödeten selbst die eingefahrendsten Straßen, rosteten die Schienen auch einst wichtiger Eisen-

bahnverbindungen, wobei noch anzumerken wäre, daß das Eisenbahnzeitalter für weite Regionen ganzer Kontinente ebenso wie für manch verlorenen Zipfel zwischen Moor und Heide eigentlich bereits zu Ende war, ehe es dort überhaupt recht begonnen hatte.
Schon der Erste Weltkrieg und seine "Friedensmacher" [27] zerschlugen den Verkehrsstern Wien und zerlegten das weitgespannte Eisenbahnsystem der Donaumonarchie in kleinräumige Segmente. Neue Grenzen im Osten wie im Westen des Deutschen Reiches zwangen auch hier den Verkehr in neue Bahnen. Dazu erwuchs das noch immer nicht restlos gelöste Problem, im wieder zusammengefügten Polen aus Stückwerk ein effektives Gleisnetz zu knüpfen.
'Großraumpolitik' und großräumigen Verkehr propagierte und praktizierte auf seine Weise dann noch einmal das Dritte Reich, bis alles im Chaos versank, aus dem schließlich - dank einer illusionären US=Politik - eine halbierte Welt und in Europa zwei für Jahrzehnte strikt voneinander getrennte Macht- und Einflußzonen erwuchsen mit Problemen, die uns auf noch unbestimmbare Zeit belasten werden.
Daß der Schienenschnellverkehr ausgerechnet zwischen Hannover und Berlin, wo er mit seine größten Triumphe gefeiert hatte, sich buchstäblich in (der) Luft auflöste, ist eine der augenfälligsten, aber vielleicht nicht einmal gewichtigsten Auswirkungen dieser Entwicklung mit ihrer willkürlichen Zerschneidung organisch gewachsener Strukturen.
Weit gravierender als die vernichtenden und danach trennenden Folgen des Krieges waren für die Eisenbahnen letztlich die verdrängenden Auswirkungen einer in diesem Ausmaß nie geahnten und erwarteten Revolution innerhalb des Verkehrswesens selbst. Dabei waren mit den spezifischen Systemvorteilen von Automobil und Flugzeug sogar die künstlich geschaffenen Barrieren immer noch leichter zu überwinden oder einfacher zu umgehen als mit einer politisch gesteuerten, oft genug gegängelten und obendrein noch streng an ihre Spur gebundenen Eisenbahn. So verlor die Bahn auch im scheinbar freien Feld des Wettbewerbs trotz radikaler Rationalisierung und kontinuierlicher Steigerung von Tempo und Komfort mehr und mehr an Boden. Und so zerbrach die vielberufene "Achse Brenner-Belt" auf der Schiene - zumindest im Personenverkehr - bezeichnenderweise erst, als ihr die Eröffnung der Brücke über den Fehmarnsund (1963) noch einmal ganz neue Laufmöglichkeiten zu eröffnen schien. Aber wie so mancher 'Grand Express Européen' gehören auch der 'Alpen-Expreß' und sein Pendant über den Gotthard, der 'Italien-Skandinavien-Expreß', längst zur "besonnten Vergangenheit".
In jenen Tagen freilich, auf einem der Höhepunkte des Skandinavienverkehrs, als es in den Kursbüchern unter den "Fernverbindungen mit dem Ausland" gar einen Sonderabschnitt "Harz-Dänemark" gab, liefen z.B. in der Sommersaison 1958 manchmal bis zu vier zusätzliche Schnellzüge ab Großenbrode Kai in den Süden, direkt über Lübeck-Lüneburg und Hildesheim unter Umfahrung der Großbahnhöfe Hamburg und Hannover. Neben den 'Klassikern' 'Basel-Expreß' und 'München-Expreß' waren es noch die 'Sondernummern' D 282 und D 912. Der Laufweg des letzteren - ab Hildesheim weiter über Hameln, Warburg, Kassel, Frankfurt nach Basel - ist überdies ein Beispiel, wie seither durch die fortschreitende Konzentration des hochwertigen Fernverkehrs auf immer weniger Magistralen der Phantasie der Fahrplangestalter stetig enger werdende Grenzen gezogen werden.
Das mußte auch der 'Große Fahrplanausschuß' beim Deutschen Industrie- und Handelstag erfahren, als er Ende 1963 angesichts des rapiden Straßen- und Autobahnbaus zwischen

Deutschland und den Beneluxstaaten dringend empfahl, die *"kürzeste Strecke zwischen dem Industriegebiet und Antwerpen über Roermond"* wieder in das Fernverkehrsnetz einzubinden. Beim unaufhaltsamen Strukturwandel im Gütertransport komme gerade einem schnellen und attraktiven Personenverkehr auf der Schiene eine erhöhte Bedeutung zu, und allein durch diese Maßnahme schon ließe sich die Fahrt von Essen nach Antwerpen um *"annähernd zwei Stunden"* verkürzen.[28] Aber alles Bemühen war letztlich vergebens, und auch diese Magistrale ist nur Erinnerung, wie eine andere, zuvor schon zur Bedeutungslosigkeit verdammte klassische Verbindung mit den Niederlanden: der Weg über die große Rheinbrücke von Wesel und weiter über Xanten, Boxtel, Breda nach Vlissingen - als fernes Schnellzugziel in alten Kursbüchern ein Name von beinahe magischem Klang.
Die 1872/73 bei Wesel errichtete, mit 2 km längste Eisenbahnbrücke über den Rhein, diente bis zum Ersten Weltkrieg einem lebhaften Fernverkehr - mit 'durchlaufenden' Zügen und Wagen bis Hamburg, Berlin, Dresden, Basel, Wien und selbst Triest. In der Folge rollte hier dann nur noch ein bescheidener Lokal- und Regionalverkehr, und sie wurde bezeichnenderweise nach ihrer Zerstörung nicht wieder aufgebaut, aber ihre Geschichte gewinnt geradezu symbolische Bedeutung für die alte Erfahrung, daß auch der scheinbar idealste Verkehrsweg durch sein bloßes Vorhandensein allein nicht ausreicht, schwindende Verkehrsspannungen aufrecht zu erhalten oder gar neu zu beleben.
Das Ende des 'großen' Verkehrs über die Weseler Rheinbrücke mag auch mit dem Untergang der 'Belle Epoque' und den sich wandelnden Reisegewohnheiten ihrer herausgehobenen Adels- und Bürgerschicht zusammenhängen. Gerade die holländischen Seebäder haben nie wieder - wie auf der anderen Seite das legendäre Spa, dessen Name im Englischen und Französischen zum Synonym für ein Bad schlechthin geworden war - ganz jenen Status zurückerlangen können, den sie als Treffpunkte der 'guten Gesellschaft' Europas und als Promenaden der eleganten Welt einmal besaßen - zu einer Zeit, als es noch eigene Schlafwagen zum Kurhaus Scheveningen gab, als Bad Ems sich noch mit einigem Recht seiner Lage an der "internationalen Linie Paris-Berlin" ("Emser Depesche"!) rühmen und der 'Paris-Karlsbad=Expreß' (L 64/65) es sich 'leisten' konnte, unter Umgehung Stuttgarts auf direktem Wege über die vergessene Route Bretten-Heilbronn-Crailsheim fernen Kur- und Badefreuden zuzustreben.
Dagegen suchte noch in der 'Goldgräberzeit' der frühen Wirtschaftswunderjahre ein Fernschnelltriebwagen[29] den kürzesten Schienenweg Frankfurt-Metz-Paris schon ab der Wormser Rheinbrücke, über Monsheim und, parallel zur alten napoleonischen Kaiserstraße, um den Göllheimer Hasenbühl zu nutzen. Nur zu bald war er verschwunden, der direkte Schnellverkehr zwischen den Metropolen verlagerte sich immer mehr auf das Flugzeug, und was der Schiene noch verblieb, verlohnte nur im Umweg über Mainz[30] und Mannheim, die gewichtigsten Zwischenträger der Etappe. Um das zweite Gleis amputiert und nur von einer Handvoll Regionalzüge befahren, döste die Strecke noch wenige Jahrzehnte dahin, bis auch sie 1984, fast unbemerkt und wohl für immer, aus den Fahrplänen verschwand.
Im ZEITALTER DES KAPITALS (1975)[31] des großen englischen Historikers Eric Hobsbawm findet sich eine Episode, die - scheinbar nichts als ein Kuriosum - in Wahrheit die tiefgreifenden Wandlungen des Verkehrs eines ganzen Jahrhunderts spiegelt und nicht zuletzt auch den Bedeutungswandel seiner Verkehrsträger und seiner Verkehrswege.

Hobsbawm berichtet von Sir William Wilde, dem Vater Oscar Wildes, einem bekannten Angler, der schon 1865 - also fast noch im frühen Eisenbahnzeitalter - Londoner Lesern einen Wochenendausflug zum Fischen selbst zu den wilden Bergbächen, Seen und Wasserfällen von Connemara in der irischen Grafschaft Galway habe vorschlagen können. Und er fügt sarkastisch hinzu:

> *"Eine Spritztour hin und zurück, wie sie heute mit Bahn und Schiff in der gleichen Zeit unmöglich und im übrigen alles andere als einfach wäre - es sei denn, man nimmt das Flugzeug."*

***

Eine eigene Betrachtung wert wären die Wandlungen und Gewichtsverlagerungen innerhalb der Selbstdarstellung der Städte, der Städteverbindungen, der Verkehrsträger und namentlich auch der (Eisenbahn-)Verkehrswerbung. Hieß es in der Zeit der 'Grands Express Européens' noch leger: *"Sleep your way to Paris"*, so lautete in den frühen Wirtschaftswunderjahren die Parole nach einschlägigem Vorbild bereits: *"Time is money"!*. Symbol: der fliegende Reiter: [aus Amtliches Kursbuch der DB - Sommer 1958]

Daß gleichzeitig *"alle Reiseweisen"* F-Zug-Reisen *"preisen"*, und das mit Lyra und im antiken Gewande, bedeutet nur vordergründig ein Spiel mit der Mentalität des gehobenen 'Bildungsphilisters', der auf seine Weise ja durchaus zu reisen verstand. In Wahrheit geht es auch hier lediglich wieder nur um *"Zeitgewinn"*, der obendrein auch noch den *"höheren Fahrpreis"* lohne.

Ein totaler Widerspruch in sich selbst ist dann aber der über Jahre propagierte Slogan: *"Ein Mann von Welt spart Zeit und Geld!"* (obwohl er einer sich geschmeichelt fühlenden Klientel als solcher wahrscheinlich gar nicht aufgefallen ist). Denn beim wahren 'Mann von Welt' sollte man von beidem doch zumindest soviel erwarten, daß er eben nicht daran zu sparen braucht - am wenigsten beim Reisen!

V. Pluralistische Zweck- und sozialistische Agitprop=Mythologie - Ein Nachwort nicht nur zur Eisenbahnhistoriographie

An ihren Früchten sollt ihr sie erkennen. Sammelt man etwa Trauben von Dornen oder Feigen von Disteln?

1. Professorale Purzelbäume zum Thema Verkehrsgeschichte in satirischer Beleuchtung

Nicht nur am 'dürren Holze' lokaler und regionaler Überlieferungen, auch am vermeintlich 'grünen' der seriösen wirtschaftsgeographischen Geschichtsschreibung haben die Mythen und Legenden von der "städtebildenden" Kraft "uralter Handelswege" und ihrer vorprägenden Bedeutung für die Ausgestaltung eines künftigen Straßen- und Schienennetzes ihre Spuren hinterlassen und die oft seltsamsten Blüten gezeitigt. Die Früchte solcher Träumereien an heimischen Kaminen springen selbst dem flüchtigsten Betrachter historischer Atlanten und geschichtlicher Monographien, besonders aber der ihnen beigegebenen Wegekarten, förmlich ins Auge. Übereinstimmung jedenfalls scheint hier, und keineswegs nur in älteren Veröffentlichungen, oft eher Zufall als die Regel zu sein.
Kurt Leibbrands Auslassung *"Der Verkehr als Städtegründer"* in der GEOGRAPHISCHEN RUNDSCHAU 11/1959 entwickelt sich - trotz des programmatisch eindeutigen Titels - schließlich doch zu einem, wenn auch ziemlich zerfahrenen und teilweise abstrusen Eiertanz zum Thema der Wechselwirkung zwischen Verkehr und Stadtentwicklung. Mit einem Salto wie dem folgenden freilich disqualifiziert er sich am Ende selbst:

> *"Die Stadt Tangermünde duldete den Bau der Strecke Berlin-Hannover über ihre Markung nicht. Sie erhielt viel später eine Stichbahn. Das benachbarte Dorf Stendal wurde Eisenbahnknotenpunkt und überflügelte die alte Stadt in kurzer Zeit."*

Dabei übertrifft das "Dorf" Stendal - in Wahrheit über Jahrhunderte das urbane Zentrum der Altmark - an erhaltener mittelalterlicher Bausubstanz in Quantität und erst recht an Qualität Berlin und Hannover zusammengenommen und kann sich auch darin durchaus mit der "alten Stadt" Tangermünde messen.-
Der große Otto Blum hatte eine besondere Vorliebe für kleine Kärtchen, die in seinen Schriften in knapper, aber einprägsamer Form auch komplizierte technische oder geographische Zusammenhänge erhellen. Unfreiwillig komisch freilich wirken sie, wenn sie auch noch zur Illustration geschichts- oder kulturphilosophischer Theorien - ohnehin nicht gerade Blums besondere Stärke - herangezogen werden. So rückt - wie könnte es anders sein - ihm auf wundersame Weise wiederum Hannover fast genau ins Zentrum des "höchsten" aller nur möglichen "Kulturkreise" - wie es denn auch schon anno 1928

das Trio der Herren Ludewig, von Voigt und Erdmann in den WIRTSCHAFTLICHEN UND KULTURELLEN ZUSTÄNDEN IN ALT-HANNOVER im Schnittpunkt des *"Verkehrskreuzes New York-Suez und Paris-Petersburg"* gleichsam als Nabel der Welt ausgemacht hatten.

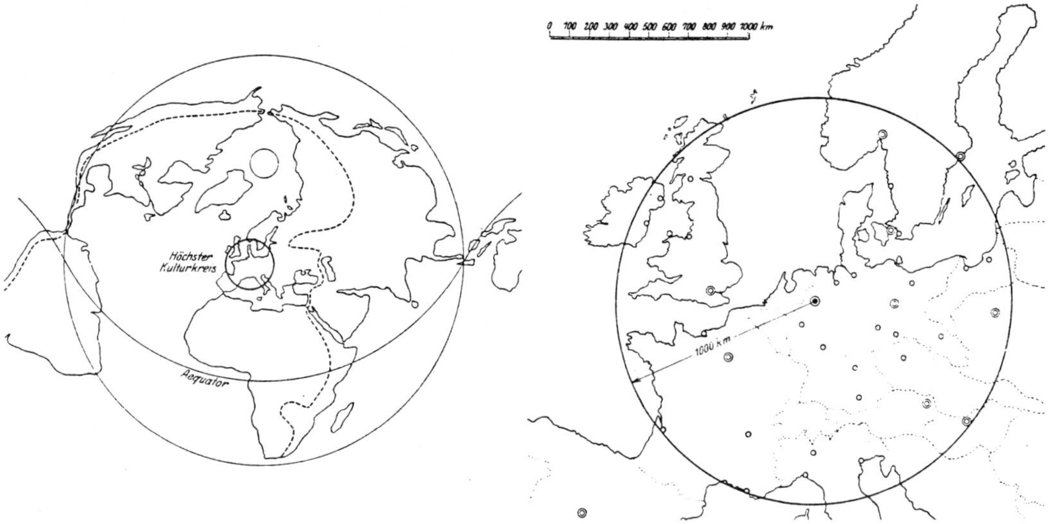

"Höchster Kulturkreis" - wie von ungefähr rückt Hannover in den Mittelpunkt. [aus: Otto Blum, *Das Eisenbahnnetz Niedersachsens*, ARCHIV FÜR EISENBAHNWESEN 1933]

Und an dieser tief verwurzelten Überzeugung hielten die Auguren vom "Hohen Ufer" [32] stets "in Treue fest", so wenn noch wenige Monate vor dem Fall von Stalingrad in einer zur Siebenhundertjahrfeier Hannovers unter der Regie Professor Wunderlichs erstellten Jubelschrift ausgerechnet ein Oberlandeskirchenrat unerschütterlich vom Schnittpunkt der "Achsen Brenner-Belt und Paris-Warschau" im Rahmen eines künftigen "Großdeutschlands" kündet.

Doch was auch immer geschah und geschieht: *"Die Natur der Lage verbürgt mit schönster Gewißheit ein weiteres Blühen und Gedeihen."* Denn wenn schon, wie Professor Wunderlich höchstselbst es so treffend formuliert, am Ende mehr oder weniger alle Großstädte *"verkehrsmäßig gesehen als Hauptzentren des deutschen Verkehrslebens"* erscheinen, um wieviel mehr gilt dies von einem Platz, den bereits *"unsere Altvorderen"* wählten. Sie waren *"in dieser Beziehung ganz große Beobachter und Entdecker"*, offenbar in dem stolzen Bewußtsein, sich hier in voller Übereinstimmung mit Prof. Dr.Dr. Frebold in jener so überaus begünstigten Zone zu befinden, in der schon *"in grauer Vorzeit die Händler des Nordens das deutsche Gold, den Bernstein, den kauf- und tauschbereiten Anwohnern des Mittelmeeres lieferten"*. Auch die Kimbern und Teutonen "mußten" einfach hier verweilt haben, wobei es immerhin verwunderlich erscheint, daß sie sich nicht gleich am "Hohen Ufer" niederließen, sondern ins ferne Welschland weiterzogen, dem unausweichlichen Untergang entgegen!

Einen Schmalstieg [32] wie den alten "Hellweg" [32] jedenfalls konnte man im sicheren Bewußtsein ganz anderer Zukunftsperspektiven getrost den schwerfälligen Planwagen der Hildesheimer und Braunschweiger überlassen. Denn eine Stadt, die an Stelle eines

Eulenspiegel[32] oder Wilhelm Raabe[32] schließlich einmal einen Leibniz[33] ihr eigen nennen sollte, wo nicht nur braune Mumme,[32] sondern klare Helle und obendrein noch helle 'Klare' den Geist erhellten, hatte - zumindest bei der Ortswahl - jegliche "lütje Lage"[32] von vorneherein verschmäht und gleich den Bedürfnissen eines künftigen Eisenbahnnetzes mit seinen "steigungsempfindlichen Lokomotiven" vorausgeplant - von den "Straßen des Führers" einmal ganz zu schweigen. Und außerdem hatten die von Innerste und Oker[32] nicht einmal ahnen können, was für die Etymologen von der Leine längst "schönste Gewißheit" war, daß nämlich ein echter "Hellweg" gar nicht (nach altdeutscher Wurzel) von der "Höhe", sondern von der "Hille" herzuleiten ist, was auf gut hochdeutsch eben "Eile" heißt und schon eine 'Ableitung' wie Hillebrecht[32] eindeutig erhellt, nur "Schnellweg" bedeuten kann. Fürwahr: Eine Stadt solch heller Köpfe und solch hiller Geister wird immer bestehen - und "Hannover 96"[32] kann sowieso nie untergehen!

2. Allgemeine Medienschelte unter 'besonderer Berücksichtigung' des Themas Eisenbahn

Auf den ersten Blick mag die unmittelbare Wirkung solch professoraler Purzelbäume gering erscheinen, harmlos und eher Anlaß zur Erheiterung denn zur Besorgnis, zumal sie vom Medium der Verbreitung her, dem Buch oder der Fachzeitschrift, nur einen relativ begrenzten Zirkel ansprechen. Aber in kleine Münze umgesetzt und durch ein verzweigtes, schwer überschaubares Kanalsystem weitergegeben, ist die Langzeitwirkung dieser und ähnlicher Geschichtsklitterungen und sektiererischer Phantastereien unabsehbar und keineswegs zu unterschätzen. Vor allem, wenn das Treibgut 'pluralistischer' Gedankenfreiheit am Ende in der 'Cloaca maxima' moderner Massenmedien zu einem gestaltlosen Einheitsbrei zerrieben und somit das Postulat jedes echten Pluralismus in sein genaues Gegenteil verkehrt wird. Ob das Resultat dann besser als "Vielfalt in der Einfalt" oder "Einfalt in der Vielfalt" zu bezeichnen wäre, mag dabei wie der Streit um des Kaisers Bart erscheinen.
Ein weit gewichtigeres Phänomen jedoch kann in diesem Rahmen nur angedeutet werden. Denn herrscht, was die unterste Stufe der sogenannten Unterhaltungs(un)kultur anbelangt, auch auf dem Bildschirm - wie schon zur Zeit von Ibsens "Volksfeind" und letztlich wohl zu allen Zeiten - die Diktatur der "kompakten Majorität", so ist sie auf der 'höheren' Ebene geistiger, politischer und gesellschaftlicher Meinungsmache dem Diktat einer nicht weniger 'kompakten' Minorität gewichen.
Nun wäre gegen solch "aufgeklärten Despotismus" unter gewissen Voraussetzungen nicht einmal etwas einzuwenden, wirklich 'aufgeklärt' aber müßte er dann schon sein. Und daran hapert es, gerade wenn es um das kostbarste Erbgut jeglicher Aufklärung geht, die Toleranz und Meinungsfreiheit, ganz gewaltig.

Themen wie das 'Dritte Reich', seine Ursachen, sein Umfeld (wie es der schlichte 'Volksgenosse' sah und sehen mußte) und nicht nur seine Folgen, die Asylproblematik[34] oder die 'Frauenfrage'[35] sind in unserer sich 'pluralistisch' gebenden 'öffentlich-rechtlichen' Mediengesellschaft schlechterdings nicht mehr "sine ira et studio" zu erörtern. Auch der leiseste Ansatz, sich frei gegen die Denkschablonen einer sich zu Welt- und Zeitorakeln aufwerfenden Minderheit zu wenden, wird von selbsternannten 'GralshüterInnen' und 'KronenwächterInnen' der Demokratie verbal niedergemacht oder der Einfachheit halber gleich in die obligatorische 'rechte' Ecke geschoben. Und das ironischerweise nicht selten gegen den erklärten 'Volkswillen' oder das 'wahre Volksempfinden', dem - zugegebenermaßen - allerdings zu einem stattlichen Prozentsatz, egal ob er sich nun nach dem alten Kaiser Wilhelm, dem Führer oder der Mauer zurücksehnt, das Regierungssystem herzlich gleichgültig zu sein scheint, wenn ihm bei ausreichender Grundversorgung nur das eigenverantwortliche Denken und Handeln abgenommen und vor allem seine Ruhe garantiert wird.
Heinrich Heine, den man nur zu gern vor einen liberalistischen Propagandakarren spannt, hat in ähnlichem Zusammenhang voller Hohn und Spott einmal vom "Hohen Klerus des Atheismus" gesprochen, der an Intoleranz und Borniertheit dem orthodoxen in nichts nachstehe. Wie er die Verleihung des nach ihm benannten Preises an Herrn Bednarz aufgenommen hätte, bedarf für den, der Heine sowohl wie die 'MeisterInnen vom Stuhl' der TV-Magazine kennt, wohl kaum der sonderlichen Spekulation.
Es gibt wohl kaum einen Berufsstand, um diese profane Vokabel bei dem hehren Selbstverständnis der Publizistik jeglicher Couleur überhaupt in den Mund zu nehmen, der, bar jeder Selbstkritik und deren schönster Blüte, der Selbstironie, sich zwar herausnimmt, an allem und jedem auch in der unqualifiziertesten und - direkt oder indirekt - auch diffarmierendsten Weise Kritik zu üben, aber geradezu allergisch, wenn nicht hysterisch auch auf den zahmsten Versuch reagiert, sein angemaßtes 'Wächteramt' beileibe nicht etwa zur Disposition, sondern auch nur zur Diskussion zu stellen.
Das Wutgeheul aus dem 'Pinscher=Streit' zu Zeiten Ludwig Erhards, der - entgegen der simplifizierenden Überlieferung in den Medien - durchaus zwischen Autoren unterschied, die wirklich etwas zu sagen haben, und solchen, die ohnehin schon alles besser wissen, hallt bis heute nach. Was aber die vorgeblich auch bewahrende oder gar prophylaktische Funktion der Presse, insonderheit des 'Enthüllungsjournalismus' anbelangt, so provoziert allein die simple Tatsache, daß wir gemäß sich täglich überschlagender neuer 'Enthüllungen' immer noch in einem eher größer als kleiner werdenden korrupten Saustall leben, die zynische Frage, wem eine über Jahrzehnte währende 'heroische' publizistische 'Aufklärungs'=Arbeit am Ende wirklich genützt hat, es sei denn, der Presse selbst.[36]
Ideal gesehen ist die Pressefreiheit eines der höchsten Güter der zivilisierten Menschheit. In der Praxis freilich entpuppen sich Schlagworte wie "Recht des Bürgers auf Information" und die "Pflicht der Medien gegenüber der Öffentlichkeit", dieser um jeden Preis (in diesem Zusammenhang ein wahrlich doppeldeutiges Wort!) auch nachzukommen, nur zu oft als nichts weiter als pluralistische Zweck-Mythologie.
Daß auch das Kapitel 'Presse und Eisenbahn', von wenigen einsam in einem Meer von Oberflächlichkeit, Ignoranz, Desinteresse und Desinformiertheit verflackernden Leuchtfeuern abgesehen, zu den unergiebigsten und unerfreulichsten des deutschen Nach-

kriegsjournalismus gehört, ist diesem allerdings keineswegs allein aufs Schuldkonto zu setzen. Zunächst einmal ist das in der Presse- und 'Medienarbeit' der DB selbst begründet, die von einem bestimmten Zeitpunkt an, teils im modischen Trend, weit mehr aber wohl unter äußerer politischer Einflußnahme, nicht nur ihre Manager, sondern auch ihre 'Öffentlichkeitsarbeiter' nicht mehr aus den eigenen Reihen rekrutierte bzw. rekrutieren durfte - mit verheerenden Folgen, an deren Ende nun die 'Bahnreform' steht. Nimmt man die langfristig volkswirtschaftlichen und nicht nur kurzsichtig betriebswirtschaftlichen Aufgaben eines öffentlichen Verkehrsmittels als Maß, kann sie wohl nur in ein Fiasko münden. Außerdem: um die positiven Elemente der 'Bahnreform' einzubringen, wäre keineswegs auch eine grundsätzliche Struktur- und Organisationsänderung nötig gewesen; bei einer weitsichtigen Verkehrspolitik hätte man das schon vor Jahrzehnten und weit billiger haben können!

Der Hauptgrund aber, daß die Welt der Eisenbahn in den Medien mittlerweile zu einer relativ wenig beachteten oder gar gering geachteten Randerscheinung verkommen ist, liegt darin, daß sie im Zuge der revolutionären Wandlungen innerhalb des Verkehrswesens auch aus dem Allgemeinbewußtsein weitgehend geschwunden ist, und auch Journalisten sind, so sehr sie sich auch manchmal darüber zu erheben meinen, letztlich die Kinder ihrer Zeit.

Das Jahrhundert der Eisenbahn und auch noch einige Jahrzehnte darüber hinaus hatte die Presse mit Engagement, im wesentlichen sachlich, kompetent und vor allem mit einer allen Aspekten des Themas gerecht werdenden Ausführlichkeit begleitet. Auch das auf gegenseitigem Vertrauen basierende Zusammenspiel der Repräsentanten von Bahn und Presse funktionierte, von unausweichlichen Konfliktsituationen (wie im Fall Reichelsdorf[37]) abgesehen, durchaus zufriedenstellend. Als Fazit jedenfalls bleibt festzuhalten: Zumindest bis zum Ende der Reichsbahnära ließe sich allein aus Presseberichten eine beinahe lückenlose und im Prinzip auch zutreffende Eisenbahngeschichte erstellen.

Das auch für unsere Epoche zu behaupten, fiele sicher niemandem mehr ein, wohl nicht einmal der Presse. Denn die 'Mixed Pickles' aus zufälligen Zustands-, Stimmungs- und 'Hintergrundberichten' (in denen die ohnehin spärlichen Quellen im deutschen Blätterwald, die aus eigener Kraft noch sprudeln, in der Regel verschnitten und umetikettiert auf neue Flaschen gezogen werden), all die Spektakel um hochgespielte Rand- und aufgeplusterte Scheinprobleme - wobei man dem, worum es wirklich geht bzw. gehen sollte, geflissentlich aus dem Wege geht - ergäben am Ende ein Bild, das vielleicht noch für die 'documenta', nicht aber mehr als Dokument für eine Zeitgeschichte taugte.-

"Hannover braucht zwei Zeitungen", lautete ein beliebter Slogan, und was einer Stadt recht ist, sollte einem Großverlagshaus billig sein, wobei es mit nur 'zweien' - das ist der 'Zug der Zeit' - dann meist nicht sein Bewenden hat. Für eine alljährlich erscheindende "Verlagsbeilage" zum "Verkehr" - im Grundsatz sicher eine löbliche Idee - begnügt es sich dann leider für beide, die HANNOVERSCHE ALLGEMEINE und die NEUE PRESSE, doch wieder nur mit einer (selbstredend aus den gleichen Federn), und das Ergebnis ist auch prompt danach.

Die erste der acht Seiten etwa der des Jahres 1991 (*"Verkehr 1992"*) bleibt natürlich dem zuständigen Herrn Minister vorbehalten, der seinen schon leicht angewelkten rot-grünen Blumenstrauß in echt staatsmännischer Manier nach allen Seiten schwenkt. Die näch-

sten Blätter sind, entsprechend dem offenkundigen Faible des Verkehrsexperten der Redaktion, mit gleich zwei Beiträgen dem Luftverkehr gewidmet: In *"Startplatz der norddeutschen Urlaubsflieger"* ist zu erfahren, daß der Flugplatz Hannover für den Charterverkehr eine *"Sogwirkung"* entwickle; doch *"Keine Engpässe in Hannover"* weist tröstlich darauf hin, daß die *"Kapazitäten des Flughafens Langenhagen"* noch *"lange nicht erschöpft"* seien. Die Seiten 4 und 5 - dem Kraftverkehr (u.a. *"Ein Plus für den Bus"*) geweiht - sowie 6 und 7, um die Probleme der Binnenschiffahrt kreisend (*"Der Mittellandkanal wird tiefer und breiter"*; *"Eine Woge von Verkehr rollt auf die Häfen zu"*) übernehmen die leitenden Herren der entsprechenden Branchen gleich selber; dürfte doch die Beantwortung gerade ihrer Fragen bei niemandem in besseren Händen sein.
Ja, und da findet sich doch, sinnig kombiniert mit einer fast halbseitigen Anzeige der Lufthansa, auf der letzten Seite ein Elaborat zum Thema Eisenbahn! *"Das unreife Früchtchen mausert sich. Im fünften Monat sind die gröbsten Pannen des ICE behoben"*, ist es überschrieben und entspricht in Form und Geist genau dem, was der Titel auch verspricht und als 'Image' der DB im Allgemeinbewußtsein schließlich hängen bleibt, und manchmal hat man schier den Eindruck, auch hängenbleiben soll.
"Abgeordneten stinkt das WC im ICE-Bahnhof", lautet eine andere Meldung der gleichen Zeitung, in der sich drei namentlich genannte Landtagsabgeordnete in einer eigenen Eingabe *"mit besonderer Heftigkeit"* über den *"trostlosen, stinkenden und abstoßenden Zustand"* der Anlage im Bahnhof Göttingen erregen.
Nun sei in diesem Falle zur Ehre der HANNOVERSCHEN ALLGEMEINEN durchaus unterstellt, das Ganze sei nicht so ernst und eher als Kuriosität am Rande gemeint, und überdies könne ein guter Witz nicht nur zur Erheiterung des Lebens, sondern gar zur Erhellung mancher Situation beitragen. Aber allein die Diktion der Titelgebung stempelt - wie üblich - die Bahn von vornherein zum Popanz, auf dessen Kosten sich dann, und darin liegt die grimmige Ironie der ganzen Geschichte, die eigentlichen Witzfiguren und die wahrhaft Schuldigen ungeschoren amüsieren: hier die Politiker, durch deren Versagen nicht zuletzt die Bahn und damit auch das Göttinger Bahnhofsklo erst so richtig in die 'Scheiße' geriet, und eine Presse, die einer umfassenden und kompetenten Informationspflicht in Sachen Eisenbahn und ihrem wahren 'Wächteramt' gegenüber einer verfehlten Verkehrspolitik schon über Jahrzehnte nicht mehr oder nur völlig unzureichend nachgekommen ist. Fürwahr, es stinkt, aber nicht nur in öffentlichen Bedürfnisanstalten!

3. Marxistische Verkehrswissenschaft und sozialistische Agitprop=Mythologie

Für Herrn A.G. Schuchardt von FAHRT FREI, der Eisenbahnerzeitschrift der DRB, wäre - von der hohen Warte eines theoretisch unanfechtbaren und aus der gesicherten Position eines real in schönster Blüte existierenden Sozialismus gesehen - dieses ganze pluralistische Gerede natürlich lediglich ein Schattenboxen und Pluralismus letztlich nichts weiter als ein Euphemismus für Kapitalismus. Und im Prinzip hätte er gar nicht einmal so unrecht, wenn auch beide Begriffe sich eben nicht in allem und jedem decken. Doch das ist ein anderes Feld, und in diesem Rahmen soll es auch nicht um die Diskussion der höheren Prinzipien marxistischer Wissenschaft, sondern um ein simples Beispiel für die auf der mittleren und unteren Ebene auszu- bzw. ausgetragenen Scharmützel des alltäglichen 'Klassenkampfes' gehen - um ein exemplarisches Produkt sozialistischer Agitprop=Mythologie aus der Welt der Eisenbahngeschichte.
Doch ein kurzes, klärendes und auch notwendiges Wort vorab: Es geht im folgenden nicht darum, nach gehabtem Muster "Marx und Murks" zusammen in einen schmutzigen Tiegel zu werfen. Die Leistungen marxisitischer Wissenschaftler, wie etwa Hans Motteks und seiner Schule, zur Verkehrs-, eines Peter Beyer speziell zur Eisenbahngeschichte, nicht zuletzt aber die von Karl Marx selbst, dessen Betrachtungen zum Verkehrswesen zum Scharfsinnigsten gehören, was zu dieser Materie je gesagt worden ist, sie alle werden hier in keiner Weise in Zweifel gezogen oder in Frage gestellt, sondern mit Respekt und - Dank registriert.
Aber nun zu A.G. Schuchardt und seiner Arbeit *"Die ignorierte Strecke"* in FAHRT FREI 13 aus dem Jahre 1975. Schon der Untertitel *"Vor hundert Jahren fuhr der erste Zug von Berlin nach Dresden"* ist in dieser Form nicht korrekt, suggeriert er doch dem Außenstehenden, als sei vor damals hundert Jahren der erste Zug dieser Relation überhaupt gefahren und nicht etwa nur der auf der heutigen Magistrale über Elsterwerda.
Die grobschlächtigen Rundumschläge und primitiven Schwarzweißmalereien, die namentlich das erste Jahrzehnt seiner Zeitschrift charakterisieren, sind bei Schuchardt einer verfeinerten Taktik gewichen. So arbeitet er durchweg mit durchaus belegbaren und auch belegten Fakten, weiß sie aber so geschickt zu arrangieren, zu manipulieren oder, wenn es sein muß, auch zu ignorieren, daß am Ende stets das erwünschte Gesamtbild und der erstrebte Gesamteindruck herauskommen.
Zunächst und gegen Schluß seiner Arbeit noch einmal bejammert er lang und breit, unter Aufbietung von fast einem Dutzend Zeitungs- und Zeitschriftentiteln, daß man ausgerechnet dieser Strecke in der einschlägigen (oder nach Belieben auch nicht) Presse weder anläßlich der Eröffnung noch bei ihrem Halbjahrhundertjubiläum gebührend gedacht habe. Für die Berliner, unter besonderem Hinweis auf die *"sogenannte 'Volks-Zeitung'"*, macht er dafür, wie ein nachfolgender Schlenker beweist, in erster Linie die Nachwehen des *"sächsisch-preußischen Eisenbahnkrieges"* verantwortlich. Dazu zitiert er aus dem KLADDERADATSCH den *"knappen, aber aufschlußreichen Text"*:

> *"Die Berlin-Dresdener Eisenbahn wird eröffnet. Die beiden norddeutschen Hauptstädte reichen sich die Hände und treten in eine innige Beziehung durch Eisen, aber ohne Blut".*

Nun paßt das offensichtlich zwar nicht ganz in das von Schuchardt gern gesehene Bild von der in Preußen so sträflich "ignorierten Strecke". Doch durch eine wahrhaft 'dialektische' Meisterleistung wird es alsbald zurück ins rechte Licht gebracht. Zitat Schuchardt:

> *"Im Sonderzug, der das bunte Gästevolk zu den Feierlichkeiten nach Dresden brachte, war auch der Chefredakteur und ein Zeichner des Witzblattes 'Kladderadatsch'. Doch erst am 27. Juni 1875 erscheint im 'Illustrirten Rückblick' dieser Zeitung eine symbolische Darstellung über den neuen Schienenweg..."*

und eben jener oben angeführte *"aufschlußreiche Text".*

Die ganze Infamie des Autors (oder ist es doch nichts weiter als bloße Schluderei?) bleibt einem oberflächlichen Leser natürlich verborgen und soll es denn wohl auch. Denn wer erinnert sich an dieser Stelle schon noch des zu Anfang von Schuchardt angegebenen Eröffnungsdatums jener Strecke, des 17. Juni 1875. Es einem w ö c h e n t l i c h erscheinenden "Witzblatt" anzukreiden, es habe über dieses (nach Schuchardts Meinung) weltbewegenden Ereignis "erst am 27. Juni 1875", also 10 Tage (!) später zu berichten geruht, und das dann auch noch als Beleg für seine Theorie von der "ignorierten Strecke" anzuführen ... nun, es mag ein jeder selbst entscheiden, als was er das bezeichnen soll!

Doch noch eine Kostprobe echt Schuchardtscher Vermiesungskunst! Daß bei der Streckenführung weder Luckau, die *"ehemalige Hauptstadt der Niederlausitz"* noch Finsterwalde berührt wurden, weiß er wie folgt zu begründen:

> *"Ja, in diesem Falle wär der Schienenstrang auch über Sonnewalde verlegt worden. Und das wußte der einflußreiche Graf zu Solms-Sonnewalde zu verhindern. Er wollte den mittelalterlichen Schlaf dieses Städtchens behütet wissen; er bangte um die billigen Arbeitskräfte, die dann von seinen Gütern in die Stadt abgewandert wären, und er fürchtete die Sozialdemokratie, deren Agitatoren selbst in kleinen Industriegebieten schnell Fuß faßten und revolutionäre Ideen auch auf die Dörfer trugen."*

Wie Schuchardt ihn schildert, war der Standesherr zu Sonnewalde[38] das typische Relikt einer feudal-patriarchalischen Vergangenheit. In einem müßte er ihm zumindest dankbar sein, konstatiert er doch an anderer Stelle, daß Preußen *"seine Eisenbahnarbeiter schlechter bezahlte als Landarbeiter".* Auch haben die 'Herrschenden' jeglicher Couleur (nicht einmal die 'roten' ausgenommen) zu allen Zeiten es verstanden, den Bau öffentlicher Wege höchst privaten Interessen dienstbar zu machen, mochten sie, so ostentativ und in welcher Version auch immer, die Parole "Gemeinnutz geht vor Eigennutz" auf ihre Fahnen geschrieben haben.[39]

Was aber hätte schließlich der gute Graf zu Solms denn wirklich tun können - den Anwurf der Trassenbeeinflussung hier außer acht gelassen -, um es auch Herrn Schuchardt recht zu machen? Sich der Meute der Gründer "mit dem Raubtiergebiß" zugesellen, sich aktiv an den Machenschaften der 'Berlin-Dresdener-Eisenbahngesellschaft', wie er sie in so düsteren Farben malt, beteiligen und somit zu einem "Steigbügelhalter des Kapitalismus" werden sollen? Immerhin hätte er damit, wenn in diesem Falle schon nicht nach Herrn Schuchardts, so doch nach marxistischem Geschichtsverständnis die damals (noch) "objektiv fortschrittlichen Kräfte" vertreten. Da jedoch als "Sturmvögel" einer "wahrhaft neuen Zeit" unaufhaltsam die "Agitatoren der Sozialdemokratie" auch schon ihre Bahn zogen, wäre er am besten wohl gleich 'Sozi' geworden. So bliebe am Schluß nur die Frage, was Herr Schuchardt selbst getan hätte, wenn er damals zufällig Graf zu Solms-Sonnewalde gewesen wäre.

Das Histörchen um den Grafen Solms offenbart die ganze Misere der Geschichtsschreibung marxistischer Prägung, die, in der Theorie eine der besten und in der analytischen Methode vielleicht sogar die beste, bei ihrer Wanderung auf dem schmalen Grat zwischen der bloßen Interpretation und der Veränderung der Welt in der Praxis nur zu leicht in primitive Agitation und Propaganda abgleitet und im Bestreben, aktiv die Verhältnisse zu ändern, auch gleich die Fakten der Geschichte so verändert, sprich: verfälscht, wie es die jeweilige Situation erfordert.

So brauchte man den mehrfachen Raum, um den direkten oder nur versteckten Widersinn aufzuzeigen oder geradezurücken, der allein über ein so schmales Opus wie Schuchardts "Ignorierte Strecke" in bunter Folge ausgebreitet ist. Doch die eigentliche Ursache für die Kalamitäten nicht nur der von ihm untersuchten Linie, sondern des gesamten sächsischen Eisenbahnsystems überhaupt übersieht er dabei völlig. In einer Nachbetrachtung zu J.F. Ulbrichts *"Geschichte der Königlich Sächsischen Staatseisenbahnen"* in der DEUTSCHEN EISENBAHNGESCHICHTE 2 (Pürgen 1977) bringt es H.J. Ritzau auf den Punkt:

> *"Sachsen war in jeder Richtung umfahrbar. Keine der internationalen oder großen innerdeutschen Fernverkehrslinien querte es u n a b d i n g b a r, ausgenommen die mittlere Variante Berlin-Wien und im knappen Anschnitt die Strecke Leipzig-Hof (-München). Aber auch diese Magistrale verlor ihren Spitzenverkehr an die Strecke Halle-Saalfeld-Nürnberg und bestimmt nicht des Kopfes in Leipzig Hbf oder antisächsischer Gefühle wegen."*

Bei Schuchardt liest sich das folgendermaßen - nebenbei bemerkt eine Spitzenleistung an geballtem Unsinn auf engstem Raum:

> *"Und wirklich! Das 'Schienenverhältnis' zwischen Preußen und Sachsen war nicht gerade harmonisch. Überall versuchten die preußischen Staatsbahnen den Güter- und Personenverkehr von den sächsischen auf die eigenen Routen zu ziehen. Deshalb bauten sie auch das damals unbedeutende Halle zum Eisenbahnknoten aus. Man sprach sogar vom 'Sächsisch-Preußischen Eisenbahnkrieg'."*

Ganz ähnlich offenbart auch Schuchardts Sichtweise auf seine "ignorierte Strecke" einen Mangel an echt historischem Sinn. Denn er betrachtet sie allzusehr aus der Perspektive seiner eigenen Zeit und mißt ihr daraus eine Bedeutung zu, in die sie erst allmählich hineingewachsen ist. Ihr Bau vornehmlich als Spekulationsobjekt der Gründerjahre war angesichts der hohen Leistungsfähigkeit der alten Magistrale über Röderau in der Tat ein Wechsel, den einzulösen erst der Zukunft vorbehalten blieb, hatte man zu Beginn doch selbst die Notwendigkeit und die Existenzfähigkeit der neuen Linie angezweifelt. Erst zwischen 1907 und 1909 kam es zur Verlegung des zweiten Gleises. Ihre unbestreitbare Hochblüte zu DDR=Zeiten ging aber auch auf Kosten, d.h. radikaler Abwertung der alten Parallelstrecke über Falkenberg und war nicht zuletzt das Produkt politischer Umwälzungen mit neuen Grenzziehungen im Osten und Errichtung künstlicher Barrieren gegen

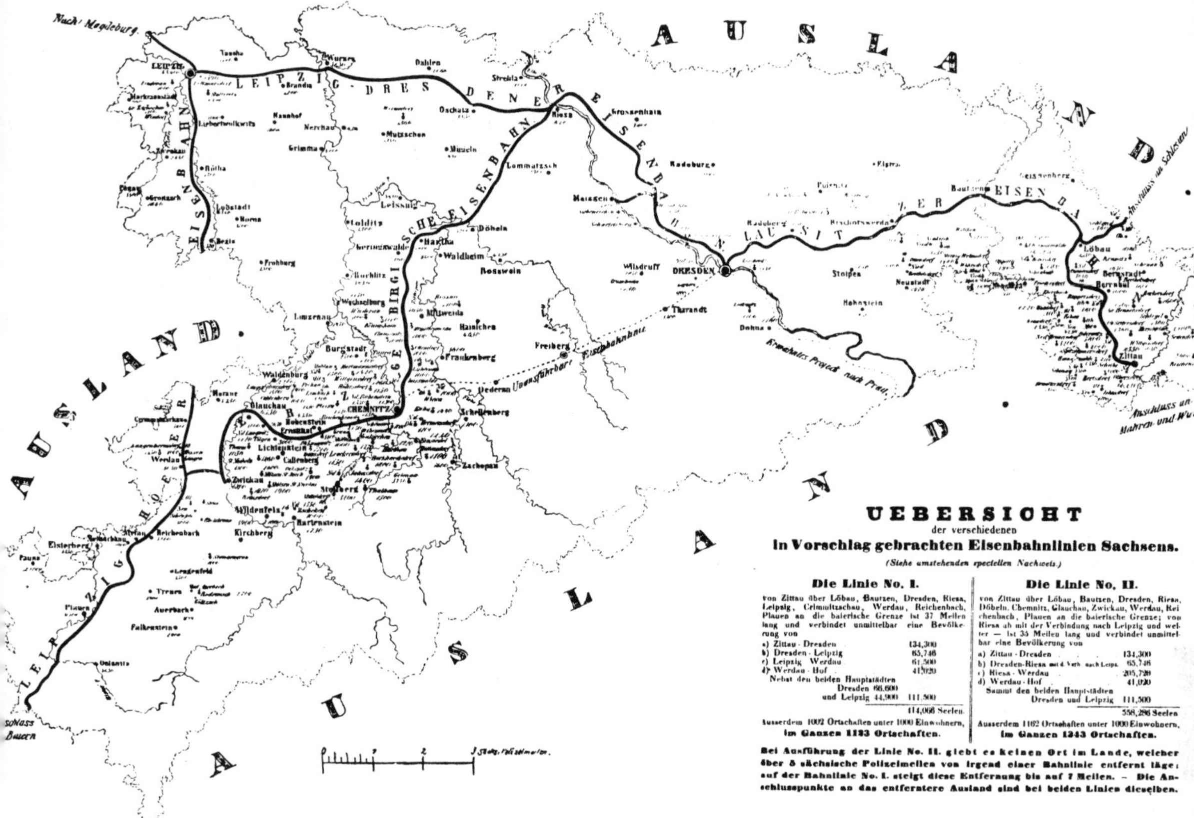

Karte 12: Schon diese "Übersicht..." aus dem Jahre 1840 bringt plastisch die leichte Umfahrbarkeit des rings vom 'Ausland' umgebenen 'Restkönigsreichs' Sachsen zum Ausdruck. [Stadtarchiv Chemnitz]

Westen. So stellte sie für den auf die "sozialistischen Bruderländer" eingestellten und eingeschränkten Urlauber des "Arbeiter- und Bauernstaates" das weitaus bedeutsamste Einfallstor in den Süden dar, mit relativ liberalen Metropolen wie Prag und Budapest und den Küstenbädern am Schwarzen Meer.

Nahtlos in Schuchardts Weltverständnis fügt sich, daß ausgerechnet er, der anderen Intoleranz und Ignoranz vorwirft, gerade jene Epoche, in der die Henschel/Wegmann=Züge seiner "ignorierten Strecke" einen besonderen Glanz verliehen, mit einem gekonnten Salto einfach überspringt, um allsogleich im sozialistischen Eisenbahnerparadies zu landen, dessen Lobpreis allerdings er dann, wohl selbst ein wenig außer Atem, dem Fahrdienstleiter vom Bahnhof Golßen in den Mund legt:

> *"Heute ist dieser Streckenabschnitt ... mit den modernsten Einrichtungen des Eisenbahnwesens ausgestattet und zugleich die wichtigste Nord-Süd-Magistrale der DDR. Gleisbildstellwerke, Lichtsignale und elektrische Halbschrankenanlagen künden vom Schöpfertum einer von Ausbeutung befreiten Arbeiterklasse. Moderne Dieselloks aus der Sowjetunion beherrschen den Schienenstrang. So wird auch hier die enge kooperative und brüderliche Zusammenarbeit zwischen der Sowjetunion und der DDR sichtbar."*

Sind schon *"Gleisbildstellwerke, Lichtsignale und elektrische Halbschrankenanlagen"* als Manifestationen ausschließlich des *"Schöpfertums"* ('Zonen'= bzw. DDR=typisches Äquivalent zu der im 'Westen' bis zum Erbrechen mißbrauchten 'Kreativität') einer *"sozialistischen"* Arbeiterschaft nicht ohne Komik, so dürfte der emphatische Verweis auf die *"modernen Dieselloks aus der Sowjetunion"* noch Reaktionen ganz anderer Art hervorrufen. Und wie es um das Eisenbahnwesens des 'Großen Bruders' mittlerweile wirklich bestellt ist, offenbart Ilja Schtemlers großer, unlängst im Zürcher Diogenes-Verlag auch in deutscher Fassung erschienener Roman DER ZUG, der hier förmlich zum Symbol wird *"für den Niedergang der Sowjetgesellschaft und die Korruption der Nomenklatura"*.

Eine Katze ganz besonderer Art springt Schuchardt zum Schluß dann auch noch aus dem Sack, ohne daß er es überhaupt bemerkt zu haben scheint. Wenn er nämlich von dem *"eisenbahnfreundlichen Feuilletonisten"* der WOCHENPOST spricht, dem die *"Vorgesetzten es hin und wieder gestatten, in uralten Zeitungen zu blättern"*:

"Man ahnt ja nicht, was dabei so alles herauskommt!"

Recht hat er! Und ein besseres Schlußwort ließe sich auch für eine Betrachtung über ihn und seine eigene Zeitung kaum finden. Es sei denn die alte, aber mit neuem Geist erfüllte Parole: "Fahrt frei".

---

1 Hildesheims Sonderstellung zeigt sich - wie das Wunder vom "Tausendjährigen Rosenstock" erweist - schon darin, daß es für die Ortswahl von Stadt und Stift gleich göttliche Inspiration bzw. die der Heiligen Jungfrau persönlich in Anspruch nimmt. Karl der Große dagegen, der bei der Gründung von Bistümern (Münster, Osnabrück, Paderborn, Verden, Minden, Bremen und wohl auch Halberstadt) einen ungemeinen verkehrspolitischen Scharfblick bewies, hatte für den unter Ludwig dem Frommen endgültig nach Hildesheim verlegten Bischofssitz ursprünglich Elze vorgesehen.

2 Eine bemerkenswerte Darstellung dieses Prozesses bietet aus der Sicht des Zeitgenossen der bekannte Volkskundler und Kulturhistoriker Wilhelm Heinrich Riehl (LAND UND LEUTE, 5. Aufl. Stuttgart 1861):
"Als man in alten Zeiten Straßen baute, individualisierte man das Land; die Straße schuf eine Masse neuer Ansiedlungen, neue Städte, neue Dörfer. Wenn wir dagegen heutzutage die ächt modernen Straßen, nämlich Chausseen, Eisenbahnen und Dampfschifflinien anlegen, so centralisieren wir das Land; diese Straßen verderben die kleinen Städte, schaffen dagegen den großen einen riesigen Zuwachs an Macht und Volkszahl ... der Verfall jener kleinen Städte frißt von Jahr zu Jahr um sich; nur einzelne große Mittelpunkte heben sich im gleichen reißenden Fortschritt, in welchem jene sinken..."
Zit. nach Hans Heinrich Blotevogel, ZENTRALE ORTE UND RAUMBEZIEHUNGEN IN WESTFALEN VOR DER INDUSTRIALISIERUNG (1780-1850), Münster 1975.
Blotevogel, der mit Recht davor warnt, die Stadtentwicklung des 19. Jahrhunderts allein auf die Verkehrsentwicklung zurückzuführen und auch auf die später gegenläufige Tendenz der Entstehung zahlreicher neuer Unterzentren aufmerksam macht, resümiert am Ende jedoch auch, daß *"der Verkehrsausbau bis weit ins 19. Jahrhundert hinein den zahlreichen Kleinstädten nur wenig genutzt, wenn nicht gar geschadet hat..."*

3 Einbeck, bis in das 19. Jahrhundert Eimbeck genannt, näherte sich erst nach 1870 wieder seiner einstigen Einwohnerzahl - 1890 hatte es 7676 E, 1905 8709 E und wuchs in dieser Proportion bis Ausbruch des Ersten Weltkrieges weiter. Danach stagnierte es. Von 1925 bis 1933 hatte es gerade 500 E Zuwachs, und zwischen 1933 und 1939 mit zu diesem Zeitpunkt 10 800 E, gute 500 E mehr. Die Bevölkerungsverschiebungen nach dem Zweiten Weltkrieg ließen die Stadt auf (1950) 17 800 E anwachsen. Inzwischen ist sie mit Eingemeindungen eine 30=Tausender=Stadt geworden, genau wie Burgdorf, das wie folgt wuchs: 1890: 3386 E, 1933: 5797 E, 1939: 6500 E und 1950: 10 900 E. Auch diese Zahlen zeigen den geringen Einfluß der Verkehrslage. Salzderhelden, vordem 4 km von Einbeck entfernt und Anschluß- bzw. Hauptbahnstation Einbecks, ist mittlerweile ähnlich Niederhone/Eschwege in Einbeck umbenannt.

4 Vgl. W. Feise, DAS BRAUWESEN DER STADT EIMBECK. Berlin 1928.

5 Aufschlußreich ist, wie sich die Vor- und Nachteile eines Eisenbahnanschlusses für eine typische 'Straßen'= Stadt wie Einbeck selbst darstellen:
"Das Frachtfuhrwesen ... wird ganz aufhören. Die Hauptpoststraße ... wird verschwinden. Die hiesigen zahlreichen Miethskutscher, welche eine Omnibusfuhr zwischen Einbeck und Alfeld unterhielten, werden weniger verdienen, und unsere Wirthe werden über Nahrungslosigkeit klagen. Dieselben Nachtheile würden wir zwar auch zu tragen haben, wenn die Südbahn uns unmittelbar berührte, aber es ständen uns dann auch wieder große Vortheile in Aussicht: Durch Neubauten würden unsre Handwerker verdienen. Reiche Privatleute würden in unsrer Stadt, als in einer freundlichen Gegend und an der Eisenbahn liegend, ihr Domicil nehmen. Durch Errichtung von Fabriken, wozu unsre Stadt ganz besonders geeignet ist, würde die hiesige arbeitende Klasse Beschäftigung finden. Auch ständen unsrer Kaufmannschaft größere Speditions- und Handelsgeschäfte in Aussicht." (C. Spörer, EINBECK IM JAHRE 1853, Einbeck 1980)

6 Vielberufenes Beispiel der Elbeseitenkanal! Jüngste Meldung dazu aus der HANNOVERSCHEN ALLGEMEINEN ZEITUNG vom 30.11.1989: *"Heide-Suez nützt vor allem den Landwirten"* - zur künstlichen "Beregnung" ihrer Felder, versteht sich, unter der allerwärmenden Sonne der Europäischen Gemeinschaft.

7 Geradezu grotesk wirkt es, wenn etwa in einem Kasseler Stadtführer aus dem Jahre 1974 (!) unter den für die Stadt relevanten Verkehrsmitteln an erster Stelle das Flugzeug genannt wird: *"Viele Wege führen nach Kassel. Da bietet sich der Regionalflughafen Kassel an..."* Erst im Anschluß daran *"sorgt"* auch die *"elektrifizierte"* Bundesbahn *"ebenfalls"* für *"gute Reise"*!

8 Nachdrucke von Katalogen der Firma Stukenbrok (1912 und 1926) bei Olms Presse. Hildesheim/New York 1972 bzw. 1974. Darin auch ein ausgiebiges Angebot an Eisenbahnspielzeug und zahlreiche Kuriositäten, wie Radfahrer-Magnesiumfackeln (*"Besonders zu empfehlen für Nachttouren"*) und Hundebomben zum *"Schutz gegen Hunde für Radfahrer und Automobilisten"* mit dem ausdrücklichen Gebot: *"Hundebomben dürfen nur per Bahn versandt werden!"*.

9 Dazu zählten vor der Säkularisation auch zahlreiche bedeutende Klöster, deren 'Verkehrsaufkommen' sich durchaus mit dem manch fürstbischöflicher Residenz messen konnte. Aber diese Verkehre gehören nicht mehr dem Eisenbahnzeitalter an, wohl aber noch Pilgerfahrten zu den großen Wallfahrtsorten (Lourdes) und Heiligen Stätten (Rom). Im Mittelalter haben Pilgerreisen einmal den Großteil des Fernverkehrs schlechthin ausgemacht, wobei das religiöse Anliegen dieses frühen Massentourismus vielfach nur Vorwand für ein libertinistisches Vagabundieren gewesen sein dürfte ("Saufen wie die Pilger!"). Ganze Fernwegesysteme samt Infrastruktur (Brücken, Fähren, Hospize) waren auf berühmte Wallfahrtsorte ausgerichtet. Ob in frühen Phasen der Eisenbahnzeit Pilgerströmen und Wallfahrtsstätten noch (wie später bei der Hedschas-Bahn) wegprägende Kraft zukam, kann und soll hier nicht weiter verfolgt werden. In der Eisenbahn-Unfallchronik jedenfalls haben auch Pilgerzüge ihren makabren Platz (Holzheim), wobei gerade die Unglücke von Pilgerzügen bei der Suche nach dem tieferen Sinn von Katastrophen neben der Frage nach der vordergründigen technisch-menschlichen Unfallursache in besonderem Maße philosopische (Voltaires "Candide") und theologische ("Die Brücke von San Luis Rey") Grundprobleme berühren.

10 Wie schwer es auf der anderen Seite sein kann, den durch den Fortfall der Residenz erlittenen Gesichts- und Gewichtsverlust wettzumachen, zeigt nicht zuletzt auch das Beispiel Münster. Selbst die der Stadt verbliebenen kirchlichen (Bischofssitz), gesellschaftlich-kulturellen und neu hinzugewonnenen administrativen (preußische Provinzhauptstadt) Zentralfunktionen konnten ihren Verlust als Residenz des größten westfälischen Territoriums durch die Säkularisation nur allmählich ausgleichen. So täuscht auch der zumindest auf Streckenkarten optisch eindrucksvoll hervorstechende Eisenbahnknoten Münster über die zögerliche, um nicht zu sagen schleppende Einbindung der Stadt in das große Eisenbahnnetz des 19. Jahrhunderts nur zu leicht hinweg. So ist eine der wichtigsten deutschen Magistralen, die 'Rollbahn' Wanne-Münster-Bremen-Harburg, vor allem auf Betreiben Bismarcks als "Venlo-Hamburger" Privatbahn erst zwischen 1870 und 1874 von der Köln-Mindener EG gebaut worden. Und die (heutige IC-) Direktverbindung Dortmund-Münster über Werne gehört in ihrer jetzigen Form gar erst dem ersten Drittel des 20. Jahrhunderts an.

11 Das gilt auch für die kirchliche Organisation dieser Region. So kam es erst nach dem Zweiten Weltkrieg zur Gründung eines eigenen katholischen "Ruhrbistums" in Essen.

12 Diss. phil. Hamburg 1971

13 Volkstümliche Bezeichnung für die erst in den dreißiger Jahren unseres Jahrhunderts vollendete schnelle Direktverbindung Celle-Hannover über Langenhagen, geführt durch weite und öde Heideflächen, auf denen sich bislang Fuchs und Hase 'gute Nacht' gesagt hatten.

14 Frühe Benennung der Linie Celle-Lehrte-Hildesheim, deren Schnittpunkt mit der Strecke Hannover-Braunschweig bei dem damaligen Dorf Lehrte gewissermaßen ein 'Kreuz' bildete - ein Kompromiß, der den Interessen aller Beteiligten am Ende mehr geschadet als genützt hat und zu einer der verhängnisvollsten Fehlplanungen der Eisenbahngeschichte führte.

15 Vgl. Lutz Wagner in PORTRÄT DER REGION FRANKEN, Schwäbisch Hall 1976: *"Man nehme nur als Beispiel die alte Oberamtsstadt Weinsberg. Sie hat dem Weinsberger Autobahnkreuz, dieser Drehscheibe des Fernverkehrs, ihren Namen gegeben. Heute steht fest, daß Weinsberg durch die Autobahn in seiner Entwicklung eingeengt worden ist, daß vernünftige Planungen nahezu unmöglich sind, weil die Autobahnen die Weinsberger Markung regelrecht zerschneiden..."* Daß auf der anderen Seite Standortvorteile nicht automatisch zu Industrieansiedlungen führen, *"zeigte sich außerdem deutlich in den Jahren 1974/75 bei der Krise um das Audi-NSU-Werk in Neckarsulm. Obwohl Bund und Land massive Förderungsmaßnahmen ergriffen, kam es aufgrund der wirtschaftlichen Rezession kaum zu tatsächlichen Neuansiedlungen von auswärtigen Firmen in den betroffenen Gebieten".* Außerdem dürfe man nicht außer acht lassen, daß die Autobahn die *"ohnehin schon schwach besiedelten Gebiete der Region Franken noch mehr entvölkern könnte".*

16 Trier, das sich für lange Zeit unangefochten in dem Ruhm sonnte, die älteste Stadt auf deutschem Boden zu sein, ist auch in der Imagepflege ihren Nachfolgerinnen weit vorausgeeilt und hat sich als erste ihren Gründungsmythos zugelegt, indem es seinen Ursprung - *"1300 Jahre vor Rom!"* - auf Trebeta vom Stamme der Semiramis zurückführte, der sagenumwobenen Begründerin Babylons und des "Weltwunders" seiner "Hängenden Gärten". (Vgl. auch Anm. 1)

17 Über Größe, Wirtschaftskraft und damit faktische Unabhängigkeit altdeutscher Städte sagt allerdings ihr formeller Status als Reichsstadt, Freie Stadt oder Landesstadt kaum etwas aus. Zu den gut 50 Kaiser und Reich direkt unterstehenden Reichsstädten gehörten einige der bedeutendsten und mächtigsten Kommunen ebenso wie zahlreiche Mittel-, Klein- oder Kleinststädte. Auf der anderen Seite sind selbst so bedeutende Orte wie Wien, Brausnchweig, Magdeburg - überhaupt alle, außer Lübeck, im Bereich der deutschen Ostexpansion liegenden Städte - nie "reichsunmittelbar" gewesen.
Es spricht einiges dafür, daß der lodernde Untergang Magdeburgs im Dreißigjährigen Krieg einen schon länger währenden inneren Niedergang der Stadt weitgehend kaschiert hat. Auch noch zu Beginn des Eisenbahnzeitalters zeichneten sich führende Magdeburger Wirtschaftskreise nicht gerade durch sonderliche Flexibilität aus (Vgl. P. Beyer, LEIPZIG UND DIE ANFÄNGE DES DEUTSCHEN EISENBAHNBAUS, Weimar 1978).

18 Blum ist nicht der einzige, der sich zum Thema Schmitz lediglich auf diesen kurzen Aufsatz Theodor Uhlichs (nicht "Uhlig"!) beruft und darüber dessen Dissertation "DIE VORGESCHICHTE DES SÄCHSISCHEN EISENBAHNWESENS" (1913) ignoriert. Nun sind viele Dissertationen nicht gerade Fundgruben wirklich neuer oder gar bahnbrechender Erkenntnisse, aber eine ganze Reihe verdiente dafür um so mehr Beachtung als manch hochgejubelte Novität, die in glitzernder Verpackung nur alte Irrtümer präsentiert. Uhlich legte mit seiner Arbeit schon vor über siebzig Jahren die Mine an die Grundfesten des Glaubens, daß List *"den Sachsen den Eisenbahngedanken gebracht"* habe. Aber selbst (oder gerade) faule Mythen überdauern in der Regel auch die besten Dissertationen.

19 Für einen echten 'Kasseläner' ist seine Stadt natürlich die "wahre Mitte" eines "größeren Deutschlands" (in den Grenzen von 1937, versteht sich) und für seinen offiziösen Stadtführer zumindest der Schnittpunkt der "gedachten Linien" Hamburg-Basel und Köln-Leipzig. Da sich die leidige Natur freilich höchst ungern nach "gedachten Linien" richtet, würde man es auf der topographischen Karte wohl besser in den Räumen Fritzlar oder Bebra angesiedelt finden, und auf einer 'politischen', die den realen Gegebenheiten und wirtschaftlichen Verflechtungen eines erweiterten 'mitteldeutschen' Raumes weit besser Rechnung trägt (vgl. Ottmann/Ritzau, DEUTSCHE EISENBAHNGESCHICHTE, S. 82), erscheint es nur noch an der westlichen Peripherie. Im Fall Kassel werden ganz offensichtlich Scheingründe einer höheren verkehrsgeographischen Vernunft als Alibi nachge-

schoben, wo es den frühen Herren in Wahrheit um nichts weiter als engbegrenzte dynastische Bestrebungen und den späteren in erster Linie um den Preis der Schönheit ging.
Schon als der erste eigne Landgraf der nach dem Thüringer Erbfolgestreit neugeordneten hessischen Gebiete sein Domizil nach Kassel verlegte und 1277 auf dem hohen Fuldaufer eine Burg erbaute, hatte er nichts Eiligeres im Sinn, als auch durch eine neue Brücke alteingefahrene Handelswege auf seine Residenz zu lenken. Da auf der anderen Seite die Versuche der deutschen Könige Adolf von Nassau (1292-1298) und Albrecht I. (1298 -1308) scheiterten, durch den Erwerb Thüringens und Meißens im Rahmen ihrer Hausmachtpolitik auch die deutsche Zentralgewalt schon früh weiter in den Norden und den Osten des Reiches zu verlagern, blieb die politische Zersplitterung Mitteldeutschlands als Erbe über Jahrhunderte bis weit hinein ins Eisenbahnzeitalter - für Kassel allerdings die einmalige Chance, als Hauptstadt eines mittleren Territorialstaates auch Leitstern in einem künftigen Eisenbahnnetz zu werden. Und so erhebt sich dort - trotz der ihm nicht nur von Otto Blum immer wieder angekreideten verkehrsgeographischen "Schwäche" - am Ende doch einer der schönsten und modernsten Bahnhöfe an einer der wichtigsten Neubaustrecken der Deutschen Bundesbahn.

20 Noch heute erinnern ein Ölgemälde von B. Hellingrath ("Blum als Rektor") sowie eine Bronzebüste in der Technischen Universität Hannover an den weit über die Grenzen Deutschlands hinaus angesehenen Verkehrswissenschaftler. Blum, der am Ende viele seiner Träume, Ideale und großangelegten Projekte in Trümmer sinken sah, kam selbst bei einem Bombenangriff auf Hannover am 26. Oktober 1944 ums Leben.

21 Während der klassischen Route Berlin-Köln über Magdeburg-Braunschweig-Hildesheim-Paderborn-Soest fast ein Jahrhundert, wenn auch unter gewandelter Nummer und zuletzt nur noch als Kurswagenverbindung, wenigstens ein - dazu noch Deutschlands ältestes - D-Zugpaar (D 31/32) verblieb, ist der Abschnitt Hameln-Löhne nur sporadisch zu Schnellzugehren gekommen. Am auffallendsten gerade in den Wirren der letzten Kriegsjahre, als gleich mehrere D-Züge (D 35/36, Köln-Berlin; D 37/38, Köln-Myslowitz) über die Strecke geleitet wurden. Einige Fern=Eilzüge der Nachkriegszeit sind längst zu bloßen IC=Zubringern abgesunken und haben jeglichen Eigenwert verloren. Bis vor kurzem noch erwog man den Abbau des zweiten Gleises und sogar die völlige Einstellung des Personenverkehrs. Doch dürfte die Strecke nach dem Fall der innerdeutschen Grenze zur Entlastung des Engpasses Hannover im Ost-West=Verkehr bald nicht mehr mit Gold aufzuwiegen sein.

22 Die einseitige Konzentration des Fern- und späteren Schnellstverkehrs im Nordwesten auf Hannover war - ähnlich der im Nordosten auf Groß-Berlin - für nicht wenige Städte und Regionen mit erheblichen Nachteilen in Form von Umwegen bzw. Umsteigen (bei oft ungünstigen Anschlüssen) verbunden. Genannt seien die Relationen Ostwestfalen-Hamburg (und sogar Bremen!), Braunschweig-Hamburg und die Verbindungen einer ganzen Städtereihe von Bielefeld/Osnabrück über Hameln, Hildesheim bis Braunschweig, ja - hier allerdings bedingt durch die jahrzehntelange Monopolstellung des Grenzüberganges Helmstedt - bis Berlin mit Süddeutschland. Der ungeahnte Erfolg der neuen IC/ICE=Linie, die Berlin, Potsdam, Magdeburg, Braunschweig, Hildesheim, Göttingen und Kassel umsteigfrei und auf wesentlich kürzerem Weg (die Entfernung Braunschweig-Göttingen beträgt bei Nutzung der Neubaustrecke über Hannover ca. 160, über Hildesheim dagegen nur ca. 120 km) mit dem süd-(west-)deutschen Raum und zugleich untereinander verbindet, zeigt mit aller Deutlichkeit, daß Hannover durchaus nicht in jedem Fall und für jeden jener ideale Mittler im Eisenbahnverkehr war und ist, als den es sich, gerade unter Berufung auf die "Einmaligkeit" seiner Lage, gern selbst darstellt bzw. darstellen läßt.

23 Im Jahre 1669 empfahl Gottfried Wilhelm Leibniz in einer Denkschrift dem Herzog von Württemberg dringend, seine Residenz - mitsamt der Tübinger Universität - an die Cannstatter Fernhandelsstraße zu verlegen. Als die Residenz dann später, wenn auch nur vorübergehend, nach Ludwigsburg verlegt wurde, geriet das alte Stuttgart sofort in eine Existenzkrise.

24 Kuchenbecker, a.a.O., bezeichnet die topographische Lage Braunschweigs, zumindest was den dortigen Oker-Übergang anbelangt, nicht als sonderlich günstig: *"Ein großes Hindernis stellt die Überquerung der Oker dar, da sie als typischer Gebirgsfluß zeitweise überaus starke Wassermengen heranführt. Die geländemäßig günstigste Übergangsstelle liegt bei Ohrum... Bei Braunschweig und Wolfenbüttel ist das Flußbett dagegen ursprünglich sehr breit und stark versumpft gewesen."* Eine Gegend also, die - um Goethes berühmtes Wort über Regensburg abzuwandeln, nicht unbedingt *"eine Stadt herlocken"* mußte. Daß gerade hier eine der

bedeutendsten mittelalterlichen Kommunen entstand, gehört zu den Phänomenen, die sich den Gesetzen vordergründiger Logik und Kausalität, wie sie einen Großteil der gängigen Geschichtsschreibung beherrschen, widersetzen. - Bei Ohrum, das einst alle frühen Fernverkehrswege magisch an sich gezogen hatte, ist dagegen nie ein größerer Ort entstanden.

25 Das frühe deutsche Chausseenetz spiegelt im großen und ganzen getreu das wirtschaftliche und politische Beziehungsgeflecht wider, wie es auch für die ersten Phasen des Eisenbahnbaus noch Gültigkeit hatte. Chausseen und Eisenbahnen waren also im wesentlichen die gleichen Richtungen und Ziele vorgegeben. Die auf bloßem Augenschein oder oberflächlichem Kartenstudium beruhende und nicht einmal selten in Wort und sogar Schrift geäußerte Meinung, beide verfolgten deshalb im Prinzip auch die gleichen Wege, gehört allerdings ebenfalls in eine "Mythologie der Eisenbahngeschichte". Man denke nur an die Trassenführung der Magistralen Nürnberg-Prag oder Hamburg-Berlin. Ein klassisches Beispiel ist der unterschiedliche Verlauf der großen Fernstraße Hannover-Göttingen über Pattensen, Einbeck zur Hannoverschen Südbahn, die sich streng an das Leinetal hält. Auch die traditionsbefrachtete 'Reichsstraße' über Duderstadt, Mühlhausen, Gotha nach Nürnberg hat keine nach Führung und Bedeutung gleichwertige Entsprechung auf der Schiene gefunden. Bezeichnend ist ferner, daß - zum Leidwesen manches Geschichtsforschers - viele "historische Stätten" (Kloster Lorsch), alte Rasthäuser ("Wirtshaus im Spessart" an der alten Fernstraße Frankfurt-Nünberg-Wien), Posthöfe und Krüge, aber auch Schlachtfelder, naturgemäß einst (und z.T. noch heute) an wichtigen Straßenzügen gelegen, auf der Schiene oft nur auf Umwegen, mit Nebenbahnen (etwa Lützen, zusammen mit Nietzsches Geburtsort Röcken an der berühmten Fernstraße Leipzig-Weißenfels-Naumburg, während die Hauptbahn über Großkorbetha führt) oder direkt überhaupt nicht (Sievershausen) zu erreichen sind.

26 Ein getreues Spiegelbild sich wandelnder Verkehrsspannungen bietet auch die Geschichte der Rheinschifffahrt. So stand etwa zur Römerzeit einem ungemein lebhaften Handelsverkehr über den Rhein ein erstaunlich spärlicher auf dem Rhein gegenüber. "Siegfrieds Rheinfahrt" und die Rheinreise der Kölner Stadtheiligen Ursula samt ihren "11000 Jungfrauen" dürfte in der überlieferten mythisch-legendären Form ebenfalls kaum stattgefunden haben: Hier werden die Verhältnisse einer blühenden mittelalterlichen Rheinschiffahrt in eine ferne Vergangenheit, in die Hunnenzeit des 5. Jahrhunderts, zurückprojeziert.

27 Zum Begriff gewordener Titel der deutschen Fassung von "Peacemaking 1919" (1933) von Harold Nicolson, neben den kritischen Äußerungen von Keynes eine der gewichtigsten britischen Stimmen zum Versailler Vertrag.

28 Vgl. STÄDTESCHNELLVERKEHR - EINE CHANCE FÜR DIE SCHIENE. DIHT Schriftenr. H. 87. Bonn 1963.

29 Sommer 1958: F 1101 und in der Gegenrichtung F 1124 Frankfurt-Worms-Metz mit unmittelbarem Anschluß an 1104 aus Luxemburg. Die Abfahrzeiten dieser Verbindungen fallen übrigens fast auf die Minute mit denen der 1972 neugeordneten TEE 51/50 'Goethe' zusammen: beide ab Paris 8.00 Uhr, ab Frankfurt 16.18 bzw. 16.15 Uhr. Aber trotz Einbeziehung Mannheims ist es auch diesen damals nicht gelungen, auf Dauer eine rentable 1.-Klasse-Verbindung zwischen der Seine- und Main-Metropole herzustellen. Obwohl sich die Gesamtfahrzeit am Ende um 70 bis 90 Min verkürzte, betrug die Differenz zu der in diesem Zusammenhang besonders interessierenden Relation Frankfurt-Kaiserslautern nur wenige Minuten.
Die Gesamtentfernung auf der Schiene zwischen Frankfurt und Saarbrücken beträgt über Biblis-Worms-Enkenbach-Kaiserslautern nur 190 km, über Groß Gerau=Dornberg, Goddelau=Erfelden-Biblis-Lampertheim und Mannheim (Riedbahn) 212, über Darmstadt 219, über Mainz-Bad Kreuznach-Neunkirchen 205 und die in der Nachkriegszeit lange favorisierte Strecke über Mainz und durch das Alsenztal 209 km. Dabei kann die reine Entfernungsangabe natürlich nicht das einzige Kriterium für die wahre Effektivität und Schnelligkeit der jeweiligen Strecke sein. Mit zu berücksichtigen wären neben der Trassierung vor allem der unterschiedliche Grad der Elektrifizierung und die dadurch bedingten Lokomotivwechsel (Kaiserslautern).

30 Mainz, dem klassischen Eingangstor in die Rhein-Main-Region und als Brückenstation im Eisenbahnverkehr mit Frankreich bis vor kurzem Mannheim noch durchaus im Range gleich, verbleibt nach der neuen Fahrplankonzeption nur eine direkte (Nacht-)Verbindung mit Paris. Die Wormser Rheinbrücke hatte eine ähnliche Mittlerfunktion schon vor Jahrzehnten eingebüßt, und damit geriet auch die traditionsreiche pfälzische "Fabriquenstadt" Frankenthal ins Abseits: der einst auch im Paris-Verkehr kaum ausgelassene D-Zug=Halt ist

vielen nur noch als Autobahnkreuz ein Begriff, wie überhaupt in der Vorderpfalz der zunehmenden Verödung einst durchaus beachtlicher Bahnverbindungen und Eisenbahnzentren (Landau, Germersheim und seine Rheinbrücke, cum grano salis sogar Ludwigshafen) eine kaum noch zu überbietende Verbetonierung einer der gesegnetesten Kulturlandschaften gegenüber steht. Dabei hätten sich gerade hier mit geringem Aufwand, etwa einer Umgehungskurve nördlich von Germersheim, attraktive Neuverbindungen auf der Schiene einrichten lassen.
Landau und Germersheim, jeweils im Schnittpunkt einer der linksrheinischen Magistralen Köln/Frankfurt-Weißenburg/Lauterburg-Straßburg-Basel und der kürzesten Verbindung der Festung Metz über Saarbrücken-Bruchsal mit Nürnberg, Stuttgart und München gelegen, gehören zu den klassischen Beispielen für den Bedeutungsschwund von Eisenbahnknoten infolge politischer Grenzverschiebungen, hier den Rückfall Elsaß-Lothringens an Frankreich nach dem Ersten Weltkrieg. Von der zunehmenden europäischen Integration aber hat dann - nicht zuletzt dank einer nachhinkenden nationalen Eisenbahnpolitik - gerade in dieser Region fast ausschließlich die Straße profitiert, mit verheerenden Folgen für Landschaft und Umwelt.
Dem kombinierten, hemmungslos umsichgreifenden Asphalt- und Zersiedelungswahn fiel, neben manch traditionsreicher Eisenbahnlinie, auch der bereits 1777 angelegte Frankenthaler Rheinkanal zum Opfer, ein unwiederbringliches Natur- und technisches Kulturdenkmal zugleich, das hier buchstäblich verschüttet wurde, wobei die Ironie der Geschichte den Wahnsinn erst richtig auf den Punkt brachte, als ausgerechnet der Raum Frankenthal dann zum imaginären Endpunkt des Saar-Pfalz-Kanals erkoren wurde.
An Frankenthal - exemplarisch für die Wandlungsfähigkeit einer Industriestadt von der merkantilistischen Manufaktur (Frankenthaler Porzellan) über den klassischen Maschinenbau (Klein, Schanzlin & Becker, Schnellpressenfabrik Albert & Cie) bis hin zur modernen Kunststoffverarbeitung (Pegulan) - erinnert aber auch noch ein versunkenes technisches Denkmal anderer Art - die bereits 1939 verschwundene Kleinbahn nach Großkarlbach, die zwischen dem alten Bahnhof und dem Hotel "Zum Türkischen Kaiser" ihren Ausgang nahm, schienengleich im Zuge der Heßheimer Landstraße die Magistrale Ludwigshafen-Mainz kreuzte und weiter nach Dirmstein führte, wo inmitten fruchtbarster Äcker und Weingärten ein hölzerner Bohrturm in den Himmel ragte, der im nachhinein noch Reminiszenzen an jenes abenteuerliche Gebilde auf James Deans erstem texanischen Ölfeld in den 'Giganten' weckt. Natur und Technik, so schien es wenigstens, und nicht nur im Licht einer besonnten Vergangenheit, bildeten damals zwischen der "Badischen Anilin" im Süden und dem Wormser Dom im Norden, wie auch in vielen Teilen Thüringens und Sachsens und selbst des Ruhrgebiets, noch eine - sogar ästhetische - Einheit, die erst die rigide, phantasielose und obendrein oft noch völlig überflüssige und sinnlose Landschaftszerstörung der Nachkriegsjahre für immer zerbrach.

Abb. 31: Mündung des Frankenthaler Kanals in den Rhein (gegenüber der Vorort Sandhofen der Stadt Mannheim) [aus: Frankenthal in der Rheinpfalz, o.J.u.V.]

31 Dt. Übers. unter d. Titel DIE BLÜTEZEIT DES KAPITALS von J.G. Scheffner in KINDLERS KULTURGESCHICHTE DES ABENDLANDES. München 1977.

32 Um Ortsfremden das Verständnis versteckter Wortspiele und Anspielungen zu erleichtern, hier einige Erläuterungen in Kurzform: *"Hohes Ufer"* = "Honovere". Aus dieser alten Form ist der Name "Hannover" hervorgegangen. / *Schmalstieg*: zugleich Name des Oberbürgermeisters von Hannover / *"Hellweg"*: alter Name für verschiedene mittelalterliche große Durchgangsstraßen, an deren einer auch Hildesheim und Braunschweig lagen, Hannover aber nicht.- "Hellwege" hieß auch ein früherer niedersächsischer Ministerpräsident. / *"Lütje Lage"*: spezifisch hannöversche Art, Bier und Korn kombiniert zu trinken, zugleich doppelsinnig für unbedeutende (lütj = klein) (Orts-) Lage / *"die von der Innerste und Oker"* sind die Hildesheimer und Braunschweiger. Für die Farben der letzteren stehen neben Wilhelm Raabe auch Till Eulenspiegel (geb. angeblich in Kneitlingen, einem Dorf im Braunschweigischen) und die "braune Mumme" (hopfenfreies, würzereiches, tiefbraunes Braunschweiger Bier) / *Hillebrecht*: Hann. Stadtbaurat, als Vater der "autogerechten Stadt" durch ein umfassendes Tangenten- und "Schnellwegsystem" ("Hille" heißt sinnigerweise niederdeutsch zugleich "Eile"!) einst hochgelobt und (teilweise zu Unrecht) nun geschmäht. / *"Hannover 96"*: Im Auf und Ab der Vereinsgeschichte mehrfach deutscher Fußballmeister.

33 Leibniz, der vierzig Jahre (1676-1716) im Dienste des welfischen Fürstenhauses zu Hannover wirkte, hat sich auch intensiv mit der Vervollkommnung der "Post- und Rollwagen" sowie der Verbesserung des Wegenetzes und des Straßenbelags beschäftigt, so daß ihm eine zeitgenössische Spottschrift gar die Konstruktion eines "Schnellwagens" unterstellt, der die Entfernung zwischen Hannover und Amsterdam in der damals (und für manche Nachrkriegsverbindung auf der Schiene beinahe heute noch) geradezu utopisch anmutenden Spanne von 6 Stunden zurückzulegen vermöge.

34 So wurde unlängst in einem 'TV-Gespräch' dem Interviewten (der daraufhin sofort kuschte) förmlich über den Mund gefahren, als er es wagte, das Wort "Asylant" überhaupt noch in den Mund zu nehmen, könne es doch "diskriminierende Assoziationen" etwa zu "Simulant" wecken. Wenn freilich weit über 90% aller 'Bewerber' das Recht auf politisches Asyl - und nur darum geht es - unter bewußter oder unbewußter Vorspiegelung falscher Tatsachen für sich in Anspruch nehmen und jede - berechtigte - Unmutsäußerung über diesen offenkundigen Mißstand als allgemeine (in der Regel allerdings gleich als spezifisch deutsche) "Ausländerfeindlichkeit" (die es natürlich auch gibt und besser als "Fremdenfeindlichkeit" interpretiert würde, da sie durchaus auch Animositäten von Gruppen und Landsmannschaften innerhalb der eigenen Nation einschließt) denunziert wird, so ist man angesichts dieser unbegreiflichen Begriffsverwirrung versucht zu fragen, ob sie wirklich nur Ausfluß allgemeiner Dummheit oder nicht eher Folge demagogischer Absicht ist, um in ihrem Windschatten linke wie rechte - und vermutlich noch andere - politische Suppen zum Kochen zu bringen.
Daß obendrein noch jede ausgestreckte Hand zur Versöhnung sofort mit der allzeit offenen auf Entschädigung in Zusammenhang gebracht wird, bildet den Kulminationspunkt dieses beschämenden Verwirrspiels. Auf der anderen Seite kann es keine Frage sein, daß die eigentlichen Ursachen weltweiter Wanderungsbewegungen weit ernsthafter und effizienter angegangen werden müssen als bisher, und zwar primär 'vor Ort'. Eine hemmungslose Ausweitung des Asylrechts wäre allerdings der direkte Weg ins Chaos, würde am Ende niemandem mehr nützen und in kaum noch lang zu bemessender Frist auch jene Oasen noch zum Ausdorren bringen, in deren Schatten allein noch die Kräfte zu einer allgemeinen Erneuerung und Sanierung heranreifen könnten.

35 So wenn "frau" unter dem Postulat der "Gleichberechtigung" (wohl besser 'Gleichschaltung') alle "BürgerInnen" im öffentlichen und privaten Sprach- und Schriftverkehr zu den absurdesten Sprachverhunzungen zwingt, und jedermann sofort als "Macho" oder "Chauvi" verunglimpft wird, der sich diesem hirnverbrannten Schwachsinn zu widersetzen wagt.

36 Die Vorwürfe und Vorbehalte gegenüber der Publizistik sind offenbar eine 'endlose Geschichte', und schon 1940 glaubte der englische Kritiker und Literarhistoriker Sir Ifor Evans in seiner SHORT HISTORY OF ENGLISH LITERATURE eine Lanze für den modernen Journalisten brechen zu müssen, der - gerade im Vergleich zu früheren Epochen - weit besser und "intelligenter" schreibe als man allgemein wahrhaben wolle. Im Formalen mag das teilweise sogar stimmen, was sich auch daraus erklären dürfte, daß der Journalismus mittlerweile die fast ausschließliche Domäne von 'Akademikern' geworden ist. Auf der anderen Seite hatte das gerade in der gehobenen Publizistik einen eklatanten Verlust an 'Common sense' zur Folge. Und außerdem: Leeres Stroh

bleibt leeres Stroh, ganz gleich, ob es mit dem Dreschflegel oder mit den hochsensibelsten Maschinen gedroschen wird.

37 Anläßlich der Kollision zweier Schnellzüge am 24.10.1929 wurden die Vertreter der Presse von leitenden Herren der RBD Nürnberg nicht nur am Betreten des Schauplatzes gehindert, sondern obendrein mit einem vorgefertigten, völlig unzulänglichen 'Handzettel' über den Unfallhergang abgespeist. Vlg. SCHATTEN DER EISENBAHNGESCHICHTE - Band 1, S. 266 ff.

38 Auch Sonnenwalde

39 Vgl. auch K. Lärmer, AUTOBAHNBAU IN DEUTSCHLAND 1933 BIS 1945. ZU DEN HINTERGRÜNDEN, Berlin 1975.

Abb. 32/33: A.v. Knigges Roman DIE REISE NACH BRAUNSCHWEIG, 1792 erstmals erschienen und 1893 in 7. Auflage mit den Illustrationen von Gerhard Osterwald neu herausgebracht, überspringt gewissermaßen die Eisenbahnära, indem er mit der Schilderung einer kuriosen 'Expedition' zu einem Ballonaufstieg des berühmten Luftschiffers Blanchard unmittelbar aus der 'Postkutschenzeit' in das 'Zeitalter der Luftfahrt' hinübergleitet.

Aus unserem Verlagsprogramm

Weitere bahnhistorische und aktuelle Themen in **DIE EISENBAHNSZENE GESTERN-HEUTE**

- BAND 1 - Beiträge wie *Der D 285/286 im mitteldeutschen Verkehrsraum und seine Zugfamilie* lesen sich *"...unter den geänderten gesamtdeutschen Rahmenbedingungen mit neuem Interesse..."* [Heilbronner Stimme].- 120 S., 40 Abb., Karten, Pläne; kt. DM 25,--

- BAND 2 mit den Hauptkapiteln: *Eisenbahn und Wiedervereinigung, Eisenbahn und Presse* sowie *Joseph Meyer - Eisenbahn-Vorkämpfer, -Unternehmer und Verleger.* 120 S., mit 71 Abbildungen, Karten; geb. DM 28,--

Eine weitere Hilfe zum tieferen Verständnis der Kursbücher bietet unser Standardwerk: **DAS KURSBUCH- UND FAHRPLANWESEN DER DEUTSCHEN EISENBAHNEN**: Geschichte-Systematik-Bedeutung von H.J. Ritzau u. W. Mertl.- 160 S., 143 Abb., geb. DM 32,--

Die Bände **SCHATTEN DER EISENBAHNGESCHICHTE** von H.J. Ritzau bieten nicht nur Chronologien von Eisenbahnunfällen, sondern stellen darüber hinaus den Bezug zur Zeit, zum politischen und organisatorischen Umfeld her.

- BAND 1 umfaßt die Katastrophen der Eisenbahnfrühzeit bis 1945 im Rahmen der Entwicklung des Eisenbahnwesens in Deutschland, Großbritannien und den USA, teils in Kurzform teils detailliert. Die Unterschiede der Begleitumstände, Mängel der Betriebsorganisation, des Sicherheitswesens oder der Technik sind berücksichtigt, ferner die wirtschaftlichen und politischen Ereignisse, in deren Sog die Bahnen gerieten. 304 S., 143 Abbildungen, Karten und Skizzen. DM 50,--

- BAND 2 - KATASTROPHEN DER DEUTSCHEN BAHNEN 1945-1992 - TEIL 1 enthält eingehende Untersuchungen ausgewählter Eisenbahnunglücke im westlichen Deutschland: Ablauf, Ursachen, Begleitumstände, Konsequenzen, auch rechtliche, im Rahmen verkehrspolitischer Strömungen. Den Abhandlungen der meisten Fälle liegen die Ermittlungs- und Gerichtsakten mit Gutachten, DB=Expertisen und entsprechendem Fotomaterial zugrunde.- 304 S., mit 150 Abb., Skizzen, geb. DM 49,--

- BAND 3 - KATASTROPHEN DER DEUTSCHEN BAHNEN - TEIL 2 mit der **Chronik** bemerkenswerter Eisenbahnunfälle 1845-1945 in Gesamtdeutschland, 1945-1992 gegliedert in den Bereich Westzonen/BRD, Spezielle Unfallarten wie Rotten- und Arbeitsunfälle, Verstöße von Bahnfremden und Bahnbenutzern, Bahnanschläge sowie Zusammenpralle an Bahnüberwegen oder auf der Strecke, ferner gesondert bis 1990 Bereich SBZ/DDR. Zur Abrundung des Bildes sind Beispiele von Unfällen des Schienenersatz- und des Straßenverkehrs allgemein, insbesondere der Omnibuskalamität aufgenommen; außerdem **Ortsregister** mit Unfall=Kennziffer.- 368 S.,170 Abb., Skizzen und Tabellen; geb. DM 54,--

Unsere **Kursbuchnachdrucke** (s. auch **S. 65**) zeigen in sorgfältiger Auswahl der Fahrplanperioden die markantesten Etappen der Eisenbahnverkehrsgeschichte **1880-1962**.

Gesamtverzeichnis mit allen lieferbaren Büchern und Nachdrucken steht zur Verfügung!

-Änderungen vorbehalten-

Ritzau KG - Verlag Zeit und Eisenbahn - 86932 Pürgen

Tel.: 08196/252 - Fax: 08196/1240

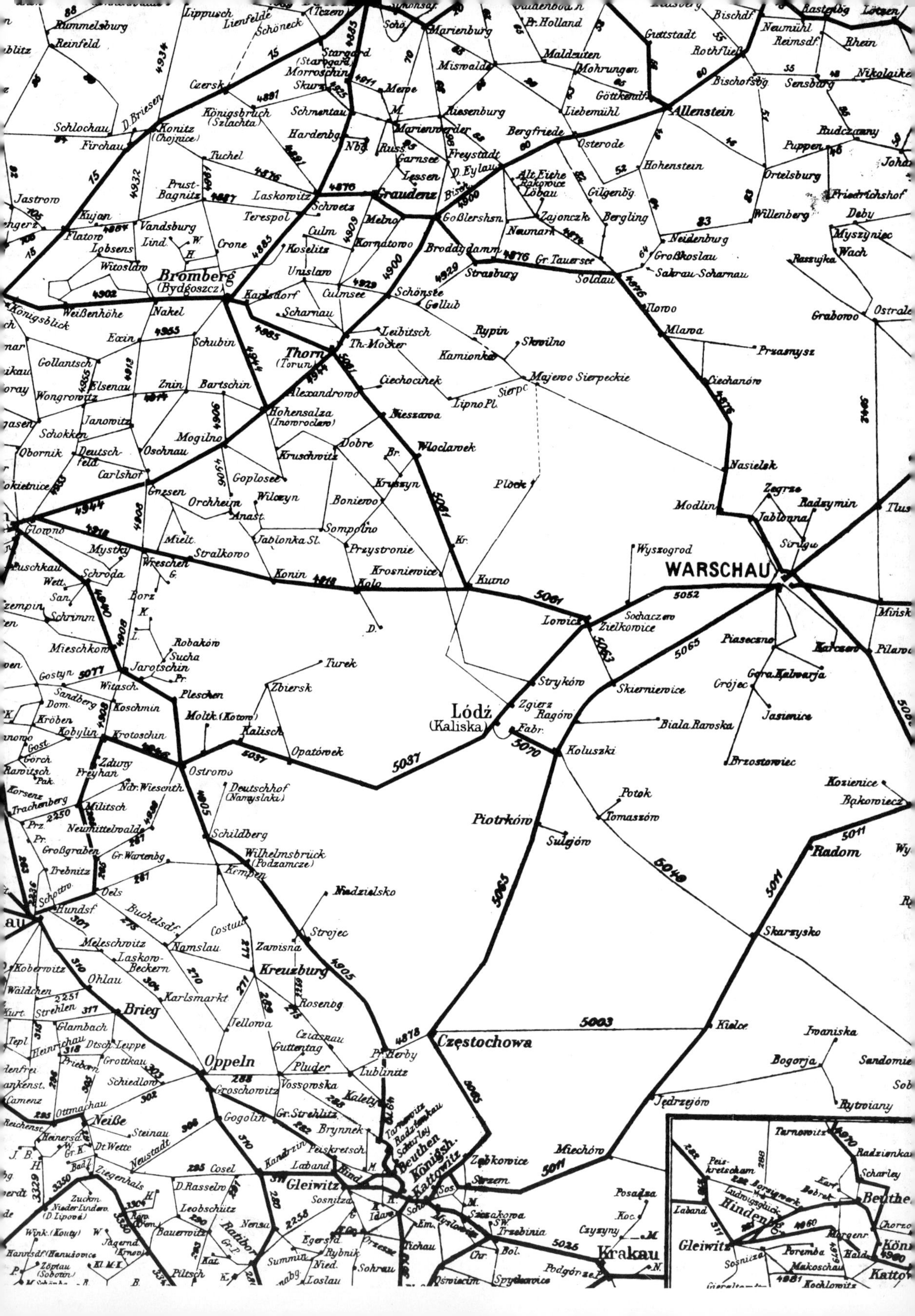

Rummelsburg
Reinfeld
Lippusch
Lienfelde
Schöneck
Stargard
(Stargard)
Morroschin
Marienburg
Pr. Holland
Guttstadt
Bischdf.
Rothfließ
Neumühl
Reimsdf.
Rhein
Rastenbg.
Lötzen
Miswalde
Maldeuten
Mohrungen
Göttkendf.
Bischofsbg.
Sensburg
Nikolaiken
Czersk
Königsbruch
(Szlachta)
Schmentau
Mewe
Riesenburg
Liebemühl
Allenstein
D. Briesen
Schlochau
Konitz
(Chojnice)
Firchau
Hardenbg.
Marienwerder
Bergfriede
Osterode
Rudczanny
Puppen
Tuchel
Freystadt
D. Eylau
Garnsee
Lessen
Alt Eiche
Rakowice
Löbau
Hohenstein
Ortelsburg
Johannisburg
Jastrow
Prust-Bagnitz
Laskowitz
Graudenz
Schwetz
Gilgenbg.
Friedrichshof
Kujan
Flatow
Vandsburg
Terespol
Melno
Goßlershsn.
Zajonczk.
Bergling
Willenberg
Deby
Lobsens
Lind.
Crone
Culm
Korndtowo
Neumark
Neidenburg
Myszyniec
Wach
Witoslaw
Koselitz
Broddydamm
Großkoslau
Rasszujka
Bromberg
(Bydgoszcz)
Unislaw
Gr. Tauersee
Strasburg
Soldau
Sakrau-Scharnau
Karlsdorf
Culmsee
Schönsee
Gollub
Weißenhöhe
Nakel
Scharnau
Ilowo
Graboro
Ostrolenka
Exin
Schubin
Thorn
(Torun)
Leibitsch
Th.-Mocker
Rypin
Skwilno
Mlawa
Przasnysz
Kamionka
Gollantsch
Elsenau
Znin
Bartschin
Ciechocinek
Majewo Sierpeckie
Sierpc
Ciechanów
Wongrowitz
Alexandrowo
Lipno Pl.
Janowitz
Hohensalza
(Inowroclaw)
Nieszawa
Schokken
Mogilno
Dobre
Wloclawek
Obornik
Deutsch-Feld
Oschnau
Kruschwitz
Nasielsk
Carlshof
Goplosee
Kruszyn
Plock
Gnesen
Orchheim
Wilczyn
Bonierow
Modlin
Zegrze
Radzymin
Jablonna
Glowno
Anast.
Mielt.
Jablonka Sl.
Sompolno
Przystronie
Wyszogrod
Mystki
Wreschen
Stralkowo
Konin
Kolo
Krosniewice
Kutno
Strugu
WARSCHAU
Schroda
Borz
Lowicz
Zielkowice
Sochaczew
Minsk
Schrimm
Robakow
Sucha
Piasecsno
Karczew
Pilawa
Mieschkow
Jarotschin
Turek
Gora Kalwarja
Grójec
Gostyn
Witasch
Zbiersk
Strykow
Skierniewice
Jasienica
Sandberg
Koschmin
Pleschen
Lódź
(Kaliska)
Zgierz
Ragów
Biala Rawska
Kröben
Kobylin
Krotoschin
Moltk. (Kotow)
Kalisch
Fabr.
Opatówek
Koluszki
Brzostowiec
Zduny
Freyhan
Ostrowo
Deutschhof
(Namyslaki)
Kozienice
Bąkowiecz
Trachenberg
Ndr. Wiesenth.
Militsch
Neumittelwalde
Potok
Tomaszów
Piotrków
Sulejów
Großgraben
Schildberg
Wilhelmsbrück
(Podzamcze)
Radom
Gr. Wartenbg.
Trebnitz
Kempen
Oels
Hundsf.
Niedzielsko
Skarzysko
Buchelsdf.
Strojec
Meleschwitz
Namslau
Zawisna
Laskowo-Beckern
Kreuzburg
Ohlau
Karlsmarkt
Brieg
Rosenbg.
Strehlen
Jellowa
Czestochowa
Kielce
Iwaniska
Glambach
Cziasnau
Guttentag
Pr. Herby
Bogorja
Sandomierz
Dtsch. Leippe
Grottkau
Oppeln
Pluder
Lublinitz
Schiedlow
Groschowitz
Vossowska
Kaletz
Jędrzejów
Rytwiany
Ottmachau
Neiße
Gogolin
Gr. Strehlitz
Brynnek
Tarnowitz
Radzionkau
Scharley
Beuthen
Königsh.
Kattowitz
Steinau
Dt. Wette
Neustadt
Peiskretsch
Miechów
Ząbkowice
Ziegenhals
Cosel
Laband
Hind.
Gleiwitz
Strzem.
D. Rasselw
Sosnitza
Posadza
Leobschütz
Nensa
Egersd.
Rybnik
Idaweiche
Tichau
Szczakowa
Trzebinia
Ratibor
Bauerwitz
Summin
Nied.
Czyzyny
Krakau
Piltsch
Loslau
Sohrau
Oświecim
Spytkowice
Podgórze
Tarnowitz
Radzionkau
Peiskretscham
Borsigwerk
Ludwigsglück
Hindenburg
Beuthen
Laband
Gleiwitz
Morgenr.
Poremba
Makoschau
Kochlowitz
Kattowitz